द्रव यांत्रिकी और द्रव मशीनें

लेखक

डॉ. आर. पी. सैनी
प्रोफेसर, जल और नवीकरणीय ऊर्जा विभाग,
भारतीय प्रौद्योगिकी संस्थान रुड़की,
रुड़की–247667 उत्तराखंड

अनुवादक

डॉ. विवेक पांडे
सहायक प्राध्यापक (यांत्रिक अभियांत्रिकी),
आईएमएस इंजीनियरिंग कॉलेज, गाजियाबाद

भाषा समीक्षक

डॉ. रविंदर सिंह राणा
सह प्राध्यापक (यांत्रिक अभियांत्रिकी),
मौलाना आजाद राष्ट्रीय तकनीकी संस्थान, भोपाल, मध्य प्रदेश

KHANNA BOOK PUBLISHING CO. (P) Ltd.
4C/4344, Ansari Road, Darya Ganj, New Delhi, India

All India Council for Technical Education
Nelson Mandela Marg, Vasant Kunj, New Delhi, India

Dear Readers,

To prevent the piracy, this book is secured with HIGH SECURITY HOLOGRAM on the front title cover. In case you don't find the hologram on the front cover title, please write us to at contact@khannabooks.com or whatsapp us at +91-99109 09320 and avail special gift voucher for yourself.

Specimen of Hologram on front Cover title:

Moreover, there is a SPECIAL DISCOUNT COUPON for you with EVERY HOLOGRAM.

How to avail this SPECIAL DISCOUNT:

Step 1: Scratch the hologram

Step 2: Under the scratch area, your "coupon code" is available

Step 3: Logon to www.khannabooks.com

Step 4: Use your "coupon code" in the shopping cart and get your copy at a special discount

Step 5: Enjoy your reading!

ISBN: 978-93-5538-897-1
Book Code: UG691HI

द्रव यांत्रिकी और द्रव मशीनें

राजेश्वर प्रसाद सैनी

First Edition: 2026

Originally Published by:
All India Council for Technical Education, Ministry of Education, GOI

Exclusively Published & Distributed by:
Khanna Book Publishing Co. (P) Ltd.
4C/4344, Ansari Road, Daryaganj,
New Delhi (INDIA)

Visit us at: **www.khannabooks.com**
Write us at: **contact@khannabooks.com**

To view complete list of books, Please scan the QR Code:

Printed in Bharat.

प्रो. टी. जी. सीताराम
अध्यक्ष
Prof. T. G. Sitharam
Chairman

सत्यमेव जयते

आज़ादी का अमृत महोत्सव

अखिल भारतीय तकनीकी शिक्षा परिषद्
(भारत सरकार का एक सांविधिक निकाय)
(शिक्षा मंत्रालय, भारत सरकार)
नेल्सन मंडेला मार्ग, वसंत कुंज, नई दिल्ली–110070
दूरभाष : 011–26131498
ई–मेल : chairman@aicte-india.org

ALL INDIA COUNCIL FOR TECHNICAL EDUCATION
(A STATUTORY BODY OF THE GOVT. OF INDIA)
(Ministry of Education, Govt. of India)
Nelson Mandela Marg, Vasant Kunj, New Delhi-110070
Phone : 011-26131498
E-mail : chairman@aicte-india.org

FOREWORD

Engineers are the backbone of any modern society. They are the ones responsible for the marvels as well as the improved quality of life across the world. Engineers have driven humanity towards greater heights in a more evolved and unprecedented manner.

The All India Council for Technical Education (AICTE), have spared no efforts towards the strengthening of the technical education in the country. AICTE is always committed towards promoting quality Technical Education to make India a modern developed nation emphasizing on the overall welfare of mankind.

An array of initiatives has been taken by AICTE in last decade which have been accelerated now by the National Education Policy (NEP) 2020. The implementation of NEP under the visionary leadership of Hon'ble Prime Minister of India envisages the provision for education in regional languages to all, thereby ensuring that every graduate becomes competent enough and is in a position to contribute towards the national growth and development through innovation & entrepreneurship.

One of the spheres where AICTE had been relentlessly working since past couple of years is providing high quality original technical contents at Under Graduate & Diploma level prepared and translated by eminent educators in various Indian languages to its aspirants. For students pursuing 2nd year of their Engineering education, AICTE has identified 87 books, which shall be translated into 12 Indian languages - Hindi, Tamil, Gujarati, Odia, Bengali, Kannada, Urdu, Punjabi, Telugu, Marathi, Assamese & Malayalam. In addition to the English medium, books in different Indian Languages are going to support the students to understand the concepts in their respective mother tongue.

On behalf of AICTE, I express sincere gratitude to all distinguished authors, reviewers and translators from the renowned institutions of high repute for their admirable contribution in a record span of time.

AICTE is confident that these outcomes based original contents shall help aspirants to master the subject with comprehension and greater ease.

T.G. Sitharam
(Prof. T. G. Sitharam)

अभिस्वीकृति (Acknowledgement)

लेखक एआईसीटीई के अधिकारियों, विशेष रूप से प्रो. टी. जी सीताराम; उपाध्यक्ष डॉ. अभय जेरे; प्रो. राजीव कुमार, सदस्य-सचिव; और डॉ. सुनील लूथरा, निदेशक, प्रशिक्षण और शिक्षण ब्यूरो को उनकी **द्रव यांत्रिकी और द्रव मशीनें** पर पुस्तकों को प्रकाशित करने की योजना के लिए आभारी है। मैं इस पुस्तक को छात्रों के अनुकूल बनाने और कलात्मक पद्धति से एक अपेक्षाकृत अच्छा आकार देने के लिए पुस्तक के समीक्षक डॉ. मलय कुमार दास, प्रोफेसर,आईआईटी कानपुर के बहुमूल्य योगदान को ईमानदारी से स्वीकार करता हूं।

मैं अपने अनुसंधान विद्वानों श्री. के.भीमेलिंगेश्वर रेड्डी, श्री. अंकुश जे. हेडोव, श्री. प्रशांत कुमार और सुश्री ज्योति पाल का भी पुस्तक लेखन की अवधि के दौरान उनकी निरंतर सहायता और समर्थन के लिए आभार व्यक्त करना चाहता हूं।

यह पुस्तक एआईसीटीई के सदस्यों, विशेषज्ञों और लेखकों के विभिन्न सुझावों का परिणाम है जिन्होंने हमारे देश में इंजीनियरिंग शिक्षा को और विकसित करने के लिए अपनी राय और विचार साझा किए हैं। इस क्षेत्र के योगदानकारों और विभिन्न कामगारों के प्रति आभार व्यक्त किया जाता है, जिनकी प्रकाशित पुस्तकें, समीक्षा लेख, कागज, फोटोग्राफ, फुटनोट, संदर्भ और अन्य मूल्यवान जानकारी ने हमें पुस्तक लिखते समय समृद्ध किया।

आर पी सैनी

लेखक

अनुवादक - अभिस्वीकृति

अखिल भारतीय तकनीकी शिक्षा परिषद् नई दिल्ली की इंजीनियरिंग की द्वितीय वर्ष की पुस्तकों को अंग्रेजी भाषा से हिंदी भाषा मे अनुवाद करने के लिए मुझे एआईसीटीई एवं राजीव गाँधी प्रौद्योगिकी विश्वविद्यालय भोपाल द्वारा अनुवादक के रूप मे यह अवसर प्रदान किया गया इसके लिए मैं एआईसीटीई की अनुवाद परियोजना के सभी अधिकारीगण, विश्वविद्यालय के कुलपति एवं अनुवाद परियोजना के हिंदी भाषा के समन्वयक डॉ.शशिरंजन अकेला (राजीव गाँधी प्रौद्योगिकी विश्वविद्यालय भोपाल) का हृदय से आभार व्यक्त करता हूँ। समन्वयक एवं अनुवाद टीम के सतत संवाद एवं समन्वय के कारण यह कार्य समय पर पूर्ण हो पाया है ।

इस पुस्तक के अनुवाद की बहुत अच्छी प्रकार से और विचारपूर्वक समीक्षा करने के लिए मै मौलाना आजाद राष्ट्रीय प्रौद्योगिकी संस्थान भोपाल के सह-प्राध्यापक डॉ रविन्द्र सिंह राणा, को धन्यवाद ज्ञापित करता हूँ। पुस्तक के सुधार के लिए उनका योगदान अत्यधिक उल्लेखनीय है।

मै उड़ान प्रोजेक्ट टीम (https://www.udaanproject.org/) की भी सराहना करता हूँ, जिसका नेतृत्व आई.आई.टी. बोम्बे के प्रो. गणेश रामकृष्णन कर रहे है, जिन्होंने पोस्ट एडिटिंग प्लेटफोर्म सहित अपना इनोवेटिव एंड-टू-एंड मशीन ट्रांसलेशन फ्रेमवर्क प्रदान किया है। प्रोजेक्ट उड़ान टीम के सदस्यों सुश्री प्रणिता हरपाले एवं सुश्री अनुजा दुमाडा ने अनुवाद करने में बहुत मदद की है।

अनुवाद कार्य हेतु प्रत्यक्ष एवं अप्रत्यक्ष रूप से मार्गदर्शन एवं सहयोग करने वाले सभी सहयोगियों का भी हृदय से आभार व्यक्त करता हूँ।

मुझे प्रदान की गई पुस्तक का अंग्रेजी भाषा से हिंदी भाषा मे अनुवाद करते समय उसकी गुणवत्ता एवं पठनीय बनाने के लिए मेरी ओर से पूर्ण प्रयास किया गया है जिसमे मेरे साथ समीक्षक की भी महत्वपूर्ण भूमिका रही है। यदि अनुवाद कार्य मे त्रुटिवश कुछ अपूर्णता रह गई हो तो अनुवादक के रूप मे मेरा आग्रह रहेगा कि आप सभी पुस्तक के अगले संस्करण हेतु अपने सुझाव एआईसीटीई को अवश्य प्रेषित करें।

सादर

डॉ. विवेक पांडे

अनुवादक

प्रस्तावना (Preface)

"द्रव यांत्रिकी और द्रव मशीनें" नामक पुस्तक द्रव यांत्रिकी और द्रव मशीनों में बुनियादी पाठ्यक्रमों के हमारे शिक्षण के समृद्ध अनुभव का एक परिणाम है। इस पुस्तक को लिखने का आरंभ अभियांत्रिकी छात्रों को द्रव आधारित प्रणालियों के मूल सिद्धांतों के साथ साथ उन्हें विषय की जानकारी प्राप्त करने में सक्षम बनाने के लिए है। व्यापक कवरेज के साथ-साथ आवश्यक पूरक जानकारी प्रदान करने के उद्देश्य से, हमने पुस्तक में एआईसीटीई द्वारा अनुशंसित विषयों को बहुत व्यवस्थित और क्रमबद्ध तरीके से समाविष्ट किया है। विषय की मूल अवधारणाओं को सबसे सरलतम तरीके से स्पष्ट करने के प्रयास किए गए हैं।

पांडुलिपि की तैयारी के प्रक्रम के दौरान, हमने विभिन्न मानक पाठय पुस्तकों पर विचार किया है और तदनुसार हमने महत्वपूर्ण प्रश्नों, हल किए गए और पूरक समस्याओं जैसे अनुभागों को विकसित किया है। विभिन्न अनुभागों को तैयार करते समय परिभाषाओं और नियमों पर भी जोर दिया गया है और मूल सिद्धांतों के त्वरित संशोधन के लिए सूत्रों के व्यापक सारांश पर भी जोर दिया गया है। पुस्तक में सभी प्रकार की समस्याओं को समाविष्ट किया गया है और इन्हें बहुत ही तर्कपूर्ण और व्यवस्थित पद्धति से प्रस्तुत किया गया है। इन समस्याओं के ग्रेड का परीक्षण पढ़ाने के कई वर्षों से विभिन्न प्रकार के छात्रों के लिए किया गया है।

हमने इस पुस्तक को आवश्यकतानुसार चित्रों और उदाहरणों के अतिरिक्त, संबंधित विषयों की उचित समझ के लिए प्रत्येक इकाई में कई हल की समस्याओं के साथ समृद्ध किया है। सामान्य शीर्षक "द्रव यांत्रिकी और द्रव मशीनें" के अंतर्गत दो भाग हैं जो मूल द्रव यांत्रिकी और द्रव मशीनों के विभिन्न पहलुओं और अनुप्रयोगों को समाविष्ट करते हैं। इनमें से, पहला द्रव यांत्रिकी के मूल सिद्धांतों को समाविष्ट करता है, दूसरा द्रव गतिकी पर आधारित है, तीसरा विमीय विश्लेषण से संबंधित है। दूसरे भाग में मूल कार्य सिद्धांत, घटक, द्रव मशीनों की निष्पादन विशेषताएँ और विभिन्न प्रचालन स्थितियों में उनका चयन समाविष्ट किया गया है।

जहाँ तक वर्तमान पुस्तक का संबंध है, "द्रव यांत्रिकी और द्रव मशीनें" का उद्देश्य कवर किए गए विषयों पर अनुप्रयुक्त द्रव यांत्रिकी और द्रव मशीनों में एक पूर्ण आधार प्रदान करना है। यह पुस्तक अभियान्त्रिकी छात्रों को क्षेत्र में द्रव यांत्रिकी के ज्ञान को लागू करने और अभियान्त्रिकी चुनौतियों से निपटने के लिए द्रव मशीनों के अनुप्रयोग का उपयोग और संबंधित प्रश्नों को संबोधित करने के लिए तैयार करेगी । विषय के विषयों को रचनात्मक तरीके से प्रस्तुत किया जाता है ताकि एक इंजीनियरिंग डिग्री छात्रों को विभिन्न क्षेत्रों में या राष्ट्रीय प्रयोगशालाओं में प्रौद्योगिकी के क्षेत्र में सबसे आगे काम करने के लिए तैयार किया जा सके।

हम पूरी आशा करते हैं कि यह पुस्तक छात्रों को द्रव यांत्रिकी और द्रव मशीनों के मूल सिद्धांतों के पीछे के विचारों को सीखने और चर्चा करने के लिए प्रेरित करेगी और निश्चित रूप से विषय की ठोस नींव के विकास में योगदान देगी । हम उन सभी लाभदायक टिप्पणियों और सुझावों के लिए आभारी होंगे जो पुस्तक के भविष्य के संस्करणों के सुधार में योगदान देंगे। इस पुस्तक को शिक्षकों और छात्रों के हाथों में देकर हमें बहुत खुशी हो रही है। पुस्तक में समाविष्ट विभिन्न पहलुओं पर काम करने में वास्तव में बहुत खुशी हुई।

आर पी सैनी

लेखक

आउटकम आधारित शिक्षा (Outcome Based Education)

परिणाम आधारित शिक्षा के कार्यान्वयन के लिए पहली आवश्यकता परिणाम आधारित पाठ्यक्रम को विकसित करना और शिक्षा प्रणाली में परिणाम आधारित मूल्यांकन को समाविष्ट करना है। परिणाम आधारित मूल्यांकन के माध्यम से जाने से मूल्यांकनकर्ता यह मूल्यांकन करने में सक्षम होंगे कि क्या छात्रों ने उल्लिखित मानक, विशिष्ट और मापने योग्य परिणामों को प्राप्त किया है या नहीं। परिणाम आधारित शिक्षा के उचित समावेश के साथ किसी भी स्तर पर हार जाने के बिना सभी शिक्षार्थियों के लिए न्यूनतम मानक प्राप्त करने के लिए एक निश्चित प्रतिबद्धता होगी। परिणाम आधारित शिक्षा की सहायता से चलने वाले कार्यक्रम के अंत में, एक छात्र निम्नलिखित परिणामों तक पहुंचने में सक्षम होगा:

PO1. **अभियांत्रिकी ज्ञान:** जटिल अभियांत्रिकी समस्याओं के समाधान के लिए गणित, विज्ञान, अभियांत्रिकी मूल सिद्धांतों और अभियांत्रिकी विशेषज्ञता का ज्ञान उपयोग करें ।

PO2. **समस्या विश्लेषण(analysis):** गणित, प्राकृतिक विज्ञान और अभियांत्रिकी विज्ञान के पहले सिद्धांतों का उपयोग करके पुष्टि किये गये निष्कर्ष तक पहुंचने वाली जटिल अभियांत्रिकी समस्याओं की पहचान, संविरचन, अनुसंधान(research) साहित्य की समीक्षा करें और जटिल अभियांत्रिकी समस्याओं का विश्लेषण करें ।

PO3. **समाधान का अभिकल्प/विकास:** जटिल इंजीनियरिंग समस्याओं के लिए समाधान अभिकल्प (design) करना तथा ऐसे प्रणाली घटकों या प्रक्रियाओं को अभिकल्पित करना जो सार्वजनिक स्वास्थ्य और सुरक्षा, तथा सांस्कृतिक, सामाजिक और पर्यावरणीय विचारों पर उचित विचार करते हुए निर्दिष्ट आवश्यकताओं को पूरा करते हों ।

PO 4. **जटिल समस्याओं की जाँच करता है:** अनुसंधान आधारित ज्ञान और अनुसंधान पद्धतियों का उपयोग करें जिसमें प्रयोगों के अभिकल्प, विश्लेषण(analysis) और डेटा की व्याख्या, और वैध(valid) निष्कर्ष प्रदान करने के लिए जानकारी का संश्लेषण शामिल हो ।

PO 5. **आधुनिक उपकरण का उपयोग:** सीमाओं की समझ के साथ जटिल अभियांत्रिकी गतिविधियों के लिए पूर्वानुमान और मॉडलिंग सहित उपयुक्त तकनीकों, संसाधनों और आधुनिक अभियांत्रिकी और आईटी उपकरणों का निर्माण, चयन और अनुप्रयोग ।

PO 6. **अभियांत्रिकी और सोसाइटी:** सामाजिक, स्वास्थ्य, सुरक्षा, कानूनी और सांस्कृतिक मुद्दों और पेशेवर अभियांत्रिकी अभ्यास के लिए प्रासंगिक दायित्वों का आंकलन करने के लिए प्रासंगिक ज्ञान द्वारा सूचित तर्क को लागू करना ।

PO 7. **पर्यावरण और निरंतरता:** सामाजिक और पर्यावरणीय संदर्भों में पेशेवर अभियांत्रिकी समाधानों के प्रभाव को समझना, और ज्ञान का प्रदर्शन करना और सतत विकास की आवश्यकता को समझना।

PO 8. **नीतिः** नैतिक सिद्धांतों को लागू करें और इंजीनियरिंग अभ्यास के पेशेवर नैतिकता और जिम्मेदारियों और नियमों के लिए प्रतिबद्ध हैं।

PO 9. **व्यक्तिगत और टीम कार्य:** एक व्यक्ति के रूप में, और विभिन्न टीमों में एक सदस्य या नेता के रूप में, और बहुविषयक सेटिंग्स में प्रभावी ढंग से कार्य करना ।

PO 10. **संचारः** अभियांत्रिकी समुदाय के साथ जटिल अभियांत्रिकी गतिविधियों पर प्रभावी रूप से संप्रेषण करना, जैसे कि प्रभावी रिपोर्ट और अभिकल्प दस्तावेजीकरण को समझने और लिखने में सक्षम होना, प्रभावी प्रस्तुतियाँ करना, और स्पष्ट निर्देश देना और प्राप्त करना ।

PO 11. **परियोजना प्रबंधन और वित्त:** अभियांत्रिकी और प्रबंधन सिद्धांतों के ज्ञान और समझ को प्रदर्शित करना और इन्हें अपने स्वयं के कार्य में, एक टीम में एक सदस्य और नेता के रूप में, परियोजनाओं का प्रबंधन करने के लिए और बहुविषयक वातावरण में लागू करना ।

PO 12. **आजीवन शिक्षाः** तकनीकी परिवर्तन के व्यापक संदर्भ(context) में स्वतंत्र और आजीवन सीखने की आवश्यकता को पहचानना, और तैयारी और क्षमता को पहचानना ।

कोर्स आउटकम (Course Outcomes)

पाठ्यक्रम के पूरा होने के बाद छात्र निम्नलिखित करने में सक्षम होंगे:

CO-1: द्रव और उसके गुणों, निरंतरता समीकरण, संवेग(momentum) समीकरण(equation) और बर्नौली समीकरण का उसके अनुप्रयोगों सहित वर्णन करें ।

CO-2: चैनलों के माध्यम से द्रव प्रवाह, कोउट प्रवाह की अवधारणा, पोइसुले प्रवाह और सीमा परत ,वृत्तकार नलिकाओं और वलयाकार नलिकाओं से लेमिनार प्रवाह(flow), डार्सी वेशबैक समीकरण और घर्षण गुणांक और मूड के आरेख(diagram) के व्युत्पत्ति।

CO-3: विमीय विश्लेषण(analysis) और इसके पद्धतियों, प्रतिरूपण और इसके प्रकार, आयामहीन प्राचलों, मॉडल(model) विश्लेषण और आयामहीन प्राचलों के अनुप्रयोग सहित समस्याओं की आवश्यकता होती है।

CO-4: द्रव पदार्थ की गति के लिए यूलर समीकरण, रोटोडायनामिक मशीनों के सिद्धांत, पंपों के कार्य(work) सिद्धांत और वेग(velocity) त्रिकोण, प्रदर्शन वक्रों, कैविटेशन, पंपों का चयन और टरबाइन के रूप में पंप की अवधारणा को चित्रित करके किए गए कार्य को प्राप्त करना।

CO-5: जल टरबाइन के कार्य सिद्धांत और उसके वर्गीकरण को परिभाषित करें, वेग त्रिकोण, प्रदर्शन विशेषताओं, जल टर्बाइनों के संचालन, समानता नियम और विशिष्ट गति की अवधारणा को लागू करके जल टर्बाइनों के चयन की मदद से प्रदर्शन प्राप्त करते हैं।

CO-6: वास्तविक जीवन में विभिन्न प्रकार के द्रव यांत्रिकी और द्रव मशीनों की समस्याओं का विश्लेषण करना ।

कोर्स आउटकम	कार्यक्रम के परिणामों के साथ अपेक्षित मानचित्रण (1- दुर्बल सहसंबंध; 2- मध्यम सहसंबंध; 3- प्रबल सहचित्रण)											
	पीओ 1	पीओ 2	पीओ 3	पीओ 4	पीओ 5	पीओ 6	पीओ 7	पीओ 8	पीओ 9	पीओ 10	पीओ 11	पीओ 12
CO 1	3	2	2	2	1	-	-	-	-	-	-	-
CO 2	3	1	2	1	-	-	-	-	-	-	-	-
CO 3	3	3	2	1	-	-	-	-	-	-	-	-
CO 4	3	3	3	2	1	-	-	-	-	-		
CO 5	3	3	2	1	1	-	-	-	-	-	-	-
CO 6	3	3	3	2	1	-	-	-	-	-	-	-

शिक्षकों के लिए दिशा निर्देश (Guidelines for Teachers)

परिणाम आधारित शिक्षा (ओबीई) ज्ञान स्तर(level) और छात्रों के कौशल समुच्चय(set) को लागू करने के लिए बढ़ाया जाना चाहिए । ओबीई के उचित कार्यान्वयन के लिए शिक्षकों को प्रमुख जिम्मेदारी लेनी चाहिए । ओबीई प्रणाली में शिक्षकों के लिए कुछ दायित्व (जो तक सीमित नहीं हैं) इस प्रकार हो सकते हैं:

- उचित बाधाओं के भीतर, उन्हें सभी छात्रों के सर्वोत्तम लाभ के लिए समय निकालना चाहिए ।
- उन्हें छात्रों का मूल्यांकन केवल कुछ परिभाषित मानदंड पर करना चाहिए, बिना किसी अन्य संभावित अयोग्यता पर विचार किए ।
- उन्हें संस्थान छोड़ने से पहले छात्रों की सीखने की क्षमता को एक निश्चित स्तर तक बढ़ाने का प्रयत्न करना चाहिए ।
- उन्हें यह सुनिश्चित करने का प्रयत्न करना चाहिए कि सभी छात्रों को उनकी शिक्षा समाप्त करने के बाद गुणवत्तापूर्ण ज्ञान के साथ साथ दक्षता से सुसज्जित हों ।
- उन्हें हमेशा छात्रों को उनकी सर्वोत्तम प्रदर्शन क्षमताओं को विकसित करने के लिए प्रोत्साहित करना चाहिए।
- उन्हें नए दृष्टिकोण को समेकित करने के लिए समूह कार्य और टीम कार्य को सुविधाजनक और प्रोत्साहित करना चाहिए।
- उन्हें मूल्यांकन के प्रत्येक भाग में ब्लूम्स टैक्सोनॉमी का अनुसरण करना चाहिए ।

ब्लूम की टैक्सोनॉमी (Bloom's Taxonomy)

स्तर	शिक्षक को जाँच करनी चाहिए	विद्यार्थियों को सक्षम होना चाहिए	मूल्यांकन का संभावित तरीका
सृजन करना	छात्रों की रचनात्मकता	अभिकल्प करना या बनाना	लघु परियोजना
मूल्यांकन	छात्रों की खुद को सही ठहराने की क्षमता	तर्क या बचाव	गृहकार्य
विश्लेषण	विद्यार्थियों में अंतर करने की क्षमता	अंतर करना या अलग करना	परियोजना/प्रयोगशाला पद्धति
लागू करना	छात्रों की जानकारी का उपयोग करने की क्षमता	संचालन या प्रदर्शन करना	तकनीकी प्रस्तुति/प्रदर्शन
समझना	छात्रों में विचारों को समझाने की क्षमता	व्याख्या करना या वर्गीकृत करना	प्रस्तुति/संगोष्ठी
याद करना	याद करने की छात्रों की क्षमता (या याद रखने की)	परिभाषित या याद करना	प्रश्नोत्तरी

छात्रों के लिए दिशा निर्देश (Guidelines for Students)

छात्रों को ओबीई को लागू करने के लिए समान जिम्मेदारी लेनी चाहिए। ओबीई प्रणाली में छात्रों के लिए कुछ दायित्व (केवल तक ही सीमित नहीं) इस प्रकार हैं:

- छात्रों को प्रत्येक पाठ्यक्रम में इकाई प्रारंभ होने से पहले प्रत्येक यूओ को अच्छी प्रकार से जानना चाहिए।
- छात्रों को पाठ्यक्रम प्रारंभ होने से पहले प्रत्येक CO के बारे में अच्छी प्रकार से पता होना चाहिए।
- छात्रों को कार्यक्रम प्रारंभ होने से पहले प्रत्येक पीओ के बारे में अच्छी प्रकार से पता होना चाहिए।
- छात्रों को उचित प्रतिबिंब और कार्रवाई के साथ गंभीर और उचित रूप से सोचना चाहिए।
- छात्रों के सीखने को व्यावहारिक और वास्तविक जीवन परिणामों के साथ जोड़ा जाना चाहिए।
- छात्रों को ओबीई के प्रत्येक स्तर पर अपनी क्षमता के बारे में अच्छी तरह से पता होना चाहिए।

संक्षिप्त और चिह्न (Abbreviations and Symbols)

संक्षिप्तों की सूची(List of Abbreviations)

सामान्य पद			
संक्षिप्त नाम	**पूर्ण रूप(form)**	**संक्षिप्त नाम**	**पूर्ण रूप**
SI	प्रणाली अंतर्राष्ट्रीय	CGS	सेन्टीमीटर(centimeter) ग्राम(gram) सेकंड (second)
MKS	मीटर(meter) किलोग्राम(kilogram) सेकन्ड(second)	NPSH	शुद्ध धनात्मक(positive) चूषण शीर्ष
FPS	फुट(foot) पाउंड(pound) सेकन्ड(second)	PAT	टरबाइन के रूप में पंप
उपयोग की जाने वाली इकाइयाँ			
संक्षिप्त नाम	**पूर्ण रूप**	**संक्षिप्त नाम**	**पूर्ण रूप**
J	जूल(Joule)	N	न्यूटन(Newton)
W	वाट	r.p.m	प्रति मिनट घूर्णन

प्रतीकों की सूची (List of Symbols)

प्रतीक	वर्णन(description)	प्रतीक	वर्णन
ρ	द्रव्यमान घनत्व	N	गति
m	द्रव्यमान	S	विशिष्ट गुरुत्व(gravity)
γ	विशिष्ट भार(weight)	W	भार
g	गुरुत्व के कारण त्वरण(acceleration)	τ	अपरूपण प्रतिबल(stress)
v	वेग(velocity)	μ	गतिशील श्यानता(viscosity)
F	बल	A	क्षेत्रफल(area)
ν	गतिज श्यानता	P	शक्ति(power)
p	दबाव(pressure)	Re	रेनॉल्ड्स संख्या
D	व्यास(diameter)	Fr	आवरण संख्या
V	आयतन(volume)	K	थोक मापांक(modulus)

प्रतीक	वर्णन(description)	प्रतीक	वर्णन
dp	दबाव में परिवर्तन	k	विशिष्ट ऊष्मा का अनुपात
dV	आयतन में परिवर्तन	σ	पृष्ठ तनाव
R	त्रिज्या(radius)	L	लंबाई(length)
Q	निर्वहन	p	दाब की तीव्रता
H	शीर्ष	N	गति
C_c	विसंगति(contraction) गुणांक(coefficient)	n	मैनिंग गुणांक
C_d	निर्वहन गुणांक	h_L	शीर्ष हानियाँ
C_v	वेग गुणांक	h_f	घर्षणी शीर्ष हानियाँ
f	घर्षण कारक	δ_E	ऊर्जा मोटाई
δ^*	विस्थापन(displacement) मोटाई	θ	संवेग(momentum) मोटाई
T	समय(time)	a	त्वरण
Re	रेनॉल्ड्स संख्या(number)	N_s	विशिष्ट गति
F_i	जड़त्व(inertia) बल	F_p	दबाव बल
F_v	श्यान बल	F_e	प्रत्यास्थ(elastic) बल
F_g	गुरुत्व बल	F_s	सतह प्रतिबल
We	वेबर संख्या	Fr	फ्राउड संख्या
η	कार्यक्षमता	Eu	यूलर संख्या
τ	अपरूपण प्रतिबल	T	टॉर्क
H_m	मैनोमेट्रिक शीर्ष	η_h	द्रवचालित कार्यक्षमता
h_s	चूषण शीर्ष	η_m	यांत्रिक कार्यक्षमता
H_s	स्थिर शीर्ष	K_u	गति अनुपात
η_d	ड्राफ्ट नलिका कार्यक्षमता	ψ	प्रवाह अनुपात

चित्रों की सूची (List of Figures)

यूनिट 1 द्रव यांत्रिकी के मूल तत्व ***1-34***

चित्र 1.1: सीमा के निकट वेग परिवर्तन *6*

चित्र 1.2: पिस्टन से युक्त सिलेंडर *9*

चित्र 1.3: पृष्ठ तनाव घटना की अवधारणा *11*

चित्र 1.4: मार्ग से प्रवाहित होने वाले द्रव के विभिन्न स्थान *13*

चित्र 1.5: पाइप के माध्यम से प्रवाहित होने वाले द्रव के विभिन्न स्थान *18*

चित्र 1.6: वेंचुरीमीटर *18*

चित्र 1.7: छिद्र मीटर *20*

चित्र 1.8: पिटोट नलिका *22*

यूनिट 2 द्रव गतिशीलता ***35-77***

चित्र 2.1: पोइसुले प्रवाह की अवधारणा *39*

चित्र 2.2: कोएट प्रवाह की अवधारणा *43*

चित्र 2.3: अपरूपण प्रतिबल वितरण की अवधारणा *44*

चित्र 2.4: वृत्तकार पाइप में लेमिनार प्रवाह की अवधारणा *46*

चित्र 2.5: वृत्तकार पाइप के माध्यम से लेमिनार प्रवाह के लिए वेग और अपरूपण प्रतिबल

वितरण प्रोफाइल्स (profiles) *47*

चित्र 2.6: वलय के माध्यम से लेमिनार प्रवाह की अवधारणा *49*

चित्र 2.7: सीमा परत की अवधारणा *54*

चित्र 2.8: पाइप के माध्यम से द्रव *58*

चित्र 2.9: कृत्रिम रूप से खुरदुरे पाइपों के लिए रेनॉल्ड्स संख्या के साथ घर्षण गुणांक में परिवर्तन *60*

चित्र 2.10: कृत्रिम रूप से खुरदुरे पाइप के लिए [1/√7-2.0 log10(R/k)] बनाम [log10((Re/ √f)/(R/k))] का आरेख *63*

चित्र 2.11: संक्रमण क्षेत्र में वाणिज्यिक पाइपों के लिए

[1/√7-2.0log10(R/k)]बनाम [log10((Re/√f)/(R/k))] का आरेख *64*

चित्र 2.12: वाणिज्यिक पाइप के लिए घर्षण गुणांक के लिए मूडी का आरेख *69*

यूनिट 4 द्रव मशीनें-पंप ***108-151***

चित्र 4.1: एक सामान्यीकृत द्रव मशीन में प्रवाह वेग घटक *110*

चित्र 4.2: द्रव के प्रवाह का बेलनाकार तत्व *112*

चित्र 4.3: पंपों का वर्गीकरण *113*

चित्र 4.4: त्रिज्य, मिश्रित और अक्षीय प्रवाह इम्पेलर 114

चित्र 4.5: अपकेंद्री पंप का योजनाबद्ध आरेख 114

चित्र 4.6:6 अपकेंद्री पंप के प्रकार (a) पश्चगामी झुकाव वाले ब्लेड के साथ (b) त्रिज्य ब्लेड के साथ

(c) आगे झुके हु ए ब्लेड के साथ 115

चित्र 4.7: अपकेंद्री पंप के वोल्यूट आवरण और इम्पेलर का तिर्यक् अनुभागीय दृश्य 116

चित्र 4.8: प्रवेशिका और निर्गम पर वेग त्रिकोण 117

चित्र 4.9: दो चरणी अपकेंद्री पंप 125

चित्र 4.10: समानांतर में व्यवस्थित दो अपकेंद्री पंप 126

चित्र 4.11: पंप के परीक्षण करने के लिए परीक्षण रिग 128

चित्र 4.12: एक विशिष्ट अपकेंद्री पंप के लिए प्रदर्शन वक्र 129

चित्र 4.13: अपकेंद्री पंप की मुख्य विशेषताएं 130

चित्र 4.14: अपकेंद्री पंप के Q, P, H बनाम N वक्र 130

चित्र 4.15: अपकेंद्री पंप की परिचालन विशेषताएं 131

चित्र 4.16: एक अपकेंद्री पंप की स्थिर कार्यक्षमता 131

चित्र 4.17: पंप और टरबाइन मोड में अपकेंद्री परिचालन को दिखाने वाली योजना 139

चित्र 4.18: दोनों मोड में पंप का परिचालन विशेषता वक्र (पंप के रूप में पंप और पंप के रूप में टरबाइन) 140

चित्र 4.19: एकल क्रिया प्रत्यागामी पंप 142

चित्र 4.20: दोहरी क्रिया प्रत्यागामी पंप 142

चित्र 4.21: गियर पंप का योजनाबद्ध आरेख 143

इकाई 5 द्रव मशीनें-जल टरबाईन 152-208

चित्र 5.1: ब्लेड पर जल संचलन की शक्ति के आधार पर जल टरबाइन का वर्गीकरण 156

चित्र 5.2: रनर मे जल प्रवाह दिशा के अनुसार जल टरबाइन का वर्गीकरण 156

चित्र 5.3: एक स्थिर समतल प्लेट पर जल जेट द्वारा लगाए गए बल का योजनाबद्ध आरेख 157

चित्र 5.4: झुकी हुई स्थिर प्लेट पर जल जेट द्वारा लगाए गए बल का योजनाबद्ध आरेख 158

चित्र 5.5: गतिमान समतल प्लेट पर जल जेट द्वारा लगाए गए बल का योजनाबद्ध आरेख 159

चित्र 5.6: एक पहिए की परिधि पर चपटी प्लेट की एक श्रृंखला पर जल जेट प्रहार 160

चित्र 5.7: वक्रित स्थिर प्लेट पर जल जेट प्रहार का योजनाबद्ध आरेख 161

चित्र 5.8: रनर के प्रवेशिका और निर्गम पर वेग त्रिकोण 162

चित्र 5.9: पेल्टन टरबाइन के मुख्य घटक 165

चित्र 5.10: पेल्टन टरबाइन का रनर 166

चित्र 5.11: पेल्टन टरबाइन रनर का योजनाबद्ध आरेख 167

चित्र 5.12: पेल्टन बकेट का योजनाबद्ध आरेख 167

चित्र 5.13: पेल्टन टरबाइन का वेग त्रिकोण आरेख 168

चित्र 5.14: पेल्टन टरबाइन के स्पीयर वाल्व के साथ नोजल 169

चित्र 5.15: पेल्टन टरबाइन का आवरण 170

चित्र 5.16: फ़्रांसिस टरबाइन के मूल घटक 173

चित्र 5.17: सर्पिल आवरण 174

चित्र 5.18: गाइड वेन्स 175

चित्र 5.19: फ़्रांसिस रनर का योजनाबद्ध आरेख 176

चित्र 5.20: प्रत्येक रनर के लिए वेग त्रिकोण आरेख(a) धीमी गति (b) मध्यम (c) तेज 177

चित्र 5.21: फ़्रांसिस टरबाइन की ड्राफ्ट नलिका 178

चित्र 5.22: ड्राफ्ट नलिका के प्रकार (a) सीधे अपसारी (b) मूडी का फैलाव नलिका
(ग) एक वृत्तकार प्रवेशिका और एक आयताकार निर्गम अनुभाग के साथ कोहनी प्रकार 180

चित्र 5.23: कपलान टरबाइन 182

चित्र 5.24: S- प्रकार का नलिका टरबाइन 183

चित्र 5.25: बल्ब टरबाइन 184

चित्र 5.26: स्ट्रैफ्लो टरबाइन 184

चित्र 5.27: कपलान टरबाइन के लिए वेग त्रिकोण 186

चित्र 5.28: (a) पेल्टन टरबाइन (b) फ़्रांसिस टरबाइन (c) कपलान टरबाइन के लिए मुख्य विशेषताएं वक्र 194

चित्र 5.29: परिचालन विशेषता वक्र 195

चित्र 5.30: स्थिर कार्यक्षमता वक्र 195

चित्र 5.31: जल टरबाईनों के लिए संचालन प्रणाली को दिखाने के लिए योजनाबद्ध आरेख 196

चित्र 5.32: तेल दाब नियंत्रण प्रणाली 197

तालिकाओं की सूची (List of Tables)

यूनिट 1 द्रव यांत्रिकी के मूल तत्व **1-34**

तालिका 1.1: विभिन्न मामलों के लिए मैनोमेट्रिक शीर्ष (h) का मान 19

यूनिट 2 द्रव गतिशीलता **36-77**

तालिका 2.1: विभिन्न पाइप पदार्थों के लिए खुरदुरेपन की ऊंचाई(k) 69

यूनिट 3 विमीय विश्लेषण **78-107**

तालिका 3.1: चरों का वर्गीकरण 85

यूनिट 4 द्रव मशीनें- पंप **108-151**

तालिका 4.1: परीक्षण(testing) पंप के विभिन्न मापदंडो के लिए निर्धारित मान 129

यूनिट 5 द्रव मशीनें-जल टरबाईन **152-207**

तालिका 5.1: गाइड वेन्स की संख्या का चयन 176

तालिका 5.2: विभिन्न फ्रांसिस रनरो के लिए विभिन्न मापदंडो के मान 178

तालिका 5.3: कपलान रनर के अभिकल्प के लिए विभिन्न मापदंडो के मान 185

तालिका 5.4: विकेट द्वार के अभिकल्प के लिए गति अनुपात का चयन 186

तालिका 5.5: गाइड वेन्स की संख्या का चयन 186

तालिका 5.6: विभिन्न जल टर्बाइनों के लिए विशिष्ट गति की सीमा 197

विषयसूची (Contents)

अभिस्वीकृति	*iv*
अनुवादक - अभिस्वीकृति	*v*
प्रस्तावना	*vi*
आउटकम आधारित शिक्षा	*vii*
कोर्स आउटकम	*ix*
शिक्षकों के लिए दिशा निर्देश	*x*
छात्रों के लिए दिशा निर्देश	*xi*
संक्षिप्त और चिह्न	*xii*
चित्रों की सूची	*xiv*
तालिकाओ की सूची	*xvii*
यूनिट 1: द्रव यांत्रिकी के मूल सिद्धांत	***1-34***
यूनिट विशिष्टता	*1*
औचित्य	*1*
आवश्यक शर्तें	*2*
यूनिट आउटकम	*2*
1.1 द्रव की परिभाषा	*3*
1.2. द्रवों के गुण	*3*
1.2.1 द्रव्यमान घनत्व	*3*
1.2.2. विशिष्ट आयतन	*4*
1.2.3 विशिष्ट भार	*4*
1.2.4 विशिष्ट गुरुत्व	*4*
1.2.5 श्यानता	*5*
1.3. न्यूटन का श्यानता नियम	*6*
1.4. संपीड्यता	*9*
1.5. पृष्ठ तनाव	*11*
1.6. निरंतरता समीकरण	*12*
1.7. संवेग समीकरण	*17*
1.8. बर्नौली समीकरण	*17*

1.9. बर्नौली समीकरण के व्यावहारिक अनुप्रयोग 18
1.9.1. वेंचुरीमीटर 18
1.9.2. छिद्र मीटर 20
1.9.3 पिटोट-नलिका 21
यूनिट सारांश 28
अभ्यास 30
लघु और दीर्घ उत्तरीय प्रश्न 32
संख्यात्मक समस्याएँ 33
संदर्भ और सुझाये गये पाठ 34
यूनिट 2: द्रव गतिशीलता **35-77**
यूनिट विशिष्टता 35
औचित्य 35
आवश्यक शर्तें 36
यूनिट आउटकम 36
2.1 चैनलों और नलिकाओं से द्रव का प्रवाह 37
2.2 पोइसुले प्रवाह 39
2.3 कोएट प्रवाह 43
2.4 वृत्ताकार नलिकाओं में लेमिनार प्रवाह 46
2.5. वलय के माध्यम से लेमिनार प्रवाह 49
2.6 सीमा परत की अवधारणा 53
2.7 सीमा परत की मोटाई 54
2.7.1 विस्थापन मोटाई 54
2.7.2 संवेग मोटाई 55
2.7.3 ऊर्जा मोटाई 55
2.8 डार्सी वेस्बैक समीकरण 57
2.9 घर्षण गुणांक 59
2.9.1 चिकने पाइपों के लिए घर्षण गुणांक भिन्नता 59
2.9.2 खुरदरे पाइपों के लिए घर्षण गुणांक भिन्नता 61
2.9.3 हाइड्रोडायनामिक रूप से चिकनी और खुरदरी सीमा मानदंड 61
2.9.4 वाणिज्यिक पाइपों के लिए घर्षण गुणांक भिन्नता 63

2.10 मूडी का आरेख 68

यूनिट सारांश 70

अभ्यास 72

लघु और दीर्घ उत्तरीय प्रश्न 74

संख्यात्मक समस्याएँ 75

संदर्भ और सुझाये गये पाठ 77

यूनिट 3: विमीय विश्लेषण 78-107

यूनिट विशिष्टता 78

औचित्य 78

आवश्यक शर्तें 79

यूनिट आउटकम 79

3.1 विमीय विश्लेषण 80

3.2 विमीय विश्लेषण की विधि 80

3.2.1 रेले की विधि 80

3.2.2 बकिंघम का π-प्रमेय 84

3.3 समरूपता 88

3.3.1 ज्यामितीय समानता 88

3.3.2 गतिकीय समानता 89

3.3.3 गतिशील समानता 89

3.4 विमाहीन मापदंड 90

3.5 मॉडल विश्लेषण 93

यूनिट सारांश 101

अभ्यास 103

लघु और दीर्घ उत्तरीय प्रश्न 105

संख्यात्मक समस्याएँ 106

संदर्भ और सुझाये गये पाठ 107

यूनिट 4: द्रव मशीनें-पंप 108-151

यूनिट विशिष्टता 108

औचित्य 108

आवश्यक शर्तें 109

यूनिट आउटकम 109

4.1 रोटोडायनामिक मशीनें 110

4.1.1 रोटोडायनामिक मशीनों का सिद्धांत 110

4.1.1.1यूलर का गति समीकरण 111

4.1.2 पंप 113

4.1.2.1 रोटोडायनामिक पंप 113

4.1.2.2 अपकेंद्री पंप 114

4.2 अपकेंद्री पंप का कार्य सिद्धांत और संचालन 115

4.2.1 इम्पेलर द्वारा द्रव पर किया गया कार्य 116

4.3 अपकेंद्री पंपों की कार्यक्षमता 119

4.3.1 यांत्रिक कार्यक्षमता 119

4.3.2 द्रवचालित कार्यक्षमता 119

4.3.3 आयतनिक कार्यक्षमता 119

4.4. अपकेंद्री पंपों की श्रृंखला और समानांतर संचालन 124

4.4.1 श्रृंखला में पंप 124

4.4.2 समानांतर में पंप 125

4.5. पंप का प्रदर्शन परीक्षण 127

4.5.1 प्रक्रम 128

4.6. प्रदर्शन वक्र 129

4.6.1 मुख्य विशेषताएं वक्र 130

4.6.2 परिचालन विशेषताएं वक्र 131

4.6.3 स्थिर कार्यक्षमता वक्र 131

4.7 पंपों में कैविटेशन 132

4.8 अपकेंद्री पंपों का मॉडल परीक्षण 134

4.8.1 पंपों की विशिष्ट गति 134

4.9 पंपों का चयन 137

4.10 टरबाइन के रूप में प्रयुक्त अपकेंद्री पंप(पैट) 138

4.11 पंप का सकारात्मक विस्थापन 141

4.11.1 प्रत्यागामी पंप 141

4.11.2 रोटरी सकारात्मक विस्थापन पंप 143

यूनिट सारांश 144
अभ्यास 146
लघु और दीर्घ उत्तरीय प्रश्न 147
संख्यात्मक समस्याएँ 148
अनुप्रयोग 150
संदर्भ और सुझाये गये पाठ 150

यूनिट 5: द्रव मशीनें-जल टरबाईन 152-208
यूनिट विशिष्टता 152
औचित्य 153
आवश्यक शर्तें 153
यूनिट आउटकम 153
5.1 जल टरबाइन 155
5.2 जल टर्बाइनों का वर्गीकरण 155
5.3 टर्बाइनों का कार्य सिद्धांत 157
5.4 शीर्ष और कार्यक्षमताएँ 163
5.4.1 शीर्ष 163
5.4.2 कार्यक्षमता 164
5.5 पेल्टन टरबाइन 165
5.5.1 पेल्टन टरबाइन घटक 166
5.5.1.1 बकेटों के साथ रनर 166
5.5.1.2 नोजल 169
5.5.1.3 आवरण 170
5.5.1.4 नियंत्रण वाल्व 170
5.5.1.5. शाफ्ट बियरिंग के साथ 170
5.6. फ्रांसिस टरबाइन 173
5.6.1 फ्रांसिस टरबाइन के मूल घटक 173
5.6.1.1 सर्पिल आवरण 174
5.6.1.2 गाइड वेन्स 175
5.6.1.3. फ्रांसिस रनर 176
5.6.1.4 ड्राफ्ट नलिका 178

5.7 कपलान टरबाइन 182

5.7.1 कपलान टरबाइन के प्रकार 183

5.7.1.1 नलिकाकार टरबाइन 183

5.7.1.2 बल्ब टरबाइन 183

5.7.1.3 रिम या स्ट्रैफ्लो टरबाइन 184

5.7.2 कपलान टरबाइन के मूल घटक 184

5.7.2.1 ब्लेड के साथ रनर 184

5.7.2.2 विकेट द्वार 186

5.7.2.3 ड्राफ्ट नलिका 186

5.8 समानता का नियम 188

5.8.1 ज्यामितीय समानता 188

5.8.2 गतिकीय समानता 189

5.8.3 गतिशील समानता 190

5.8.4 विशिष्ट गति 190

5.9 यूनिट मात्रायें 192

5.10 जल टरबाईन के लिए प्रदर्शन वक्र 193

5.10.1 मुख्य विशेषता वक्र 193

5.10.2 परिचालनचालन विशेषता वक्र 194

5.10.3 स्थिर कार्यक्षमता वक्र 195

5.11 टरबाईनों का संचालन 196

5.12 टरबाईनों का चयन 197

यूनिट सारांश 199

अभ्यास 203

लघु और दीर्घ उत्तरीय प्रश्न 205

संख्यात्मक समस्याएँ 205

अधिक जानें 207

अनुप्रयोग 207

संदर्भ और सुझाये गये पाठ 208

आगे सीखने के लिए संदर्भ **209**

CO और PO प्राप्ति तालिका **210**

सूची **211**

1 द्रव यांत्रिकी के मूल सिद्धांत (Fundamental- Fluid Mechanics)

यूनिट विशिष्टता (Unit Specifics)

इस यूनिट के माध्यम से हमने निम्नलिखित पहलुओं पर चर्चा की है:

- तरल पदार्थ और तरल पदार्थों के गुणधर्मों की परिभाषा(definition)
- न्यूटन का श्यानता (viscosity) नियम (law) और इकाइयाँ और आयाम
- निरंतरता समीकरण
- संवेग (momentum) समीकरण
- बर्नौली समीकरण
- बर्नौली समीकरण के अनुप्रयोग ।

अधिक जिज्ञासा और रचनात्मकता उत्पन्न करने के साथ साथ समस्या समाधान क्षमता में सुधार के लिए विषयों के व्यावहारिक अनुप्रयोगों पर चर्चा की जाती है।

बड़ी संख्या(number) में बहु विकल्पीय प्रश्नों के साथ साथ लघु और दीर्घ उत्तरीय प्रकार के प्रश्न उपलब्ध कराये गए हैं। इन्हें ब्लूम के वर्गीकरण के निचले और उच्च क्रम का उपयोग करके दो श्रेणियों में चिह्नित किया गया हैं। अभ्यास के लिए, अध्याय में कई संख्यात्मक समस्याओं के माध्यम से गृह कार्य, संदर्भो की एक सूची और महत्वपूर्ण साहित्य के सुझाव दिए गए हैं। यह ध्यान रखना महत्वपूर्ण है कि अनुभागों में विभिन्न क्यूआर कोड जोड़े गए हैं। रूचि(interest) के विषयों पर अतिरिक्त जानकारी प्राप्त करने के लिए इन्हें स्कैन किया जा सकता हैं।

औचित्य (Rationale)

"द्रव्य यांत्रिकी के मूल सिद्धांतों पर चर्चा करने वाली यह इकाई विद्यार्थी को द्रव्य के गुणों के बारे में प्राथमिक ज्ञान प्रदान करेगी। साथ ही यह वास्तविक उपकरणों में उपयोग किये जाने वाले सिद्धांतो की व्याख्या एवं उन पर चर्चा करने में विद्यार्थी को सक्षम बनाएगी। बिषय में दक्षता प्रदान करने के लिए न्यूटन के श्यानता के नियम(law of viscosity), निरंतरता समीकरण(continuity equation), संवेग समीकरण(momentum equation) और बर्नौली के समीकरण(Bernoulli equation) पर विस्तार से चर्चा की गयी है। द्रव्य यांत्रिकी से समबन्धित कुछ बास्तविक दुनिया के तंत्रो(systems) एवं समस्याओ पर भी चर्चा की गयी है, जो की विषय में और भी स्पष्ट्टा लाती है। द्रव यांत्रिकी विज्ञान की एक महत्वपूर्ण शाखा है जो मूलतः तरल पदार्थों की गतिकी(kinematics), गतिशीलता(dynamics) और स्थैतिक(static) से संबंधित है। इस बिषय का ज्ञान एक व्यक्ति को उसके आस-पास के कई दैनिक कार्यों और घटनाओं का विश्लेषण करने में सक्षम बनाता है।"

आवश्यक-शर्ते (Pre-Requisites)

गणित: कलन, त्रिकोणमितीय, सदिश (वर्ग XII)

भौतिकी: यांत्रिकी (वर्ग XII)

यूनिट आउटकम (Unit Outcomes)

इस यूनिट के परिणामों की सूची इस प्रकार है:

U1- O1: द्रव पदार्थ और द्रव पदार्थों के गुणधर्मों का वर्णन ।

U1- O2: श्यानता के न्यूटन के नियम का वर्णन ।

U1- O3: निरंतरता समीकरण और संवेग समीकरण को स्पष्ट करें ।

U1- O4: बर्नौली के समीकरण की व्याख्या ।

U1- O5: अपने अनुप्रयोगों को हल करने के लिए बर्नौली के समीकरण का उपयोग करें ।

यूनिट- 1 परिणाम	पाठ्यक्रम के परिणामों के साथ अपेक्षित मानचित्रण (1- दुर्बल सहसंबंध ;2-मध्यम सहसंबंध; 3-मजबूत सहसंबंध)					
	CO-1	**CO-2**	**CO-3**	**CO-4**	**CO-5**	**CO-6**
U1-O1	3	3	3	-	3	1
U1-O2	1	1	2	2	1	-
U1-O3	2	1	3	1	2	1
U1-O4	-	-	3	1	2	2
U1-O5	3	3	3	-	3	1

1.1 द्रव की परिभाषा (Definition of Fluid)

द्रव यांत्रिकी एक ऐसा विज्ञान है जो द्रव की गतिकी (kinematics), गतिशीलता (dynamics) और स्थैतिक (static) व्यवहार के बारे में जानकारी प्रदान करता है। द्रव को ऐसे पदार्थ के रूप में परिभाषित किया जाता है जो बहने में सक्षम होता है और जिसका कोई निश्चित आकार नहीं होता है | साथ ही द्रव वे पदार्थ होते हैं जिनमें अणु स्वतंत्र होते हैं और आपस में एक निश्चित अंतरआण्विक दूरी भी बनाए रखते हैं। इन्हें तरल पदार्थ और गैसों में वर्गीकृत किया गया है। सामान्यतः, गैसों में अणुओं के बीच की दूरी तरल पदार्थों की तुलना में ज्यादा होती है एवं गैस के अणु तब तक स्वतंत्र रूप से चलते रहते हैं जब तक कि वे कंटेनर का पूरा आयतन (volume) नहीं भर देते। जबकि, द्रव एक निश्चित आयतन ही घेरता है। तापमान और दबाव की बदलने पर तरल पदार्थों के मूलभूत गुणों में थोड़ा बदलाव आता है। श्यानता(viscosity) और पृष्ठ तनाव(surface tension) तरल पदार्थों के कुछ मुख्य गुण हैं। एक विशिष्ट तापमान पर, तरल पदार्थों की तुलना में गैसों की श्यानता कम होती है। तरल पदार्थों को पुनः आदर्श और वास्तविक तरल पदार्थों के रूप में वर्गीकृत किया गया है। जिन तरल पदार्थों में श्यानता शून्य होती उन्हें आदर्श तरल पदार्थ कहा जाता है। हालाँकि, प्रकृति में किसी भी तरल पदार्थ की श्यानता शून्य नहीं होती, इसलिए, कम श्यानता वाले द्रव को आदर्श द्रव माना जा सकता है। संपीडनशीलता (compressibility) द्रव का एक और महत्वपूर्ण गुण है जो उसके घनत्व (density) पर निर्भर करता है। इसका उपयोग द्रव को संपीड़ित(compressible) और असंपीड्य(incompressible) के रूप में वर्गीकृत करने के लिए किया जाता है

1.2 द्रवों के गुण (Properties of Fluids)

द्रवों के गुण सघन या व्यापक हो सकते हैं। किसी तरल पदार्थ का तापमान, दबाव और घनत्व सघन गुण माने जाते हैं, जबकि द्रव्यमान, संवेग और आयतन किसी तरल पदार्थ के व्यापक गुण माने जाते हैं। निम्नलिखित अनुभागों में तरल पदार्थों के महत्वपूर्ण गुणों पर चर्चा की गई है।

1.2.1 द्रव्यमान घनत्व (Mass Density)

किसी द्रव के द्रव्यमान घनत्व (ρ) को द्रव के द्रव्यमान और आयतन के अनुपात के रूप में परिभाषित किया जा सकता है। इसे गणितीय रूप से व्यक्त किया जा सकता है:

$$\text{द्रव्यमान घनत्व}, \rho = \frac{\text{द्रव का द्रव्यमान }, m}{\text{द्रव का आयतन}, V}$$

एसआई में, द्रव्यमान घनत्व की इकाई kg/m^3 है।

जब किसी द्रव का घनत्व दबाव के साथ बदलता है, तो द्रव को संपीड़ित द्रव कहा जाता है। इसके विपरीत, एक असम्पीडित तरल पदार्थ में, घनत्व दबाव में स्थिर रहता है। गैसें संपीड़ित तरल पदार्थ हैं और तरल पदार्थ मूल रूप से असम्पीडित तरल पदार्थ हैं।

1.2.2 विशिष्ट आयतन (Specific Volume)

किसी द्रव पदार्थ का विशिष्ट आयतन प्रति इकाई द्रव्यमान में द्रव का आयतन होता है, जो द्रव्यमान के घनत्व का व्युत्क्रम होता है और इसे इस प्रकार व्यक्त किया जाता है

$$\text{विशिष्ट आयतन} = \frac{\text{द्रव का आयतन}}{\text{द्रव का द्रव्यमान}}$$

$$= \frac{1}{\frac{\text{द्रव का द्रव्यमान}}{\text{द्रव का आयतन}}} = \frac{1}{\rho}$$

यह मुख्य रूप से गैसों पर लागू होता है।

एसआई में, विशिष्ट आयतन की इकाई m^3/kg होती है।

1.2.3 विशिष्ट भार (Specific Weight)

विशिष्ट भार (γ) को किसी तरल पदार्थ के वजन और उस मात्रा के अनुपात के रूप में परिभाषित किया जाता है जिसके लिए इसका उपयोग किया जाता है। इसे इस रूप में व्यक्त किया जा सकता है:

$$\gamma = \frac{\text{द्रव का आयतन}}{\text{द्रव का आयतन}}$$

$$\gamma = \frac{mg}{V} = \rho g \qquad (1.1)$$

एसआई में, विशिष्ट भार की इकाई N/m^3 होती है।

1.2.4 विशिष्ट गुरुत्व (Specific Gravity)

विशिष्ट गुरुत्व (S) एक विमाहीन मात्रा है। द्रव पदार्थ के लिए पानी के भार घनत्व और गैसों के लिए हवा के भार घनत्व के रूप में व्यक्त किया जाता है। इसे इस रूप में व्यक्त किया जा सकता है:

$$S(\text{द्रवों के लिए}) = \frac{\text{द्रव का भार घनत्व(घनत्व)}}{\text{पानी का भार घनत्व(घनत्व)}}$$

$$S(\text{गैसों के लिए}) = \frac{\text{गैस का भार घनत्व(घनत्व)}}{\text{हवा का भार घनत्व(घनत्व)}}$$

SCAN ME

For better understanding properties of fluids

उदाहरण (example) 1.1 0.7 के विशिष्ट गुरुत्व के साथ 1 L गैसोलीन का भार, घनत्व और विशिष्ट भार ज्ञात करें।

समाधान

दिए गए आंकड़े:

विशिष्ट गुरुत्व, S = 0.7

गैसोलीन का आयतन, V = 1 L = $0.001 m^3$

घनत्व दिया गया है,

$\rho = S \times 1000$

$= 0.7 \times 1000$

$= 700\ kg/m^3$ **उत्तर** ।

विशिष्ट भार (γ) निम्न द्वारा दिया जाता है -

$\gamma = \rho \times g$

$= 700 \times 9.81$

$= 6867\ N/m^3$ **उत्तर** ।

भार, W द्वारा दिया जाता है।

$W = \gamma \times V$

$W = 6867 \times 0.001 = 6.867\ N$ **उत्तर** ।

उदाहरण 1.2 यदि द्रव का भार 7 N है, तो 1 litre के लिए द्रव के निम्नलिखित मान ज्ञात कीजिए।

(i) विशिष्ट भार, (ii) घनत्व, और (iii) विशिष्ट गुरुत्व

समाधान

दिए गए आंकड़े:

आयतन, V = 1 litre = 0.001 m^3

द्रव का भार = 7 N

विशिष्ट भार, γ द्वारा दिया जाता है

$= W/V$

$= 7/0.001$

$= 7000\ N/m^3$ **उत्तर**

यहाँ घनत्व, ρ द्वारा दिया गया है

$\rho = \gamma/g$

$= 700/9.81$

$= 713.5\ kg/m^3$ **उत्तर**

विशिष्ट गुरुत्व द्रव के लिए दिया जाता हैं

S = द्रव का घनत्व/ जल का घनत्व

$= 713.5/1000$

$= 0.7135$ **उत्तर**

1.2.5 श्यानता (Viscosity)

जैसा कि ऊपर चर्चा की गई है, द्रव पदार्थों को उनकी चिपचिपाहट के आधार पर वर्गीकृत किया जाता है, जो द्रवपदार्थों के सबसे महत्वपूर्ण गुणों में से एक है। इसे द्रव पदार्थों की विभिन्न परतों के क्षणों की अवधारणा के आधार पर परिभाषित किया जा सकता है। जब द्रव पदार्थ की एक परत आसन्न परत पर बहती है, तो दो परतों के बीच एक खिंचाव पैदा होता

है, जिससे परत का टॉर्क कम हो जाता है। परतों के बीच इस तन्य बल को न्यूटन के श्यानता के नियम द्वारा समझाया जा सकता है, जैसा कि अगले भाग में बताया गया है।

1.3 न्यूटन का श्यानता नियम (Newton's Law of Viscosity)

न्यूटन के श्यानता के नियम पर चर्चा करने के लिए, द्रव की दो परतों पर विचार करें जो विभिन्न वेगों v और v + dv पर "dy" दूरी पर घूम रही हैं जैसा कि चित्र 1.1.में दिखाया गया है।

एक अपरूपण प्रतिबल (τ) बनाया जाता है जो दो आसन्न परतों के बीच कार्य करता है। न्यूटन के श्यानता के नियम के अनुसार, अपरूपण प्रतिबल y के संबंध में वेग में परिवर्तन की दर के समानुपाती होता है। इसे इस प्रकार व्यक्त किया जा सकता है:

$$\tau \propto \frac{dv}{dy}$$

या $$\tau = \mu \frac{dv}{dy} \qquad (1.2)$$

जहाँ,

μ आनुपातिक स्थिरांक है जिसे गतिशील श्यानता या श्यानता के रूप में जाना जाता है।

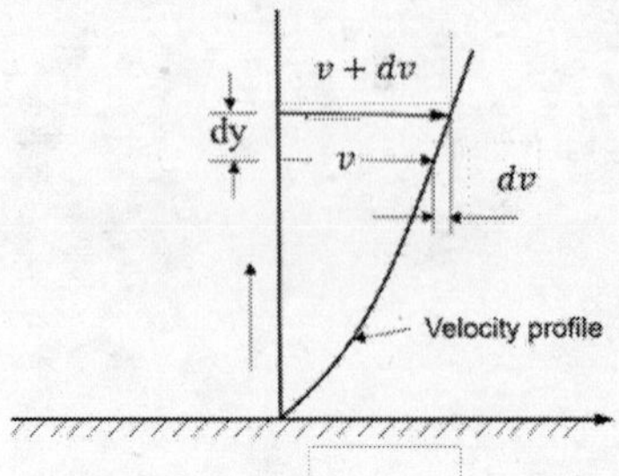

चित्र 1.1: सीमा के निकट वेग परिवर्तन

dv/dy अपरूपण तनाव की दर है।

उपरोक्त समीकरण 1.2 को इस रूप में लिखा जा सकता है:

$$\mu = \frac{\tau}{\left(\frac{dv}{dy}\right)} \qquad (1.3)$$

इसलिए, श्यानता को एक इकाई अपरूपण विकृति दर उत्पन्न करने के लिए आवश्यक अपरूपण प्रतिबल के रूप में भी परिभाषित किया जा सकता है।

वे द्रव पदार्थ जो न्यूटन के श्यानता के नियम का पालन करते हैं, न्यूटोनियन (Newtonian) द्रव कहलाते हैं, अन्य द्रव पदार्थ गैर-न्यूटोनियन द्रव कहलाते हैं।

श्यानता की एस आई इकाई इस प्रकार निर्धारित की जाती है:

$$\mu = \frac{\tau}{\left(\frac{dv}{dy}\right)}$$

$$= \frac{\mathrm{N/m^2}}{\left(\frac{\mathrm{m}}{\mathrm{sec}}\right)/\mathrm{m}} = \mathrm{Ns/m^2}$$

गतिशील श्यानता की इकाई को पोइस (poise) के रूप में भी व्यक्त किया जाता है।

1 पोइस (poise) = 10^{-1} Ns/m²

श्यानता को गतिक श्यानता के रूप में भी निर्दिष्ट किया जा सकता है, जिसे किसी तरल पदार्थ के घनत्व के लिए गतिशील श्यानता के अनुपात के रूप में परिभाषित किया जाता है और इसे इस प्रकार व्यक्त किया जाता है:

$$\nu = \frac{\text{श्यानता}}{\text{घनत्व}}$$

$$\nu = \frac{\mu}{\rho} \quad (1.4)$$

एसआई में गतिक श्यानता की इकाइयाँ इस प्रकार प्राप्त की जाती है,

$$\nu = \frac{\text{Ns}/m^2}{kg/m^3} = \frac{m^2}{\text{sec}}$$

गतिक श्यानता की इकाई को स्टोक (stoke) के रूप में भी व्यक्त किया जाता है।

1 स्टोक = 10^{-4} m²/sec

उदाहरण 1.3 यदि दो प्लेटों के बीच की दूरी 0.1 mm है, तो 0.3 m/sec की सापेक्ष गति के साथ चलती हुई प्लेट पर 1 m² के सतह क्षेत्र वाली एक चपटी प्लेट को खींचने के लिए आवश्यक बल का निर्धारण करें। विचार करें कि दो प्लेटों के बीच द्रव की श्यानता 1 poise है। साथ ही, संबंधित शक्ति की गणना करें ।

समाधान

दिए गए आंकड़े:
क्षेत्रफल, A = 1 m²
सापेक्ष वेग, dv = 0.3 m/sec
दो प्लेटों के बीच की दूरी, dy = 0.1mm = 0.1 × 10^{-3} m
द्रव पदार्थ की श्यानता, μ = 1 poise = 0.1 Ns/m²
श्यानता के न्यूटन के नियम को लागू करना

अपरूपण प्रतिबल, $\tau = \mu \frac{dv}{dy}$

$$= \frac{0.1 \times 0.3}{0.1 \text{ X } 10^{-3}}$$

$$= 300 \text{ N/m}^2$$

अपरूपण बल, F द्वारा दिया जाता है,

$$F = \tau \times A$$

$$= 300 \times 1 = 300 \text{ N.}$$ **उत्तर**

प्लेट को स्थानांतरित करने के लिए आवश्यक शक्ति, P निम्नलिखित द्वारा दी जाती है:

$$P = F \times dv$$

$$= 300 \times 0.3 = 90 \text{ W}$$ **उत्तर**

उदाहरण 1.4 दो समानांतर प्लेटें 0.03 mm की दूरी पर द्रवद्वारा अलग हो जाती हैं। एक प्लेट 0.5 m/s की गति से दूसरी स्थिर प्लेट की ओर बढ़ती है। यदि प्लेट को गतिशील रखने के लिए प्रति इकाई क्षेत्रफल 1.8 N/m² के बल की आवश्यकता होती है, तो द्रव की श्यानता निर्धारित करें।

समाधान

दिए गए आंकड़े:
दो प्लेटों के बीच की दूरी, dy = 0.03 mm

$$= 0.03 \times 10^{-3} \text{ m}$$

सापेक्ष गति, du = 0.5 m/s

अपरूपण बल प्रति इकाई क्षेत्रफल,τ = 1.8 N/m^2

माना कि प्लेटों के बीच द्रव श्यानता μ हैं ।

अपरूपण प्रतिबल, τ का मान दिया गया है

$$\tau = \mu \frac{dv}{dy}$$

$$1.8 = \mu \frac{0.5}{0.03 \times 10^{-3}}$$

$\therefore$ $\mu = 1.03 \times 10^{-5} \frac{Ns}{m^2}$. **उत्तर**

उदाहरण 1.5 120 mm की व्यास वाले शाफ्ट के लिए अपरूपण प्रतिबल निर्धारित करें जो एक जर्नल बेयरिंग में 200 r.p.m के साथ घूर्णन से संबंधित है । यदि 1 poise की श्यानता वाले तेल का उपयोग शाफ्ट और जर्नल बेयरिंग के बीच 1.25 mm के रूप में एक निकासी के साथ बेयरिंग(bearing) को चिकना करने के लिए किया जाता है ।

समाधान

दिए गए आंकड़े:

शाफ्ट का व्यास, D = 120 mm = 0.12 m

शाफ्ट की गति, N = 200 r. p.m

तेल की श्यानता, μ = 0.1 Ns/m^2

स्वीकृति, dy = 1.25 mm = 1.25 × 10^{-3} m

शाफ्ट की स्पर्शीय (tangential) गति, u द्वारा दी जाती है।

$$u = \frac{\pi D N}{60}$$

$$= \frac{\pi \times 0.12 \times 200}{60} = 1.25 \text{ m/s}$$

$$du = 1.25 - 0$$

$$= 1.25 \text{ m/sec}$$

अपरूपण प्रतिबल निम्न द्वारा दिया जाता है,

$$\tau = \mu \frac{du}{dy}$$

$$\tau = 0.1 \times \frac{1.25}{1.25 \times 10^{-3}}$$

या, $= 100 \text{ N/m}^2$. **उत्तर** ।

उदाहरण 1.6 यदि 2.2 के विशिष्ट गुरुत्व वाले द्रव पदार्थ की गतिक श्यानता 5 stokes है। द्रव की श्यानता ज्ञात कीजिए।

समाधान

दिए गए आंकड़े:

विशिष्ट गुरुत्व, S = 2.2

गतिज श्यानता, = 5 stokes

या, = 5 cm^2/s

या, = 5 × 10^{-4} m^2/s

अब, विशिष्ट गुरुत्व, S द्वारा दिया जाता है।

$$S = \frac{\text{द्रव का घनत्व}}{\text{जल का घनत्व}}$$

$$2.2 = \frac{\text{द्रव का घनत्व}}{1000}$$

गतिक श्यानता इस प्रकार दी जाती है:

$$\nu = \frac{\mu}{\rho}$$

∴ $\mu = 5 \times 10^{-4} \times 2200$

या, $= 1.1 \text{ Ns/m}^2$

या, $= 11$ poise. **उत्तर** ।

उदाहरण 1.7 एक द्रव पदार्थ द्वारा बनाए गये अपरूपण प्रतिबल का पता लगायें, जिसका गतिक श्यानता 10 poise हैं और एक समतल प्लेट के ऊपर 0.2 m की दूरी पर बह रहा हैं । यदि द्रव पदार्थ का वेग प्लेट से y (m) की दूरी पर v (m/s) द्वारा दर्शाया जाता हैं । वेग वितरण को $v = 0.5\ y - y^2$ के रूप में दिया गया हैं । ऐसी दूरी पर जिसमे प्लेट के ऊपर y m दूरी पर u m प्रति sec में वेग होता है ।

समाधान

दिए गए आंकड़े:

द्रव की श्यानता, $\mu = 10$ poise = 1 Ns/m²

वेग वितरण, $v = 0.5y - y^2$

दूरी, $y = 0.2$ m

अब,

$$\frac{dv}{dy} = 0.5 - 2y$$

$y = 0.2$ पर,

$$\frac{dv}{dy} = 0.5 - 2 \times 0.2 = 0.5 - 0.40 = 0.1$$

अपरूपण प्रतिबल,τ दिया जाता हैं

$$\tau = \mu \frac{dv}{dy}$$

$$= 1 \times 0.1 \frac{\text{N}}{\text{m}^2}$$

या, $= 0.1 \frac{\text{N}}{\text{m}^2}$ **उत्तर**

1.4 संपीड्यता (Compressibility)

किसी द्रव पदार्थ की संपीड्यता लचीलेपन(elasticity) की क्षमता का मापन है जिसे आयतन प्रत्यास्था गुणांक(modulus) द्वारा दर्शाया जाता है, K जो संपीडक प्रतिबल और आयतन विकृति का अनुपात है। चित्र 1.2.में दर्शाये अनुसार एक पिस्टन के साथ लगे सिलेंडर पर विचार करके संपीड्यता की अवधारणा पर चर्चा की जा सकती है ।

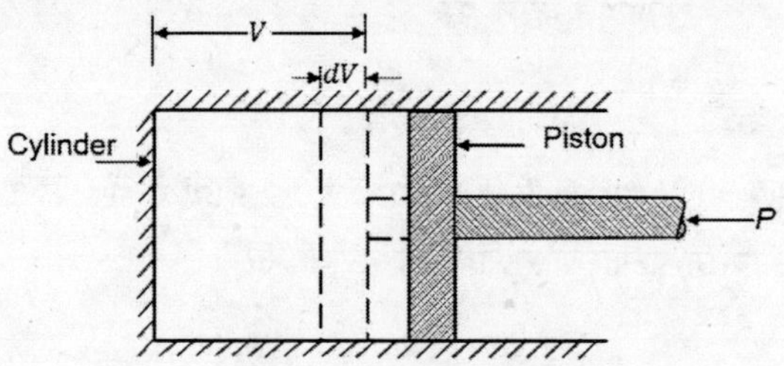

चित्र 1.2: पिस्टन से युक्त सिलेंडर

जैसे ही दबाव p से बढ़कर p + dp तक हो जाता है ,तो आयतन V से V - dV में बदल जाएगा ।

इसलिए, dV में आयतन में कमी dp में दबाव में वृद्धि से मेल खाती है। उसके बाद,

आयतन विकृति = $-\frac{dV}{V}$

आयतन प्रत्यास्था गुणांक की परिभाषा के अनुसार, K

आयतन प्रत्यास्था गुणांक, K = $\frac{\text{दबाव में वृद्धि (संपीडित तनाव)}}{\text{आयतन विकृति}}$

$$K = = \frac{dp}{\frac{-dV}{V}} = \frac{-dp}{dV}V \quad (1.5)$$

किसी तरल पदार्थ की संपीड्यता को आयतन प्रत्यासथा गुणांक के व्युत्क्रम के रूप में परिभाषित किया गया है और इसे इस प्रकार व्यक्त किया जाता है:

संपीड्यता = $\frac{1}{K}$

दो अलग अलग प्रक्रमों के लिए, आयतन प्रत्यासथा गुणांक और दबाव के बीच संबंध की चर्चा इस प्रकार की जाती है,

(i) समतापी प्रक्रम(Isothermal Process) के लिए

$$pV = \text{नियतांक} \left\{\because V = \frac{1}{\rho}\right\} \quad (1.6)$$

समीकरण (1.6) को अवकलित करके

$$pdV + Vdp = 0 \quad (1.7)$$

$$p = \frac{-Vdp}{dV} \quad (1.8)$$

इस मान को समीकरण (1.5) में प्रतिस्थापित करने पर,

$$K = p \quad (1.9)$$

(ii) रुद्धोष्म प्रक्रम(Adiabatic Process) के लिए

$$pV^k = \text{नियतांक} \quad (1.10)$$

जहाँ, k विशिष्ट ऊष्माओं का अनुपात है ।

समीकरण (1.10) को अवकलित करके,

$$pd(V^k) + V^k(dp) = 0$$
$$pkdV + Vdp = 0$$
$$pk = -\frac{Vdp}{dV}$$

इस मान को समीकरण (1.5) में प्रतिस्थापित करने पर

$$K = pk \quad (1.11)$$

उदाहरण 1.8 एक द्रव का दबाव 60 N/cm^2 से 100 N/cm^2 तक बढ़ जाता है और इसका आयतन 10% तक कम हो जाता है। इस द्रव की लचीलेपन के आयतन प्रत्यास्था गुणांक की गणना करें ।

समाधान

दिए गए आंकड़े :

प्रारंभिक दबाव, $p_1 = 60$ N/cm^2

अंतिम दबाव, $p_2 = 100$ N/cm^2

आयतन में कमी $= -\frac{dV}{V}$

$= 0.10$

इसलिए दबाव में वृद्धि निम्न प्रकार दी जाती है -

$dp = 100 - 60 = 60 \text{ N/cm}^2$

आयतन प्रत्यास्था गुणांक, K द्वारा दिया जाता है।

$K = \frac{dp}{-\frac{dV}{V}} = \frac{60}{0.1}$

या, $= 600 \text{ N/cm}^2$

या, $= 6$ MPa. **उत्तर** ।

1.5 पृष्ठ तनाव (Surface Tension)

पदार्थ के अणुओं के बीच दो प्रकार के बल कार्य करते हैं, एक उनके आणविक द्रव्यमान के उत्पाद के समानुपाती होता है और दूसरा उनके द्रव्यमान केंद्रों के बीच की दूरी के व्युत्क्रमानुपाती होता है। पृष्ठ तनाव वह गुण है जिसके द्वारा सतह तरल परत तनाव पैदा करती है। द्रव सतह के नीचे अणुओं की आकर्षक बलों द्वारा तनाव के तहत एक पतली परत बनाई जाती है। तरल पदार्थ के नीचे के अणु एक छोटा समूह लेकर चलते हैं। यह बल द्रव सतह पर लंबवत कार्य करता है और तरल सतह को मोड़ देता है। पृष्ठ तनाव की घटना को स्पष्ट करने के लिए, द्रव बूंदों और जेट के उदाहरण चित्र 1.3 में दिखाए गए हैं।

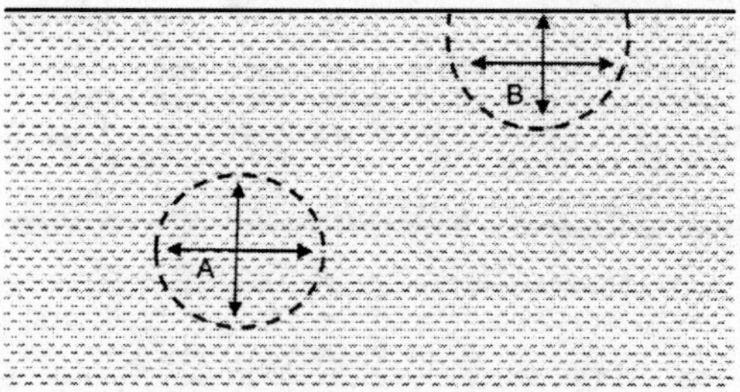

चित्र 1.3: पृष्ठ तनाव घटना की अवधारणा

द्रव के अंदर और द्रव की सतह पर एकद्रव अणु पर विचार करें, जिसे क्रमशः "A" और "B" अक्षरों द्वारा दर्शाया गया है। अणु की सतह आसपास के द्रवअणुओं की ओर आकर्षित होती है। संपूर्ण सतह पर कार्य करने वाले बल "A" अणु के लिए समान हैं। हालाँकि, द्रव की सतहों के ऊपर और नीचे सतह अणु "B" पर कार्य करने वाले बलों में अंतर होगा। द्रव की सतह के नीचे कार्य करने वाला बल अधिक है, इसलिए वक्रता पृष्ठ तनाव के कारण होती है। पृष्ठ तनाव के कारण दबाव की तीव्रता का अनुमान लगाने के लिए, तीन अलग-अलग मामलों पर विचार किया जाता है: (i) एक बूंद के अंदर दबाव की तीव्रता, (ii) साबुन के बुलबुले के अंदर दबाव की तीव्रता, और (iii) तरल जेट के अंदर दबाव की तीव्रता।

केस(case) 1: मान लीजिए कि द्रव सतह पर त्रिज्या R और आंतरिक दबाव p की एक गोलाकार बूंद है। द्रव सतह पर, बूंद एक गोलार्ध के रूप में दिखाई देती है, अर्थात लगभग प्रक्षेपित क्षेत्रफल (πR^2) के रूप में, जिस पर दबाव की तीव्रता p कार्य करती है। हालाँकि, तन्य बल बूंद सतह क्षेत्र (πR) को प्रभावित करता है। दोनों बल संतुलन में हैं, इसलिए हम लिख सकते हैं

$$p\,\pi R^2 = 2\sigma\,(\pi R) \tag{1.12}$$

इसलिए, एक बूंद के अंदर दबाव की तीव्रता इस प्रकार प्राप्त की जा सकती है

$$p = \frac{2\sigma}{R} \tag{1.13}$$

केस (case) 2: साबुन के बुलबुले के दो सतह होते हैं जो हवा के संपर्क में होते हैं। पृष्ठ तनाव यह सुनिश्चित करने में मदद करता है कि आंतरिक और बाहरी दोनों सतहें समान रूप से फैली हुई हैं। त्रिज्या **R** के साबुन के बुलबुले के अर्धवृत्ताकार खंड पर लगाए गए पृष्ठ तनाव के कारण लगने वाले तन्य बल को **2 σ (2ΠR)** के रूप में व्यक्त किया जाता है। दबाव अर्धवृत्ताकार भाग पर उतना ही बल लगाता है जितना गिरने पर। ये दोनों बल संतुलन में हैं और इन्हें इस प्रकार व्यक्त किया जा सकता है:

$$p\,\pi R^2 = 2\sigma\,(2\pi R) \tag{1.14}$$

इसलिए, साबुन के बुलबुले के अंदर दबाव की तीव्रता इस प्रकार प्राप्त की जा सकती है:

$$p = \frac{4\sigma}{R} \tag{1.15}$$

केस (case) 3: त्रिज्या R, लंबाई L और दबाव तीव्रता p वाले एक द्रव जेट पर विचार करें। जब एक जेट आधे में विभाजित हो जाती है, तो बल जेट के आधे हिस्से पर कार्य करता है। इस मामले में, अनुमानित क्षेत्रफल 2RL है, तो पृष्ठ तनाव के कारण तन्य बल 2L के साथ कार्य करता है, अर्थात जेट के दोनों ओर. ये दोनों बल संतुलन में हैं और इन्हें इस प्रकार व्यक्त किया गया है:

$$p\,(2RL) = \sigma\,(2L) \tag{1.16}$$

इसलिए, द्रव जेट के अंदर दबाव की तीव्रता निम्न प्रकार प्राप्त की जा सकती है:

या, $$p = \frac{\sigma}{R} \tag{1.17}$$

उदाहरण 1.9 यदि आंतरिक और बाहरी दबाव के बीच का अंतर 0.015 N/cm² है, तो 20° C पर वायु और जल के बीच पृष्ठ तनाव को **0.075** N/m मानते हुए जल की बूंद का व्यास का ज्ञात करें ।

समाधान :

दिए गए आंकड़े:

पृष्ठ तनाव, = 0.075 N/m

दबाव ,p = 0.015 N/cm² = 0.015 × 10^4 N/m²

बूंद में दबाव की तीव्रता निम्न प्रकार दी जाती है:

$$p = \frac{4\sigma}{d}$$

इसलिए, बूंद का व्यास, d निम्नलिखित द्वारा दिया जाता है:

$$d = \frac{4\sigma}{p}$$

$$= \frac{4 \times 0.075}{0.015 \times 10^4}$$

या, d = 0.002 m = 2 mm. **उत्तर** ।

1.6 निरंतरता समीकरण (Continuity Equation)

द्रव्यमान के संरक्षण के नियम के आधार पर, यह कहा जा सकता है कि यदि चैनल के माध्यम से कोई ऊर्जा हानि नहीं होती है, तो चैनल के माध्यम से बहने वाले द्रव पदार्थ का कुल द्रव्यमान चैनल के विभिन्न अनुप्रस्थ काट में समान होता

है। विभिन्न अनुप्रस्थ काट वाले पाइप के दो बिंदुओं पर विचार करते हुए एक निरंतरता समीकरण प्राप्त किया जा सकता है, जैसा कि चित्र 1.4.में दिखाया गया है।

चलो।

m_1 और m_2 क्रमशः स्थान 1 और 2 पर द्रव का द्रव्यमान हैं ।

V_1 और V_2 क्रमशः स्थान 1 और 2 पर द्रव का वेग हैं ।

ρ_1 और ρ_2 क्रमशः स्थान 1 और 2 पर द्रव का घनत्व हैं ।

A_1 और A_2 क्रमशः स्थान 1 और 2 पर मार्ग के अनुभागीय क्षेत्रफल हैं ।

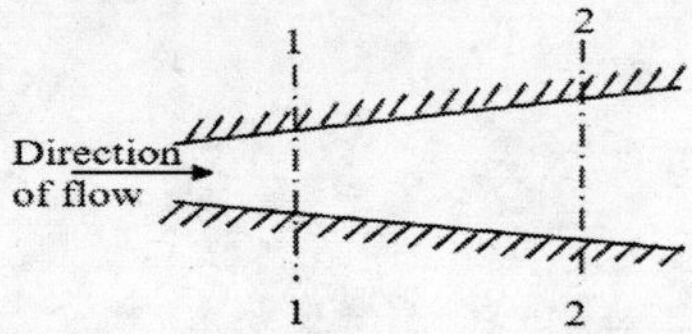

चित्र 1.4: मार्ग से प्रवाहित होने वाले द्रव के विभिन्न स्थान

इसलिए,

स्थान 1-1 पर प्रवाह दर $= \rho_1 A_1V_1$

स्थान 2-2 पर प्रवाह दर $= \rho_2 A_2V_2$

आदर्श द्रव और स्थिर प्रवाह को मानते हुए द्रव्यमान संरक्षण के नियम को निम्न प्रकार व्यक्त किया जा सकता है:

स्थान 1 -1 पर प्रवाह दर = स्थान 2-2 पर प्रवाह दर = नियतांक

$$\rho_1 A_1 v_1 = \rho_2 A_2 v_2 \tag{1.18}$$

अंसपीड्य द्रव के लिए $(\rho_1 = \rho_2)$, उपरोक्त समीकरण को निम्न प्रकार से व्यक्त किया जा सकता है:

$$A_1 v_1 = A_2 v_2 \tag{1.19}$$

समीकरण 1.18 और 1.19 क्रमशः संपीड़ित और असंपीड़ित द्रव पदार्थों के लिए निरंतरता समीकरण दिखाते हैं, यह मानते हुए कि आदर्श द्रव पदार्थ और प्रवाह स्थिर स्थिति में हैं।

उदाहरण 1.10 जैसा कि चित्र में दिखाया गया है, द्रव क्रमशः 150 mm और 200 mm के प्रवेशिका और निर्गम व्यास के साथ एक प्रसार(expansion) पाइप के माध्यम से बहता है। यदि प्रवेशिका पर तरल का वेग 3.5 m/s है, तो पाइप के निर्गम पर वेग ज्ञात करें।

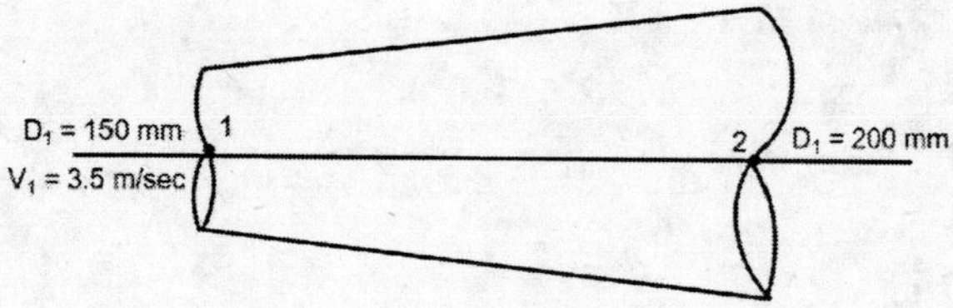

समाधान:

दिए गए आंकड़े

बिंदु 1 पर वेग, $v_1 = 3.5$ m/s

प्रवेशिका व्यास, $D_1 = 150$ mm = 0.15 m

निर्गम व्यास, $D_2 = 200$ mm = 0.2 m

प्रवेशिका पर क्षेत्रफल दिया गया हैं,

$$A_1 = \frac{\pi}{4}(D_1^2)$$

या, $= \frac{\pi}{4}(0.15)^2 = 0.01767 \text{ m}^2$

निर्गम पर क्षेत्रफल दिया गया हैं,

$$A_2 = \frac{\pi}{4}(D_2^2)$$

या, $= \frac{\pi}{4}(0.2)^2 = 0.0314 \text{ m}^2$

निरंतरता समीकरण लागू करने पर,

$$Q = A_1 v_1 = A_2 v_2$$

∴ निर्गम पर वेग, V_2 द्वारा दिया गया है

$$v_2 = \frac{A_1 \times v_1}{A_2}$$

$$= \frac{0.01767 \times 3.5}{0.0314}$$

or, $= 1.969$ m/sec. उत्तर ।

उदाहरण 1.11 जल आपूर्ति के लिए, 15 cm और 10 cm व्यास वाले दो अलग-अलग पाइपों को 40 cm व्यास वाले पाइप से जोड़ा जाता है। । निम्नलिखित ज्ञात कीजिए

(i) 40 mm व्यास वाली ट्यूब के माध्यम से 2 m/s की औसत गति से निर्वहन।

(ii) 15 cm व्यास वाले पाइप से बहने वाले पानी का वेग तब होता है जब 10cm व्यास वाले पाइप में पानी का औसत वेग 1.5 m/s होता है।

समाधान

दिए गए आंकड़े:

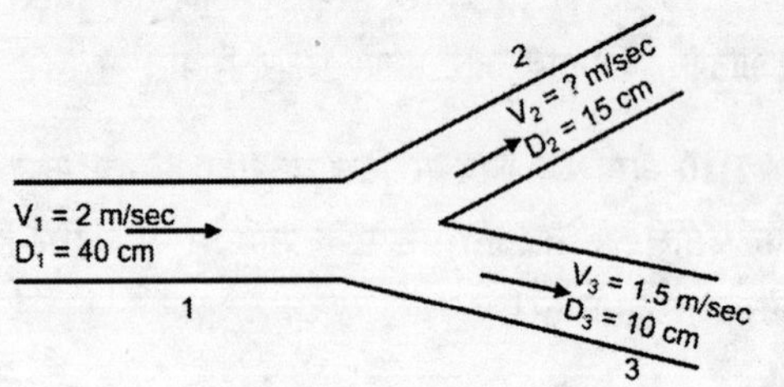

बिंदु 1 पर व्यास , D_1= 40 cm =0.40 m

$$A_1 = \frac{\pi}{4} D_1^2$$

$$= \frac{\pi}{4} \times 0.4^2$$

or, $= 0.1256 \text{ m}^2$

बिंदु 1 पर वेग , v_1=2 m/s

बिंदु 2 पर व्यास, D_2

D_2= 15 cm = 0.15 m

$$A_2 = \frac{\pi}{4}(0.15)^2$$

या, $= 0.01767 \text{ m}^2$

बिंदु 3 पर व्यास, D_3= 0.10 m

$$A_3 = \frac{\pi}{4}(0.10)^2$$

A_3= 0.007853 m^2

फिर, निरंतरता समीकरण के अनुसार,

$Q_1 = Q_2 + Q_3$

पाइप 1 में निर्वहन Q_1 इस प्रकार दिया जाता है

$Q_1 = A_1 v_1$

$= 0.1256 \times 2$

या, $= 0.2512 \frac{m^3}{s}$. **उत्तर**

पाइप 2 में निर्वहन Q_2 इस प्रकार दिया जाता है

$Q_2 = A_2 v_2$

$= 0.01767 \times V_2$

पाइप 3 में निर्वहन Q_3 इस प्रकार दिया जाता है

$Q_3 = A_3 v_3$

$= 0.007853 \times 1.5$

या, $= 0.01177$

Q_1 और Q_3 के मान को प्रतिस्थापित करने पर, हम प्राप्त करते हैं

$0.2512 = Q_2 + 0.01177$

$Q_2 = 0.2512 - 0.01177 = 0.23943 \text{ m}^3/\text{s}$

पाइप 2 में निर्वहन Q2 इस प्रकार दिया जाता है

$Q_2 = A_2 v_2 = 0.01767 \times v_2$

या, $0.23943 = 0.01767 \times v_2$

$$\therefore v_2 = \frac{0.23943}{0.01767} = 13.55 \frac{\text{m}}{\text{s}}. \text{उत्तर}$$

उदाहरण 1.12 एक तेल रिफाइनरी में तेल की आपूर्ति 2.5 m/s के वेग के साथ 30 cm व्यास वाले पाइप के माध्यम से की जाती है । तेल की मात्रा की आपूर्ति 25 cm के व्यास वाले पाइप के माध्यम से की जानी हैं। तेल वेग का निर्धारण यह मानते हुए कि तेल का विशिष्ट गुरुत्वाकर्षण 0.92 है इस पाइप से तेल का वेग और तेल की कुल मात्रा प्रति सेकंड ज्ञात कीजिए।

समाधान

दिए गए आंकड़े:

अनुभाग 1 पर

बिंदु 1 पर व्यास , $D_1 = 30 \text{ cm} = 0.3 \text{ m}$

$A_1 = \frac{\pi}{4} D_1^2$

या, $= \frac{\pi}{4} \times 0.3^2$

या, $= 0.07068 \text{ m}^2$

बिंदु 1पर वेग, $v_1 = 2.5 \text{ m/s}$

अनुभाग 2 पर

बिंदु 2 पर व्यास, $D_2 = 25 \text{ cm}$

$D_2 = 0.25 \text{ m}$

$$A_2 = \frac{\pi}{4} D_2^2$$

या, $= 0.0490\ m^2$

अनुभाग 1 और 2 पर निरंतरता समीकरण लागू करने पर,

$$A_1 v_1 = A_2 v_2$$
$$0.07068 \times 2.5 = 0.0490 \times v_2$$
$$v_2 = \frac{0.07068 \times 2.5}{0.0490}$$

या, $= 3.606\ m/s.$ **उत्तर**

अब, तेल का विशिष्ट गुरुत्व$= \frac{\rho_{oil}}{\rho_{water}}$

ρ_{oil} = तेल का विशिष्ट गुरुत्व $\times\ \rho_{water}$

तेल का घनत्व $= 0.92 \times 1000$

तेल का घनत्व $= 920\ kg/m^3$

तेल की कुल मात्रा की गणना इस प्रकार की जाती है

तेल की कुल मात्रा = द्रव्यमान घनत्व × निर्वहन $= \rho \times A_1 \times v_1$

तेल की कुल मात्रा $=920 \times 0.07068 \times 2.5 = 162.564\ kg/s.$ **उत्तर**

उदाहरण 1.13: नोजल के प्रवेशिका और निर्गम व्यास क्रमशः 30 cm और 15 cm हैं। यदि प्रवेशिका पर जल का वेग 3m/s हैं, तो निर्गम पर जल के जेट के वेग ज्ञात करें, प्रवेशिका और निर्गम वेग शीर्ष और निर्वहन ज्ञात करें।

समाधान

दिए गए आंकड़े:

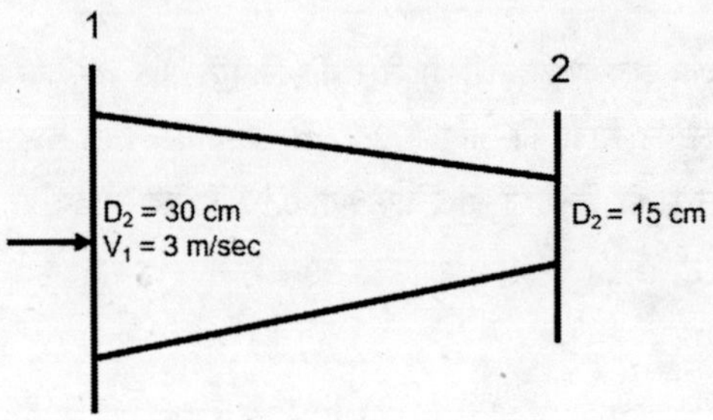

प्रवेशिका व्यास, $D_1 = 30\ cm = 0.3\ m$

$$A_1 = \frac{\pi}{4} D_1^2$$
$$= \frac{\pi}{4}(0.3)^2$$

या, $= 0.07069\ m^2$

$$v_1 = 3\ m/s$$

निर्गम व्यास, $D_2 = 0.15\ m$

$$A_2 = \frac{\pi}{4}(0.15)^2$$

या, $= 0.017671\ m^2$

अनुभाग 1 पर वेग शीर्ष इस प्रकार दिया जाता है

$$\frac{v_1^2}{2g} = \frac{3^2}{2 \times 9.81}$$
$$\frac{v_1^2}{2g} = 0.458\ m.$$ **उत्तर**

v_2 ज्ञात करने के लिए,,1 और 2 पर निरंतरता समीकरण लागू करने पर

$$A_1 v_1 = A_2 v_2$$
$$v_2 = \frac{A_1 v_1}{A_2}$$
$$= \frac{0.07069}{0.017671} \times 3.0$$

या, $= 12.00 \frac{m}{s}$. **उत्तर**

अनुभाग 2 में वेग शीर्ष इस प्रकार दिया गया है

$$\frac{v_2^2}{2g} = \frac{12^2}{2 \times 9.81}$$

या, $= 7.3394$ m. **उत्तर**

1.7 संवेग समीकरण (Momentum Equation)

न्यूटन के गति के दूसरे नियम का उपयोग करके, संवेग के समीकरण को संवेग के संरक्षण के नियम से प्राप्त किया जा सकता है। मान लीजिए m द्रव का द्रव्यमान है और dv एक निश्चित समय dt में वेग में परिवर्तन है।

इसलिए,

संवेग में परिवर्तन = $m.dv$

और संवेग परिवर्तन की दर = $\frac{m.dv}{dt}$

न्यूटन के गति के दूसरे नियम के अनुसार,

इसी दिशा में शुद्ध बल (F) = संवेग परिवर्तन की दर

$$F = \frac{m.dv}{dt} \tag{1.20}$$

यदि m स्थिर है, तो

$$F = \frac{d(mv)}{dt} \tag{1.21}$$

समीकरण (1.21) को इस रूप में लिखा जा सकता है:

$$F.dt = d(mv) \tag{1.22}$$

समीकरण 1.22 को आवेग संवेग समीकरण के रूप में जाना जाता है ।

1.8 बर्नौली समीकरण (Bernoulli's Equation)

ऊर्जा के संरक्षण के नियम के अनुसार, द्रव पदार्थ में निहित ऊर्जा द्रव वहन मार्ग के विभिन्न स्थानों पर समान रहती हैं अर्थात, दबाव ऊर्जा, गतिज ऊर्जा और स्तिथिज (ऊंचाई) ऊर्जा का योग स्थिर रहता हैं।

इसके अतिरिक्त, उपरोक्त ऊर्जा को 'दबाव शीर्ष' $\left(\frac{p}{\rho g}\right)$, 'गतिज शीर्ष' $\left(\frac{v^2}{2g}\right)$ और 'स्तिथिज (ऊंचाई) शीर्ष' (z) के अनुरूप विभिन्न शीर्षों के संदर्भ में ऊर्जा के रूप में व्यक्त किया जा सकता है।

बर्नौली के समीकरण को इन शीर्षों का उपयोग करके व्यक्त किया जा सकता है, यह मानते हुए कि द्रव वास्तविक, असम्पीडित और असंपीड्य है। हालाँकि, एक आदर्श द्रव पदार्थ प्राप्त करना संभव नहीं है, इसलिए द्रव परतों के बीच कुछ प्रतिरोध होता है, जिसे शीर्ष हानि(loss) (h_L) माना जाता है।

बर्नौली समीकरण दो पाइप स्थितियों पर विचार करके प्राप्त किया जा सकता है, जैसा कि चित्र 1.5. में दिखाया गया है। चलो

$\frac{p_1}{\rho g}$और $\frac{p_2}{\rho g}$ क्रमशः स्थान 1 और 2 पर दबाव शीर्ष हैं ।

$\frac{v_1^2}{2g}$ और $\frac{v_2^2}{2g}$ क्रमशःस्थान 1 और 2 पर वेग शीर्ष हैं ।

z_1 और z_2 क्रमशः स्थान 1 और 2 पर स्तिथिज शीर्ष हैं।

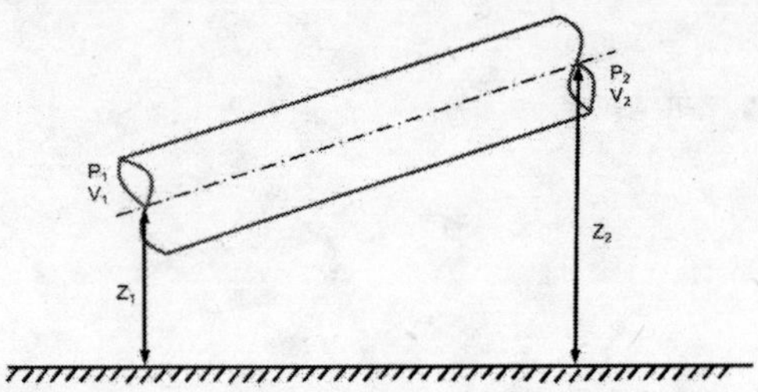

चित्र। 1.5: पाइप के माध्यम से बहने वाले द्रव के विभिन्न स्थान

$$\frac{p_1}{\rho g}+\frac{v_1^2}{2g}+z_1=\frac{p_2}{\rho g}+\frac{v_2^2}{2g}+z_2+h_L \quad (1.23)$$

समीकरण 1.23 बर्नौली समीकरण को व्यक्त करता है, यह मानते हुए कि द्रव वास्तविक, असंपीड्य और अश्यान है।

1.9 बर्नौली समीकरण के व्यावहारिक अनुप्रयोग (Practical Applications of Bernoulli's Equation)

बर्नौली समीकरण को व्यावहारिक अनुप्रयोगों के लिए एक महत्वपूर्ण समीकरण माना जाता है, और इससे विभिन्न प्रवाहमापी विकसित किए गए हैं। नीचे कुछ प्रवाहमापी हैं।

(i) वेंचुरीमीटर

(ii) छिद्र मीटर

(iii) पिटोट नलिका

1.9.1 वेन्चुरीमीटर (Venturimeter)

एक पाइप में द्रव प्रवाह दर को वेंचुरीमीटर का उपयोग करके मापा जा सकता है, जो बर्नौली समीकरण पर आधारित एक उपकरण है। एक वेंचुरीमीटर में (i) एक अभिसारी खंड, (ii) एक कंठ मार्ग, और (iii) एक अपसारी खंड होता है, जैसा चित्र 1.6 में दिखाया गया है।

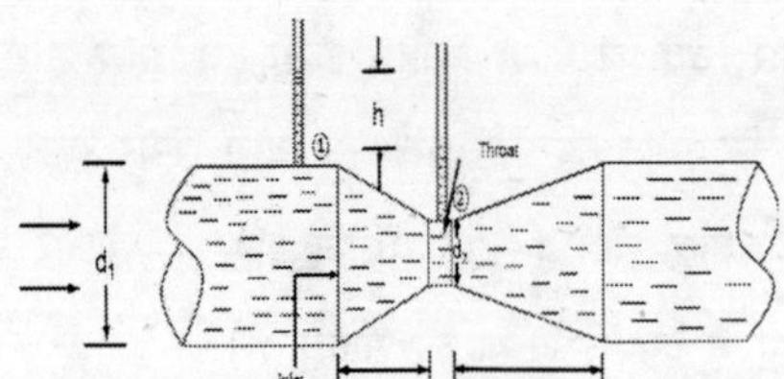

चित्र 1.6: वेंचुरीमीटर

एक क्षैतिज(horizontal) पाइप में लगे एक वेंचुरीमीटर पर विचार करें जिसके माध्यम से एक द्रव पदार्थ प्रवाहित हो रहा है। d_1 प्रवेशिका व्यास है, p_1 दबाव है, v_1 अनुभाग 1 पर द्रव पदार्थ का वेग है और d_2, p_2, v_2 अनुभाग 2 पर संबंधित मान हैं। यह मानते हुए कि घर्षण हानि नगण्य है,अनुभाग 1 और 2 पर बर्नौली समीकरण (1.23) को निम्न प्रकार लिखा जा सकता है:

$$\frac{p_1}{\rho g}+\frac{v_1^2}{2g}+z_1=\frac{p_2}{\rho g}+\frac{v_2^2}{2g}+z_2 \quad (1.24)$$

वेंचुरी को क्षैतिज रूप से रखा गया है, तो $z_1 = z_2$

$$\frac{p_1-p_2}{\rho g}=\frac{v_2^2}{2g}-\frac{v_1^2}{2g} \quad (1.25)$$

अनुभाग 1 और 2 के बीच दबाव अंतर को शीर्ष के रूप में दर्शाया जा सकता है:

$$\frac{p_1-p_2}{\rho g} = h$$

उपरोक्त मान समीकरण (1.25) में रखने पर

$$h = \frac{v_2^2}{2g} - \frac{v_1^2}{2g} \quad (1.26)$$

इसके अतिरिक्त, यदि द्रव अंसपीड्य है तो अनुभाग 1 और 2 के बीच निरंतरता समीकरण लागू किया जा सकता है और निम्न प्रकार लिखा जाता है:

$$A_1 v_1 = A_2 v_2$$

या, $$v_1 = \frac{A_2 v_2}{A_1} \quad (1.27)$$

जहाँ, A_1 $(= \frac{\pi}{4} d_1{}^2)$ अनुभाग 1 पर तिर्यक् अनुभागीय क्षेत्रफल है औरA_2 $(= \frac{\pi}{4} d_2{}^2)$ अनुभाग 2 में तिर्यक्अनुभागीय क्षेत्रफल है

SCAN ME

For better understanding venturimeter

समीकरण (1.27) में v_1 का मान रखने पर

$$h = \frac{v_2^2}{2g} - \frac{(\frac{A_2 v_2}{a_1})^2}{2g}$$

या $$v_2^2 = 2gh \frac{a_1^2}{a_1^2 - a_2^2}$$

इसलिए, $$v_2 = \sqrt{2gh \frac{a_1^2}{a_1^2 - a_2^2}} \quad (1.28)$$

$$= \frac{A_1}{\sqrt{A_1^2 - A_2^2}} \sqrt{2gh} \quad (1.29)$$

अब, प्रवाह दर या निर्वहन , $Q = A_2 v_2$

$$= \frac{A_2 A_1}{\sqrt{A_1^2 - A_2^2}} \times \sqrt{2gh}$$

वेंचुरीमीटर के लिए निर्वहन गुणांक C_d को ध्यान में रखते हुए वास्तविक निर्वहन माप के लिए अंतिम समीकरण इस प्रकार है:

$$Q_{act} = C_d \times \frac{A_2 A_1}{\sqrt{A_1^2 - A_2^2}} \times \sqrt{2gh} \quad (1.30)$$

उपरोक्त समीकरण में, h एक विभेदक(differential) यू-ट्यूब मैनोमीटर द्वारा मापा गया मैनोमेट्रिक(manometric) शीर्ष है और इसका मान विभिन्न मामलों में व्यक्त किया जा सकता है जैसा कि तालिका 1.1 में दिखाया गया है।

तालिका 1.1: विभिन्न मामलों के लिए मैनोमेट्रिक शीर्ष (h) का मान

क्रम संख्या	**मामलें**	**मैनोमेट्रिक शीर्ष, h**	
		क्षैतिज मैनोमीटर	**झुका हुआ मैनोमीटर**
1	मैनोमीटर में द्रव पाइप में बहने वाले द्रव से भारी होता है	$x\left[\frac{S_h}{S_o} - 1\right]$	$\left(\frac{p_1}{\rho g} + z_1\right) - \left(\frac{p_2}{\rho g} + z_2\right) = x\left[\frac{S_h}{S_o} - 1\right]$

2	मैनोमीटर में द्रव पाइप में बहने वाले द्रव से हल्का होता है	$x\left[1-\frac{S_l}{S_o}\right]$	$\left(\frac{p_1}{\rho g}+z_1\right)-\left(\frac{p_2}{\rho g}+z_2\right) = x\left[1-\frac{S_l}{S_o}\right]$

जहां S_h भारी द्रव का विशिष्ट गुरुत्व है, S_l हल्के द्रव का विशिष्ट गुरुत्व है, S_0 पाइप के माध्यम से बहने वाले द्रव का विशिष्ट गुरुत्व है, x मैनोमीटर रीडिंग(manometer reading) है (मैनोमीटर द्रव स्तंभों में अंतर)।

1.9.2 छिद्र मीटर (Orifice Meter)

पाइप में तरल पदार्थ की प्रवाह दर को छिद्र मीटर से भी मापा जा सकता है। यह एक गोल प्लेट होती है जिसके बीच में एक गोल नुकीला किनारा काटा जाता है जिसे छिद्र कहा जाता है। छिद्र का व्यास प्रायः प्लेट व्यास का आधा होता है। जैसा कि चित्र 1.7.में दिखाया गया है। जैसा कि चित्र में दिखाया गया है, छिद्र प्लेट को पाइप के साथ फ्लैंगेस के माध्यम से जोड़ा जाता है ।

छिद्र मीटर द्वारा निर्वहन को मापने के लिए अभिव्यक्ति बर्नौली के आधार पर प्राप्त की जा सकती है, जो निम्नलिखित है: आइए, a_1 अनुभागीय क्षेफलत्र, p_1 दाबाव है, v_1 द्रव पदार्थ का वेग है अनुभाग 1 पर और a_2, p_2, v_2 अनुभाग 2 पर संबंधित मान हैं।

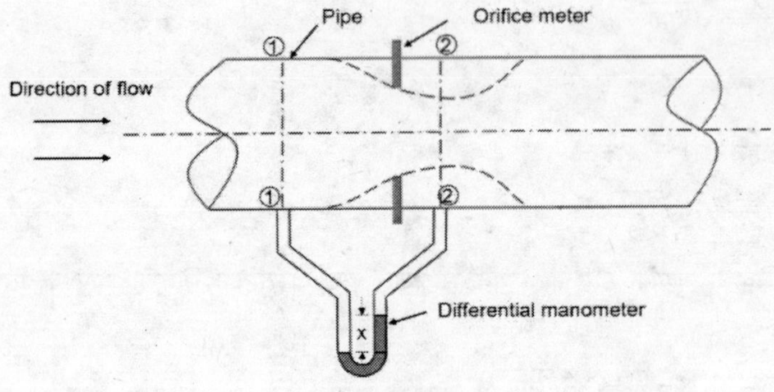

चित्र 1.7: छिद्र मीटर

बर्नौली समीकरण के आधार पर

$$\frac{p_1}{\rho g}+\frac{v_1^2}{2g}+z_1 = \frac{p}{\rho g}+\frac{v_2^2}{2g}+z_2 \tag{1.31}$$

या $$\left(\frac{p_1}{\rho g}+z_1\right)-\left(\frac{p_2}{\rho g}+z_2\right) = \frac{v_2^2}{2g}-\frac{v_1^2}{2g} \tag{1.32}$$

उपरोक्त में $(p_1/\rho g+z_1)$ - $(p_2/\rho g+z_2)$ को अंतर शीर्ष , h के रूप में व्यक्त किया जा सकता है,

इसलिए, $$h = \frac{v_2^2}{2g}-\frac{v_1^2}{2g} \tag{1.33}$$

या, $$v_2 = \sqrt{2gh+v_1^2} \tag{1.34}$$

इसके अतिरिक्त, अनुभाग 1 और अनुभाग 2 के बीच निरंतरता समीकरण लागू किया जा सकता है और इसे इस प्रकार लिखा जाता है:

$$Q = A_1 v_1 = A_2 v_2 \tag{1.35}$$

या, $$v_1 = \frac{A_2 v_2}{A_1} \tag{1.36}$$

जहाँ, A_2 वेना-कॉन्ट्रैक्ट(vena-contracta) पर क्षेत्रफल का प्रतिनिधित्व करता है । यदि a_o छिद्र का क्षेत्रफल है तो संकुचन C_c गुणांक(coefficient) को निम्न प्रकार दर्शाया जाता है:

$$C_c = \frac{A_2}{A_0} \tag{1.37}$$

समीकरण 1.37 में C_C का मान रखने पर

$$v_1 = \frac{A_0 C_c}{A_1} v_2 \tag{1.38}$$

आगे, समीकरण 1.35 में v_1 का मान रखने पर,

$$v_2 = \sqrt{2gh + \frac{A_0^2 C_c^2 v_2^2}{a_1^2}} \tag{1.39}$$

या, $$v_2^2 = 2gh + \left(\frac{A_0}{A_1}\right)^2 C_c^2 v_2^2$$

या, $$v_2 = \frac{\sqrt{2gh}}{\sqrt{1-\left(\frac{A_0}{A_1}\right)^2 C_c^2}} \tag{1.40}$$

इसलिए, प्रवाह दर या निर्वहन, Q

$$Q = \frac{A_0 C_c \sqrt{2gh}}{\sqrt{1-\left(\frac{A_0}{A_1}\right)^2 C_c^2}} \tag{1.41}$$

निर्वहन गुणांक पर विचार करके, छिद्र प्लेट के C_d, वास्तविक निर्वहन माप के लिए अंतिम अभिव्यक्ति है:

$$Q_{act} = \frac{A_0 C_d A_1 \sqrt{2gh}}{\sqrt{A_1^2 - A_0^2}} \tag{1.42}$$

1.9.3 पिटोट नलिका (Pitot Tube)

एक पिटोट नलिका का उपयोग पाइप, चैनल या वाहिनी के माध्यम से प्रवाह के बिंदु वेग को मापने के लिए किया जाता है। पिटोट नलिका का कार्यात्मक सिद्धांत बर्नौली समीकरण पर आधारित है अर्थात, यदि एक बिंदु पर प्रवाह दर शून्य हो जाए तो उस बिंदु पर अधिकतम दबाव देखा जाएगा। पिटोट नलिका प्रवाह नलिका के भीतर 90° झुकी हुई ट्यूब होती है जैसा चित्र 1.8 में दिखाया गया है।

अन्य उपकरणों की तरह, बर्नौली समीकरण का उपयोग किसी द्रव में निर्वहन मापने के लिए एक अभिव्यक्ति प्राप्त करने के लिए किया जा सकता है । माना, p_1 दबाव है, v_1 बिंदु 1 पर द्रव पदार्थ का वेग है और p_2 , v_2 बिंदु 2 पर संबंधित मान हैं, H द्रव में नलिका की गहराई है और h मुक्त सतह के ऊपर नलिका में द्रव की वृद्धि है ।

बिंदु 1 और 2 के बीच बर्नौली समीकरण के आधार पर , फिर

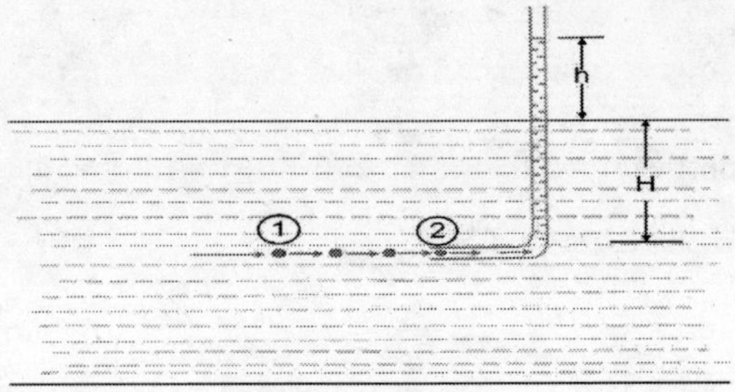

SCAN ME

For better understanding pitot-tube

चित्र 1.8: पिटोट नलिका

$$\frac{p_1}{\rho g} + \frac{v_1^2}{2g} + z_1 = \frac{p_2}{\rho g} + \frac{v_2^2}{2g} + z_2 \tag{1.43}$$

लेकिन $z_1 = z_2$, जैसे बिंदु 1 और 2 एक ही रेखा पर हैं और $v_2 = 0$

$\frac{p_1}{\rho g} =$ बिंदु 1 पर दबाव शीर्ष = H

$\frac{p_2}{\rho g} =$ बिंदु 2 पर दबाव शीर्ष = (h + H)

समीकरण 1.44 में उपरोक्त मान रखने पर, हम प्राप्त करते हैं

$$H + \frac{v_1^2}{2g} = (h + H) \tag{1.44}$$

$$h = \frac{v_1^2}{2g}$$

या

$$v_1 = \sqrt{2gh} \tag{1.45}$$

v_1 सैद्धांतिक वेग है, लेकिन वास्तविक वेग को इस प्रकार व्यक्त किया जा सकता है:

$$(v_1)_{act} = C_v\sqrt{2gh} \tag{1.46}$$

जहां Cv पिटोट नलिका का वेग गुणांक है।

इसलिए, किसी भी बिंदु पर अंतिम वेग, जैसा कि पिटोट नलिका द्वारा मापा जाता है, इस प्रकार दिया जाता है:

$$v = C_v\sqrt{2gh} \tag{1.47}$$

उदाहरण1.14 500 mm वाले पाइप का अभिविन्यास(orientation) जैसा कि नीचे दिए गए चित्र में दिखाया गया है । पाइप के माध्यम से शीर्ष हानियाँ निर्धारित करें यदि प्रवाह वेग10 m/sec है । अन्य मापदंडो के मान नीचे दिए गए हैं:

(i) बिंदु A और B पर दबाव क्रमशः 30 N/cm^2 और 23 N/cm^2 के रूप में हैं

(ii) ऊँचाई Z_A और Z_B क्रमशः 25 m और 27 m हैं ।

समाधान:

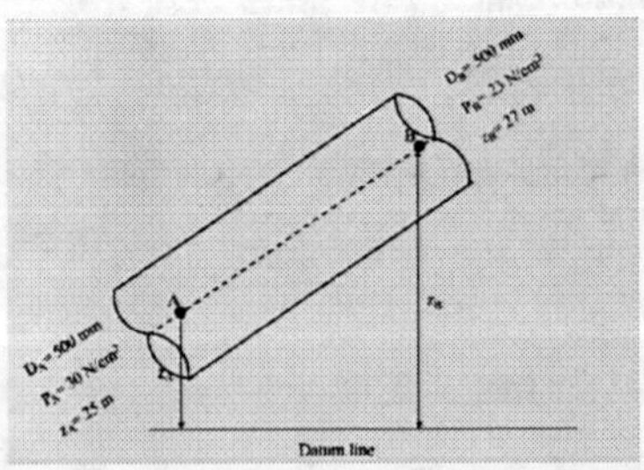

दिए गए आंकड़े:

पाइप व्यास, D = 400 mm = 0.4 m

बिंदु A पर वेग, $v_A = 10$ m/s

बिंदु A पर दबाव,

$$p_A = 30\frac{\text{N}}{\text{cm}^2} = 30 \times 10^4\ \text{N/m}^2$$

बिंदु A पर उंचाई, $z_A = 25$ m

बिंदु A पर कुल ऊर्जा इस प्रकार दी गई है:

$$E_A = \frac{p_A}{\rho g} + \frac{v_A^2}{2g} + z_A$$

$$= \frac{30 \times 10^4}{1000 \times 9.81} + \frac{10^2}{2 \times 9.81} + 25$$

या, $= 30.58 + 5.096 + 25$

या, $= 60.676$ m

बिंदु B पर दबाव इस प्रकार दिया जाता है:

$$P_B = 23 \text{ N/cm}^2$$

$$= 23 \times 10^4 \text{ N/m}^2$$

बिंदु B पर ऊंचाई , $z_B = 27$ m

बिंदु B पर वेग, $v_B = v_A = 10$ m/s

B पर कुल ऊर्जा,

$$E_B = \frac{p_B}{\rho g} + \frac{v_B^2}{2g} + z_B$$

$$E_B = \frac{23 \times 10^4}{1000 \times 9.81} + \frac{10^2}{2 \times 9.81} + 27$$

$$E_B = 55.542 \text{ m}$$

ऊर्जा की हानि $= E_A - E_B = 60.676 - 55.542 = 5.134$ m. **उत्तर**

उदाहरण 1.15 एक पाइप के माध्यम से जल के प्रवाह दर को मापने के लिए एक वेंचुरीमीटर को क्षैतिज रूप से पाइप के साथ लगाया जाता है। वेंचुरीमीटर के विनिर्देश दिए गए हैं:

(i) प्रवेशिका व्यास: 20 cm

(ii) कंठ (throat) मार्ग का व्यास: 10 cm

(iii) वेंचुरी के आर-पार दबाव अंतर के लिए मैनोमीटर रीडिंग: पारे का 15 cm

(iv) निर्वहन गुणांक : 0.98.

समाधान:

दिए गए आंकड़े:

प्रवेशिका व्यास $d_1 = 20$ cm

$$A_1 = \frac{\pi}{4} d_1^2$$

$$= \frac{\pi}{4}(20)^2$$

$$= 314.16 \text{ cm}^2$$

कंठ मार्ग का व्यास, $d_2 = 10$ cm

$$A_2 = \frac{\pi}{4} \times 10^2 = 78.54 \text{ cm}^2$$

निर्वहन गुणांक, $C_d = 0.98$

विभेदक (differential) मैनोमीटर रीडिंग: x = पारे का 15 cm।

दबाव शीर्ष का अंतर निम्न प्रकार दिया जाता है:

$$h = x\left[\frac{S_h}{S_o} - 1\right]$$

जहाँ S_h, = पारे का विशिष्ट गुरुत्व= 13.6

S_o = जल का विशिष्ट गुरुत्व = 1

$$h = 15\left[\frac{13.6}{1} - 1\right] = 15 \times 12.6 \text{ cm} = 189 \text{ cm जल का}$$

वेंचुरीमीटर के माध्यम से निर्वहन समीकरण द्वारा दिया जाता है।

$$Q = C_d \frac{A_1 A_2}{\sqrt{A_1^2 - A_2^2}} \times \sqrt{2gh}$$

$$= 0.98 \times \frac{314.16 \times 78.54}{\sqrt{(314.16)^2 - (78.54)^2}} \times \sqrt{2 \times 9.81 \times 189}$$

$$= \frac{1472476.134}{\sqrt{98696.51 - 6168.53}} = \frac{1472476.134}{304.18}$$

$$= 4840.805 \text{ cm}^3/\text{s} = \frac{4840.805}{1000} \text{lit/sec} = 4.8408 \text{ lit/sec.} \text{ उत्तर}$$

उदाहरण 1.16 क्षैतिज तल में 250 mm के व्यास वाले पाइप के साथ लगे समकोण मोड़ द्वारा अनुभव किये गये परिणामी(resultant) बल का निर्धारिण करें। पाइप और मोड़ के माध्यम से प्रवाहित होने वाला कुल निर्वहन 0.250 m^3/sec है। मोड़ के प्रवेशिका और निर्गम पर क्रमशः 24 N/cm^2 और 23 N/cm^2 के दबाव पर विचार करें।

समाधान:

दिए गए आंकड़े:

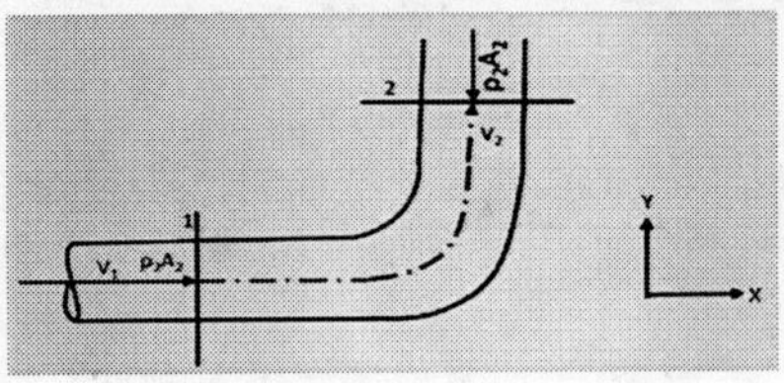

जल का घनत्व, $\rho = 1000 \text{ kg/m}^3$

पाइप व्यास, $D = 250\ mm = 0.25\ m$

$A = A_1 = A_2 = 0.0491\ m^2$

कुल निर्वहन, $Q = 0.25\ m^3/s$

$$v = v_1 = v_2 = \frac{Q}{A} = \frac{0.25}{0.0491} = 5.092\ m/s$$

$\theta = 90°$

$v_{1x} = v_1 = 5.092$ m/s

$v_{2x} = 0$

$v_{1y} = 0$

$v_{2y} = v_2 = 5.092$ m/s

बिंदु 1 पर दबाव

$p_1 = 24 \text{ N/cm}^2 = 24 \times 10^4 \text{ N/m}^2 = 240000 \text{ N/m}^2$

बिंदु 2 पर दबाव

$p_2 = 23 \text{ N/cm}^2 = 23 \times 10^4 \text{ N/m}^2 = 230000 \text{ N/m}^2$

x- अक्ष के अनुदिश झुकने वाला बल,

$F_x = \rho Q[v_{1x} - v_{2x}] + (p_1A_1)_x + (p_2A_2)_x$

$= 1000 \times 0.25[5.092 - 0] + 240000 \times 0.0491 + 0$

$= 1273 + 11784 = 13057$ N

y- अक्ष के अनुदिश झुकने वाला बल

$F_y = \rho Q[v_{1y} - v_{2y}] + (p_1A_1)_y + (p_2A_2)_y$

$= 1000 \times 0.25[0 - 5.092] + (-230000 \times 0.0491)$

$= -1273 - 11293 = -12566$ N

∴ परिणामी बल,

$F_R = \sqrt{F_x^2 + F_y^2} = \sqrt{(13057)^2 + (-12566)} = 18121.52$ N.उत्तर

और

$\tan\theta = \frac{F_y}{F_x} = \frac{12566}{13057} = 0.9624$

$\theta = 43°9'$.उत्तर

उदाहरण 1.17 नीचे के चित्र में दिखाये अनुसार मोड़ पर जल द्वारा लगाए गए बल का निर्धारण करें। मोड़ के प्रवेशिका और निर्गम व्यास क्रमशः 0.5 m और 0.25 m हैं। प्रवेशिका पर दबाव तीव्रता का मान 7.5 N/cm^2 और प्रवाह दर 0.5 m^3/s लें।

समाधान:

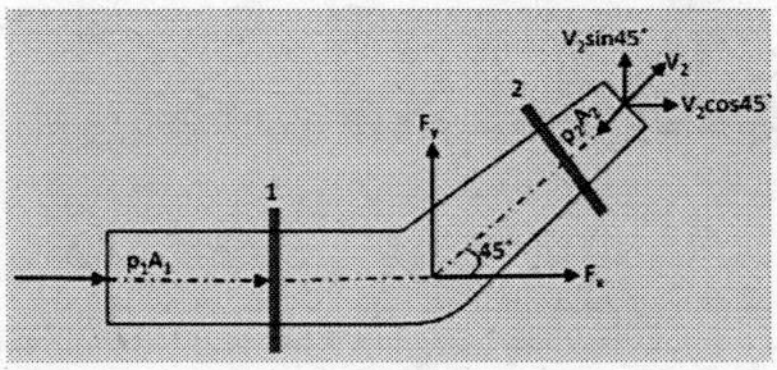

दिए गये आंकड़े,

मोड़ कोण, θ = 45°

बिंदु 1 पर पाइप व्यास 1, D_1 = 0.5 m

$A_1 = \frac{\pi}{4} \times 0.5^2 = 0.1963$ m^2

बिंदु 2 पर पाइप व्यास 2, D_2 =0.25 m

$A_2 = \frac{\pi}{4} \times 0.25^2 = 0.0491$ m^2

प्रवेशिका पर दबाव इस प्रकार दिया गया है:

$p_1 = 7.5$ N/cm^2 $= 7.5 \times 10^4$ N/m^2

$Q = 0.5$ m^3/s

बिंदु 1 पर वेग इस प्रकार दिया जाता है।

$v_1 = \frac{Q}{A_1} = \frac{0.5}{0.1963} = 2.547$ m/s

बिंदु 2 पर वेग दिया गया है

$v_2 = \frac{Q}{A_2} = \frac{0.5}{0.0491} = 10.1833$ m/s

बर्नोली समीकरण को भाग (1) और (2) में लागू करने पर हमें मिलता है:

$$\frac{p_1}{\rho g} + \frac{v_1^2}{2g} + z_1 = \frac{p_2}{\rho g} + \frac{v_2^2}{2g} + z_2$$

ऊंचाई समान है, $z_1 = z_2$

$$\frac{p_1}{\rho g}+\frac{v_1^2}{2g}=\frac{p_2}{\rho g}+\frac{v_2^2}{2g}$$

$$\frac{7.5\times10^4}{1000\times9.81}+\frac{2.547^2}{2\times9.81}=\frac{p_2}{\rho g}+\frac{10.183^2}{2\times9.81}$$

$$7.65+0.3306=\frac{p_2}{\rho g}+5.285$$

$$\frac{p_2}{\rho g}=7.9806-5.285=2.6956\text{ m}$$

x- अक्ष के अनुदिश झुकने वाला बल,

$$F_x=\rho Q[V_1-V_2\cos\theta]+p_1A_1-p_2A_2\cos\theta$$

$$F_x=1000\times0.5[2.547-10.1813\cos45°]+7.5\times10^4\times.1963-2.64\times10^4\times.0491\times\cos45°$$

$$F_x=-2326.13+14722.5-916.58=24959.6-5048.2$$

$$F_x=11479.79\text{ N}$$

y- अक्ष के अनुदिश झुकने वाला बल

$$F_y=\rho Q[-V_2\sin\theta]-p_2A_2\sin\theta$$

$$F_y=1000\times0.5[-10.1813\sin45°]-2.64\times10^4\times.0491\times\sin45°$$

$$F_y=-3599.63-916.58=-4516.21\text{N}$$

परिणामी बल इस प्रकार दिया जाता है,

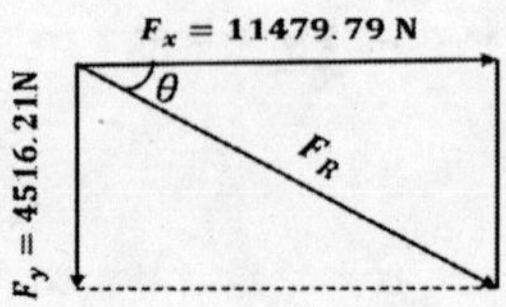

$$F_R=\sqrt{F_x^2+F_y^2}$$

$$F_R=\sqrt{(11479.79)^2+(-4516.21)^2}$$

$F_R = 12336.196$ N. **उत्तर**

परिणामी बल x-अक्ष के साथ जो कोण बनाता है वह इस प्रकार दिया जाता है

$$\tan\theta=\frac{F_y}{F_x}=\frac{4516.21}{11479.79}=0.3934$$

$$\therefore\ \theta=\tan^{-1}.3934=21°47'.$$ **उत्तर**.

उदाहरण 1.18 एक 10 cm व्यास के पाइप में एक द्रव पदार्थ के निर्वहन को मापने के लिए एक छिद्र मीटर लगाया जाता है। छिद्र मीटर क्षेत्रोंफलों के विनिर्देश; छिद्र व्यास: 5 cm, उर्ध्वप्रवाह और अनुप्रवाह पर दबाव आरेख का मान 16 N/cm^2 और 8 N/cm^2 और निर्वहन गुणांक: 0.55 है।

समाधान

दिए गए आंकडें:

छिद्र का व्यास, $d_0 = 5$ cm

छिद्र का क्षेत्रफल, $A_0=\frac{\pi}{4}(5)^2$

$A_0 = 19.634\text{ cm}^2$

पाइप का व्यास, $d_1 = 10$ cm

पाइप का क्षेत्रफल, $A_1=\frac{\pi}{4}(10)^2$

A_1=78.539 cm^2

निर्वहन गुणांक, $C_d = 0.55$

बिंदु 1 पर दबाव, $p_1 = 16\ \text{N/cm}^2 = 16 \times 10^4\ \text{N/m}^2$

बिंदु 1 पर दबाव शीर्ष

$$\frac{p_1}{\rho g} = \frac{16 \times 10^4}{1000 \times 9.81}$$

$= 16.309$ m जल का

बिंदु 2 पर दबाव, $p_2 = 8\ \text{N/cm}^2 = 8 \times 10^4\ \text{N/m}^2$

बिंदु 2 पर दबाव शीर्ष

$$\frac{p_2}{\rho g} = \frac{8 \times 10^4}{1000 \times 9.81}$$

$= 8.154$ m जल का

दबाव शीर्ष में अंतर इस प्रकार दिया जाता है

$$h = \frac{p_1}{\rho g} - \frac{p_2}{\rho g}$$

$$h = 16.309 - 8.154$$

h = 8.155 m जल का = 815.5 cm जल का

निर्वहन दर, Q इस प्रकार दिया जाता है –

$$Q = C_d \frac{A_0 A_1}{\sqrt{A_1^2 - A_0^2}} \times \sqrt{2gh}$$

$$Q = 0.55 \times \frac{19.634 \times 78.539}{\sqrt{(78.539)^2 - (19.634)^2}} \times \sqrt{2 \times 981 \times 815.5}$$

$Q = 14107.375\ \text{cm}^3/\text{s} = 14.107$ litres / s. **उत्तर**.

उदाहरण 1.19 एक छिद्र मीटर की सहायता से एक पाइप में तेल के प्रवाह की दर (S = 0.91) ज्ञात कीजिए जिसका व्यास 10cm है.। पाइप का व्यास 20 cm और छिद्र मीटर पर दबाव का अंतर 35 cm पारा मापा जाता है। निर्वहन गुणांक का मान 0.60 लें ।

समाधान

दिए गए आंकड़े:

छिद्र का व्यास, $d_0 = 10$ cm

छिद्र का क्षेत्रफल, $A_0 = \frac{\pi}{4}(10)^2 = 78.539\ \text{cm}^2$

पाइप का व्यास, $d_1 = 20$ cm

पाइप का क्षेत्रफल, $A_1 = \frac{\pi}{4}(20)^2 = 314.16\ \text{cm}^2$

निर्वहन गुणांक, $C_d = 0.60$

विशिष्ट गुरुत्व, $S = 0.91$

विभेदक मैनोमीटर का पठन, x = 35 cm पारे का

∴ विभेदक शीर्ष, $h = x\left[\frac{S_g}{S_o} - 1\right] = 35\left[\frac{13.6}{0.91} - 1\right]$ cm तेल का

$h = 35 \times 13.94 = 488.077$ cm तेल का

निर्वहन दर,Q इस प्रकार दिया जाता है –

$$Q = C_d \frac{A_0 A_1}{\sqrt{A_1^2 - A_0^2}} \sqrt{2gh}$$

$$Q = 0.60 \times \frac{78.539 \times 314.16}{\sqrt{(314.16)^2 - (78.539)^2}} \times \sqrt{2 \times 981 \times 488.077}$$

$$Q = 47626.01 \text{ cm}^3/\text{s} = 47.626 \text{ litres/s.}$$ **उत्तर**.

उदाहरण 1.20 एक द्रव पदार्थ (S = 0.8) के प्रवाह वेग को मापने के लिए एक पाइप में एक पिटोट ट्यूब जोड़ी जाती है, यदि पिटोट नलिका टैपिंग(tapping) में लगे हुए मैनोमीटर को पारे के 80 mm के रूप में मापा जाता है, तो प्रवाह वेग क्या होगा ?

समाधान

दिए गए आंकड़े:

पारे के स्तर का अंतर, $x = 80 \text{ mm} = 0.08 \text{ m}$

तेल का विशिष्ट गुरुत्व, $S_o = 0.8$

पारे का विशिष्ट गुरुत्व, $S_m = 13.6$

माना, $C_v = 0.98$

दबाव शीर्ष का अंतर,

$h = x\left[\frac{S_m}{S_o} - 1\right] = 0.08\left[\frac{13.6}{0.8} - 1\right] = 1.28$ m तेल का

प्रवाह वेग दिया गया है

$= C_v\sqrt{2gh} = 0.98\sqrt{2 \times 9.81 \times 1.28} = 4.91$ m/s. . **उत्तर**.

यूनिट सारांश (Unit Summary)

- द्रव यांत्रिकी एक विज्ञान है जो द्रव गति की गतिकी, गतिकी और स्थैतिक विज्ञान का अध्ययन करता है।
- द्रव को ऐसे पदार्थ के रूप में परिभाषित किया जा सकता है जो बह सकता है और जिसका कोई विशिष्ट आकार नहीं है।
- किसी द्रव के द्रव्यमान घनत्व (ρ) को द्रव के द्रव्यमान और उसके आयतन के अनुपात के रूप में परिभाषित किया जा सकता है । गणितीय रूप से, इसे इस प्रकार व्यक्त किया जाता है:

$$\text{द्रव घनत्व}, \rho = \frac{\text{द्रव का द्रव्यमान, m}}{\text{द्रव का आयतन, V}}$$

  - किसी द्रव पदार्थ का विशिष्ट आयतन द्रव के प्रति इकाई द्रव्यमान का आयतन और द्रव्यमान घनत्व का व्युत्क्रम होता है और इसे इस प्रकार व्यक्त किया जाता है:

$$\text{विशिष्ट आयतन} = \frac{\text{द्रव का आयतन}, V}{\text{द्रव का द्रव्यमान}, m}$$

- विशिष्ट भार (γ) को द्रव के भार और इसके उपयोग की मात्रा के अनुपात के रूप में परिभाषित किया जाता है ।

$$\gamma = \frac{mg}{V} = \rho g$$

- विशिष्ट गुरुत्व (S) एक विमाहीन राशि है। इसे द्रव पदार्थों के लिए पानी के द्रव्यमान घनत्व और गैसों के लिए हवा के द्रव्यमान घनत्व के रूप में व्यक्त किया जाता है। इसे इस प्रकार व्यक्त किया जा सकता है

$$S\text{ (द्रवों के लिए)} = \frac{\text{द्रव का भार घनत्व(घनत्व)}}{\text{पानी का भार घनत्व(घनत्व)}}$$

- न्यूटन के श्यानता के नियम के अनुसार, अपरूपण प्रतिबल, y के संबंध में वेग के परिवर्तन की दर के समानुपाती होता है। इसे इस प्रकार व्यक्त किया जा सकता है:

$$\tau = \mu \frac{dv}{dy}$$

गतिशील श्यानता की इकाई Ns/m^2 (1पोइस = 10 Ns/m^2) होती है।

- गतिकीय श्यानता को द्रव घनत्व के लिए गतिशील श्यानता के अनुपात के रूप में परिभाषित किया गया है और इसे इस प्रकार व्यक्त किया जाता है।

$$\nu = \frac{\text{श्यानता } (\mu)}{\text{घनत्व } (\rho)}$$

गतिक श्यानता की इकाई m^2/sec होती है ।

- द्रव पदार्थ की संपीड्यता चिपकने की क्षमता का एक माप है, और इसे आयतन प्रत्यास्थता गुणांक, K द्वारा निर्धारित किया जाता है, जो संपीडक प्रतिबल और आयतन विकृति का अनुपात है ।

$$\text{आयतन प्रत्यास्था गुणांक, } K = \frac{\text{दबाव में वृद्धि (संपीडित तनाव)}}{\text{आयतन विकृति}}$$

और

$$\text{संपीड्यता} = \frac{1}{\text{आयतन प्रत्यास्था गुणांक}, K}$$

- पृष्ठ तनाव एक द्रव की सतह फिल्म का वह गुण है जो एक तन्य बल लगाती है,और इसे σ, द्वारा दर्शाया जाता है। तीन अलग-अलग मामलों के रूप में पृष्ठ तनाव के कारण दबाव की तीव्रता (p)

(i) बूंद के अंदर दबाव की तीव्रता

$$p = \frac{2\sigma}{R}$$

(ii) साबुन के बुलबुले के अंदर दबाव की तीव्रता

$$p = \frac{4\sigma}{R}$$

(iii) द्रव जेट(jet) के अंदर दबाव की तीव्रता पर विचार किया जाता है।

$$p = \frac{\sigma}{R}$$

- निरंतरता समीकरण द्रव्यमान संरक्षण के नियम पर आधारित है, जो बताता है कि पथ के माध्यम से बहने वाले तरल पदार्थ का कुल द्रव्यमान पथ के विभिन्न बिंदुओं पर समान होता है यदि पथ के साथ कोई ऊर्जा हानि नहीं होती है।
- एक आदर्श द्रव पदार्थ, स्थिर प्रवाह और संपीड़ित प्रवाह के लिए निरंतरता समीकरण सूत्र द्वारा व्यक्त किया जाता है

$$\rho_1 A_1 v_1 = \rho_2 A_2 v_2$$

- न्यूटन के गति के दूसरे नियम को लागू करके संवेग के संरक्षण के नियम के आधार पर संवेग समीकरण पाया जा सकता है और इसे निम्नानुसार व्यक्त किया जाता है।

$$F = \frac{m.dv}{dt}$$

- बर्नौली के समीकरण को दबाव शीर्ष, गतिज और संभावित शीर्ष के संदर्भ में व्यक्त किया जा सकता है, यह मानते हुए कि द्रव अंसपीड्य और गैर श्यान है, और इसे निम्नानुसार व्यक्त किया गया है:

$$\frac{P_1}{\rho g} + \frac{v_1^2}{2g} + z_1 = \frac{P_2}{\rho g} + \frac{v_2^2}{2g} + z_2 + h_L$$

जहाँ h_L पाइप में घर्षण के कारण दबाव में गिरावट है।

- बर्नौली समीकरण को व्यावहारिक अनुप्रयोगों के लिए एक महत्वपूर्ण समीकरण के रूप में मान्यता प्राप्त है, और इसके आधार पर विभिन्न प्रवाहमापी उपकरण विकसित किए गए हैं। निम्नलिखित कुछ प्रवाह मापन उपकरण हैं।

(i) वेंचुरीमीटर(Venturimeter)

वेंचुरीमीटर निर्वहन मापन उपकरण है और निर्वहन को निम्न प्रकार व्यक्त किया जाता है

$$Q_{act} = C_d \times \frac{A_2 A_1}{\sqrt{a_1^2 - a_2^2}} \times \sqrt{2gh}$$

जहाँ, C_d निर्वहन गुणांक है।

(ii) छिद्र मीटर(Orificemeter)

छिद्र मीटर निर्वहन मापन उपकरण है और निर्वहन को निम्न प्रकार व्यक्त किया जाता है ।

$$Q = \frac{A_0 C_c \sqrt{2gh}}{\sqrt{1 - \left(\frac{a_0}{a_1}\right)^2 C_c^2}}$$

जहाँ, C_c संकुचन गुणांक है।

(iii) पिटोट नलिका(Pitot Tube)

पिटोट नलिका प्रवाह वेग मापने के लिए एक उपकरण है और वेग को इस प्रकार व्यक्त किया जाता है:

$$v = C_v \sqrt{2gh}$$

जहाँ, C_v वेग गुणांक है।

अभ्यास (Exercises)

बहु विकल्पीय प्रश्न(Multiple Choice Questions)

1.1. गतिक श्यानता को इकाइयों में मापा जाता है।

(a) cm^2/sec (b) gm/cm^2-sec

(c) dyne-sec/cm^2 (d) gm/cm-sec^2

1.2. किसी द्रव पदार्थ का विशिष्ट भार निम्नलिखित कारकों द्वारा निर्धारित होता है:

(a) द्रव का द्रव्यमान घनत्व (b) गुरुत्व त्वरण(acceleration)

(c) दोनों a और b (d) उपरोक्त में से कोई भी नहीं

1.3. सी. जी. एस इकाइयों में गतिक श्यानता को इस प्रकार व्यक्त किया जाता है:

(a) स्टोक (b) Pa-s

(c) पोइस (d) उपरोक्त में से कोई भी नहीं

1.4.गतिशील श्यानता की समान इकाई क्या है जिसे 'पोइस' के रूप में संदर्भित किया जाता है?

(a) gm-cm/sec^2 (b) dyne/cm^2

(c) dyne-sec/cm^2 (d) gm-sec/cm^2

1.5. द्रव की श्यानता 0.1 stokes है, m^2/s में मान क्या होगा?

(a) 5 (b) 4

(c) 3 (d) 2

1.6.केशिकाओं में द्रव किसके कारण ऊपर उठता हैं

(a) पृष्ठ तनाव (b) विसरण(diffusion)

(c) परासरण(Osmosis) (d) श्यानता(viscosity)

1.7.आयतन प्रत्यास्थता गुणांक के बारे में निम्नलिखित में से कौन सा कथन सत्य है?

(a) तन्य प्रतिबल(stress) और रैखिक विकृति का अनुपात

(b) तन्य प्रतिबल और आयतनमितीय विकृति का अनुपात

(c) संपीडक प्रतिबल और रैखिक (linear) तनाव का अनुपात

(d) संपीडक प्रतिबल और आयतनमितीय विकृति का अनुपात

1.8.निरंतरता समीकरण इस प्रकार व्यक्त किया जा सकता है:

(a) $A_1v_1 = A_2v_2$ (b) $\rho_1A_1 = \rho_2A_2$

(b) $\rho_1A_1v_1 = \rho_2A_2v_2$ (d) इनमें से कोई भी नहीं

1.9.यदि कोई द्रव d व्यास के पाइप में v वेग से प्रवेश करता है, तो व्यास 0.5 d तक कम होने पर इसका निर्गम वेग क्या होगा?

(a) 4v (b) 2v

(c) 0.5v (d) v

1.10. एक पाइप को 0.25 m/s की गति से 100 m^3/s पानी परिवहन करने के लिए कितने क्षेत्रफल की आवश्यकता होती है?

(a) 200 m^2 (b) 300 m^2

(c) 400 m^2 (d) 100 m^2

1.11.बर्नौली समीकरण का अनुप्रयोग

(a) पिटोट नलिका मीटर (b) छिद्र मीटर

(c) वेंचुरीमीटर (d) उपरोक्त सभी

1.12.असंपीड्य द्रव प्रवाह में क्षेत्रफल में कमी का वेग पर क्या प्रभाव पड़ता है?

(a) पहले घटता है फिर बढ़ता है। (b) पहले बढ़ता है फिर घटता है।

(c) घटता है (d) बढ़ता है

1.13. निरंतरता समीकरण निम्नलिखित के संरक्षण के सिद्धांत पर आधारित है:

(a) ऊर्जा (b) संवेग

(c) द्रव्यमान (d) उपरोक्त में से कोई भी नहीं

1.14. बर्नौली का प्रमेय(theorem) संबंधित है।

(a) द्रव पदार्थ (b) अंतरिक्ष

(c) बिजली (d) हल्का प्रकाश

1.15. वेंचुरीमीटर का आकार निर्धारित किया जाता है

(a) पाइप व्यास और कंठ व्यास दोनों (b) अपसारी खंड का कोण (angle)

(c) मार्ग का व्यास (d) कंठ व्यास

1.16. बर्नौली प्रमेय को लागू करने के लिए एक द्रव पदार्थ की आवश्यकता होती है।

(a) वायु मंडलीय दबाव पर होना (b) अंसपीड्य होना चाहिए

(c) इकाई घनत्व होनी चाहिए (d) श्यानता उच्च होना चाहिए।

1.17. किन स्थितियों में बर्नौली समीकरण का उपयोग नहीं किया जा सकता है?

(a) लेमिनार(laminar) प्रवाह (b) अपरिवर्ती (steady) प्रवाह

(c) अंसपीड्य द्रव (d) श्यान प्रवाह

1.18. निम्नलिखित में से कौन सा कथन बर्नौली के प्रमेय के प्रमाण के लिए सत्य है?

(a) ऊर्जा हानि शून्य है। (b) द्रव श्यान है।

(c) द्रव संपीड्य लिया जाता है (d) उपरोक्त सभी

1.19. कौन सा भौतिक सिद्धांत संवेग समीकरण का आधार है?

(a) ऊष्मागतिकी का पहला नियम (b) ऊष्मागतिकी का शून्यता का नियम

(c) न्यूटन का गतिकी का पहला नियम (d) न्यूटन का गतिकी का दूसरा नियम

1.20. संवेग समीकरण में, स्रोत पद(term) _ _ _ _ _ _ _ _ _ _ _ _ _ _ _ _ हैं

(a) त्वरण (b) श्यान बल

(c) पिंड बल (d) दबाव बल

बहु विकल्पीय प्रश्नों के उत्तर (Answers of Multiple-Choice Questions)

1.1 (a), 1.2 (c), 1.3 (c), 1.4 (c), 1.5 (a), 1.6 (c), 1.7 (d), 1.8 (c), 1.9 (c), 1.10 (c), 1.11 (d), 1.12 (d), 1.13 (c), 1.14 (a), 1.15 (d), 1.16 (b), 1.17 (d), 1.18 (a), 1.19 (d), 1.20 (c)

लघु और दीर्घ उत्तरीय प्रश्न (Short and Long Answer Type Questions)

1.1. द्रव गुणों के घनत्व, भार घनत्व, विशिष्ट आयतन और विशिष्ट गुरुत्व से आप क्या समझते है?

1.2. गतिशील श्यानता और गतिक श्यानता को उनकी इकाइयों के साथ परिभाषित कीजिए।

1.3. न्यूटन के श्यानता के नियम को समझाइये।

1.4. 1 kg/s-m के बराबर पोइस (Poise) में गतिशील श्यानता क्या होगी?

1.5. त्रि-आयामी द्रव प्रवाह के लिए निरंतरता समीकरण के लिए अभिव्यक्ति प्राप्त करें।

1.6. बर्नौली समीकरण क्या है?

1.7. बर्नौली समीकरण को किन तीन अलग-अलग तरीकों से व्यक्त किया जा सकता है?

1.8. बर्नौली समीकरण की व्युत्पत्ति में की गई धारणाएँ दीजिए।

1.9. वेंचुरीमीटर को परिभाषित करें और एक पाइप के माध्यम से प्रवाह को मापने के लिए वेंचुरीमीटर के लिए एक समीकरण प्राप्त करें।

1.10.वेन्चुरीमीटर की तुलना में छिद्र मीटर के लाभ और हानि क्या हैं?

1.11.पिटोट स्थिर नलिका के संबंध में पिटोट नलिका पर चर्चा करें।

1.12. वर्णन करें कि पिटोट नलिका का उपयोग करके द्रव में एक बिंदु का वेग कैसे मापा जाता है?

1.13.एक स्वच्छ रेखाचित्र की सहायता से पिटोट नलिका, वेंचुरीमीटर और छिद्र मीटर के सभी घटकों को दिखाइए।

1.14.द्रव प्रवाह को मापने के लिए पिटोट नलिका, वेंचुरोमीटर और छिद्र मीटर के कार्य का वर्णन करें।

1.15.संवेग समीकरण प्राप्त करें और व्यावहारिक प्रणाली पर विचार करते हुए बल का निर्धारण करने के लिए इसके अनुप्रयोग पर चर्चा करें।

संख्यात्मक समस्याएँ (Numerical Problems)

1.16.5000 kg (f) के भार के साथ 5 m^3 की मात्रा वाले तेल के विशिष्ट भार, द्रव्यमान घनत्व और विशिष्ट गुरुत्व का मान निर्धारण करें।

1.17. जब एक प्लेट दूसरी स्थिर प्लेट पर 0.5 m/s की गति से चलती है तो 0.03 mm दूर प्लेटों के बीच बहने वाले द्रव पदार्थ की गतिशील श्यानता क्या है? एक निश्चित गति बनाए रखने के लिए प्लेटों के बीच 0.15 kg (f)/m^2का बल लगाया जाता है।

1.18. 20 cm भुजा लंबाई और 18 kg (f) द्रव्यमान वाले एक घन को क्षैतिज से 180° झुके हुए विमान से नीचे फिसलते समय पहुंचने वाले टर्मिनल वेग का पता लगाएं। 0.022 kg (f)-s/cm^2 की श्यानता वाली एक पतली तेल फिल्म के लिए 0.02 mm की स्प्रिंग मोटाई पर विचार करें ।

1.19. यदि आंतरिक और बाहरी दबाव के बीच का अंतर 0.0020 N/cm^2 है, तो पानी की बूंद का व्यास ज्ञात करें, यह मानते हुए कि 20° C पर हवा और पानी के बीच सतह तनाव 0.08 N/m है।

1.20.यदि हाइड्रोलिक(hydraulic) जैक(jack) में प्रयुक्त छोटे पिस्टन का व्यास प्रत्येक 4 cm है और बड़े पिस्टन का व्यास 12 cm है, तो पता लगाएं कि बड़ा पिस्टन 100 N के बल के साथ कितना वजन उठाएगा। (i) दोनों पिस्टन समान ऊंचाई पर हैं। (ii) बड़ा पिस्टन छोटे पिस्टन से 40 cm नीचे है। याद रखें कि जैक में प्रयुक्त द्रव का घनत्व 998 kg/m^3 है।

1.21. 100 N/cm^2 से 200 N/cm^2 के दबाव में वृद्धि के तहत शून्य परिवर्तन के लिए सिलेंडर में संपीड़ित होने पर द्रव के आयतन प्रत्यास्था गुणाक के मान को निर्धारित करें।

1.22. एक समतापीय प्रक्रिया के लिए 0° C पर 1 m^3 हवा की मात्रा और 40 N/cm^3 के पूर्ण दबाव वाले सिलेंडर में दबाव निर्धारित करें। वायु के लिए k मान 1.4 मानते हुए समान परिस्थितियों में दबाव और तापमान क्या होगा?

1.23. जर्नल बियरिंग में 130 mm व्यास और 250 rpm के साथ घूमने वाले शाफ्ट के लिए अपरूपण प्रतिबल ज्ञात कीजिए। यदि शाफ्ट और जर्नल बियरिंग के बीच 1.55 mm की निकासी के साथ बियरिंग को चिकना करने के लिए 1 पोइस की श्यानता वाले तेल का उपयोग किया जाता है।

1.24. 25,000 N का वजन उठाने के लिए 3 cm व्यास वाले हाइड्रोलिक प्रेस और 200 cm व्यास वाले सिलेंडर के पिस्टन पर कितना बल लगाना चाहिए?

1.25. पारे के 750 mm के बराबर वायुमंडलीय दबाव मानते हुए 13.6 के विशिष्ट गुरुत्व के साथ, द्रव ($\rho=1.53\times10^3$ kg/m^3) के नीचे 5 m नीचे के बिंदु पर निरपेक्ष दबाव और गेज दबाव को निर्धारित करें। जल का घनत्व 1000 kg/m^3 लें।

1.26. प्रवेशिका और निर्गम व्यास क्रमशः 100 mm और 150 mm वाले एक प्रसार पाइप के माध्यम से एक द्रव प्रवाहित हो रहा है। यदि प्रवेशिका पर द्रव का वेग 3 m/sec है, तो पाइप के निर्गम पर वेग ज्ञात कीजिए।

1.27. एक तेल रिफाइनरी में, तेल को 1.5 के वेग से 50 cm व्यास वाले पाइप के माध्यम से पंप किया जाता है। 30 cm व्यास वाले पाइप के माध्यम से एक निश्चित मात्रा में तेल की आपूर्ति की जाती है। यह मानते हुए कि तेल का विशिष्ट गुरुत्व 0.85 है, इस पाइप के माध्यम से तेल का वेग और प्रति सेकंड तेल की कुल मात्रा ज्ञात करें।

1.28. 200 mm व्यास वाले झुके हुए पाइप के लिए, प्रवाह वेग 8 m/s होने पर पाइप के माध्यम से दबाव ड्रॉप निर्धारित करें। संदर्भ रेखा के ऊपर और नीचे की ऊंचाई क्रमशः 20 और 25 m है, और संबंधित दबाव मान क्रमशः 25 N/cm^2 और 20 N/cm^2 हैं।

1.29. दिए गए वेंचुरीमीटर मापदंडों के लिए प्रवाह दर ज्ञात करें: (i) प्रवेशिका व्यास: 20 cm (ii) कंठ व्यास: 10 cm (iii) वेंचुरी में दबाव अंतर के लिए मैनोमीटर रीडिंग: पारे का 15 cm और (iv) विसर्जन गुणांक: 0.98

1.30. 200 mm व्यास वाले पाइप को समकोण पर मोड़ने पर क्षैतिज तल पर लगने वाला परिणामी बल ज्ञात कीजिए। ट्यूब और मोड़ के माध्यम से कुल प्रवाह 0.30 m^3/sec है। मोड़ के प्रवेशिका और निर्गम पर क्रमशः 23 N/cm^2 और 22 N/cm^2 के रूप में दाब पर विचार करें।

1.31. एक 8 cm व्यास के पाइप में एक द्रव के निर्वहन को मापने के लिए एक छिद्र मीटर लगाया जाता है। छिद्र मीटर क्षेत्रफलों के विनिर्देश छिद्र व्यास: 4 cm, उर्ध्वप्रवाह और अनुप्रवाह रीडिंग पर दबाव(आरेख: 12 N/cm^2 और 6 N/cm^2 और निर्वहनगुणांक: 0.6.

1.32. एक छिद्र मीटर की सहायता से एक पाइप में तेल (S = 0.92) के प्रवाह की दर ज्ञात कीजिए जिसका व्यास 6 cm है। पाइप का व्यास 12 cm है और छिद्र मीटर में दबाव अंतर को 25 cm पारा के रूप में मापा जाता है। निर्वहन गुणांक का मान 0.60 लीजिये।

1.33. एक द्रव (S = 0.82) के प्रवाह वेग को मापने के लिए एक पाइप से एक पिटोट नलिका जुड़ा हुआ है। यदि पिटोट नलिका वाल्व से जुड़ा दबाव नापने का यंत्र पारे के 75 mm के रूप में मापा जाता है, तो प्रवाह वेग क्या होगा?

संदर्भ और सुझाए गए पाठ (References And Suggested Readings)

कुछ पुस्तकों की सूची नीचे दी गई है जिनका उपयोग विषय का आगे अध्ययन करने के लिए किया जा सकता है:

1. यूनुस ए. इंजेल, द्रव यांत्रिकी: मूल रूप और अनुप्रयोग,मैकग्रा-हिल प्रकाशन, 2006।
2. पी.एन. मोदी, द्रवचालित और द्रव यांत्रिकी मशीनों सहित मॉडी, द्रवचालित और द्रव यांत्रिकी, राजसंस पब्लिकेशन्स प्रा. लिमिटेड, 2014।
3. आर. के. "बंसल," द्रव यांत्रिकी और द्रवचालित मशीनों की एक पाठ्यपुस्तक, " लक्ष्मी पब्लिकेशन्स प्रा. लिमिटेड, 2014।
4. आर. के.राजपूत "द्रव यांत्रिकी और द्रवचालित मशीनें, एस. चंद और कंपनी लिमिटेड। 2011।
5. एस के सोम और जी बिस्वास, द्रव यांत्रिकी और द्रव मशीनों के परिचय, "टाटा ,मैकग्रा-हिल पब्लिशिंग कंपनी लिमिटेड नई दिल्ली 2008।
6. यूनुस ए. इंजेल और जौन एम. "सिम्बला," द्रव यांत्रिकी: मूल रूप और अनुप्रयोग, मैकग्रा-हिल प्रकाशन, 2006।

2 द्रव गतिशीलता (Fluid Dynamics)

यूनिट विशिष्टता (Unit Specifics)

इस यूनिट के माध्यम से हमने निम्नलिखित पहलुओं पर चर्चा की है:

- *चैनलों और नलिकाओं के माध्यम से द्रव का प्रवाह ।*
- *खुले चैनल में वेग(velocity) वितरण ।*
- *कोएट(Couette) और पॉइज़्यूइल(Poisuielle) प्रवाह की अवधारणाएँ ।*
- *वृत्तकार नलिकाओं और वलय के माध्यम से लेमिनार प्रवाह ।*
- *सीमा परत(layer) की अवधारणा और इसकी मोटाई के माप ।*
- *डार्सी-वेस्बैक(Darcy Weisbach) समीकरण और घर्षण गुणांक का निर्धारण ।*
- *मूडी(Moody) आरेख और द्रव गतिशीलता से संबंधित समस्याएं।*

अधिक जिज्ञासा और रचनात्मकता उत्पन्न करने के साथ साथ समस्या समाधान क्षमता में सुधार के लिए विषयों के व्यावहारिक अनुप्रयोगों पर चर्चा की जाती है।

बड़ी संख्या(number) में बहु विकल्पीय प्रश्नों के साथ साथ लघु और दीर्घ उत्तरीय प्रकार के प्रश्न उपलब्ध कराये गए हैं। इन्हें ब्लूम के वर्गीकरण के निचले और उच्च क्रम का उपयोग करके दो श्रेणियों में चिह्नित किया गया हैं। अभ्यास के लिए, अध्याय में कई संख्यात्मक समस्याओं के माध्यम से गृह कार्य, संदर्भों की एक सूची और महत्वपूर्ण साहित्य के सुझाव दिए गए हैं। यह ध्यान रखना महत्वपूर्ण है कि अनुभागों में विभिन्न क्यूआर कोड जोड़े गए हैं। रुचि(interest) के विषयों पर अतिरिक्त जानकारी प्राप्त करने के लिए इन्हें स्कैन किया जा सकता हैं।

औचित्य (Rationale)

द्रव गतिकी का यह मौलिक खंड छात्रों को इस बात की बुनियादी समझ हासिल करने में मदद करेगा कि कि प्रकृति में तरल पदार्थ और गैसें कैसे चलती हैं और उन पर कौन से बल कार्य करते हैं। यह किसी कण के गतिमान होने पर द्रव पदार्थ पर लगने वाले बलों की व्याख्या करता है। ये सभी मूलभूत पहलू द्रव गतिशीलता के उचित अध्ययन के लिए प्रासंगिक हैं। नेवियर-स्टोक्स समीकरण के आधार पर, इकाई कणों की गति और उनके आकार का वर्णन करने में द्रव गतिशीलता और उनकी पूर्णता को स्पष्ट रूप से समझाता है। विषय के विकास के लिए इन सब पर विस्तार से चर्चा की जाएगी। दो समानांतर प्लेटों, चैनलों, कुंडलाकार और सीमा परतों और घर्षण गुणांक के बीच लामिना प्रवाह के समाधान के साथ कुछ संबंधित समस्याएं प्रस्तुत की गई हैं, जो संबंधित द्रव गतिशीलता मुद्दों का स्पष्ट विचार प्राप्त करने में मदद कर सकती हैं।

द्रव गतिशीलता, द्रव यांत्रिकी की एक उप-शाखा, भौतिकी की एक महत्वपूर्ण शाखा है जो द्रव पदार्थों की गति में बलों और ऊर्जाओं और उनके प्रभावों से संबंधित है। गतिशीलता ने द्रव प्रवाह की मात्रा निर्धारित करने और बल, ऊर्जा और गति के संदर्भ में इसका वर्णन करने से शुरुआत की। यह आपको द्रव पर कार्य करने वाले बलों की गणना करने की अनुमति देता है। लेकिन इसमें विभिन्न प्रकार के उपकरणों और उपकरणों के अभिकल्प, निर्माण और संचालन से संबंधित व्यावहारिक मुद्दे भी शामिल हैं।

आवश्यक-शर्तें (Pre-Requisites)

गणितः सदिश, कलन(calculus) (वर्ग XII)

भौतिकी: यांत्रिकी (वर्ग XII)

यूनिट आउटकम (Unit Outcomes)

इस यूनिट के परिणामों की सूची इस प्रकार है:

U2-O1: चैनलों और नलिकाओं से द्रव प्रवाह का वर्णन ।

U2-O2: कोटेट प्रवाह और पॉइज़्यूइल प्रवाह की अवधारणाओं का वर्णन ।

U2-O3: वृत्ताकार (circular) नलिकाओं और वलय के माध्यम से लेमिनार(laminar) प्रवाह को परिभाषित करना।

U2-O4: सीमा परत की अवधारणा को स्पष्ट करें और डार्सी डार्सी वेस्बैक समीकरण प्राप्त करें।

U2-O5: जटिल समस्याओं को हल करने के लिए घर्षण और मूडी आरेख गुणांक की व्याख्या करें।

यूनिट- 2 परिणाम	पाठ्यक्रम के परिणामों के साथ अपेक्षित मानचित्रण (1- दुर्बल सहसंबंध; 2-मध्यम सहसंबंध; 3-मजबूत सहसंबंध)					
	CO-1	**CO-2**	**CO-3**	**CO-4**	**CO-5**	**CO-6**
U2-O1	3	3	3	-	3	1
U2-O2	1	1	2	2	1	-
U2-O3	2	1	3	1	2	1
U2-O4	-	-	3	1	2	2
U2-O5	3	3	3	-	3	1

2.1 चैनलों और नलिकाओं के माध्यम से द्रव प्रवाह (Fluid Flow Through Channels and Ducts)

व्यवहार में, यदि द्रव का प्रवाह वृत्ताकार के अतिरिक्त अनुप्रस्थ अनुभाग वाले किसी मार्ग से होता है, तो मार्ग को चैनल(channel) या नलिका के रूप में जाना जाता हैं। जब द्रव तरल होता है और उसकी मुक्त सतह वायुमंडलीय दबाव में प्रवाहित होती है, तो चैनल को खुला चैनल कहा जाता हैं। किसी चैनल के माध्यम से बहने वाली वायु या गैस के मामले में जहाँ द्रव पदार्थ की कोई स्वतंत्र सतह नहीं होती है और दबाव में रहती है, तो चैनल को बंद चैनल या नलिका कहा जा सकता है। गुरुत्व बल के प्रभाव में द्रव पदार्थ खुले चैनलों में प्रवाहित होते हैं और इन्हें (i) प्राकृतिक चैनलों में प्रवाह और (ii) कृत्रिम चैनलों में प्रवाह के रूप में वर्गीकृत किया जा सकता है। प्राकृतिक चैनलों में प्रायः अनियमित तिर्यक् अनुभाग और आधारशिला की कठोरता भी होती है और दोनों ओर प्रवाह के साथ काफी भिन्नता होती है।ये नेविगेशन, सिंचाई(irrigation) या बिजली उत्पादन के लिए बनाई गई कृत्रिम चैनल होते हैं। दूसरी ओर, कृत्रिम चैनलों में क्रॉस सेक्शन, निचला ढलान(slope) और खुरदरापन जैसे काफी अच्छी तरह से परिभाषित गुण होते हैं।

खुले चैनल में द्रव प्रवाह के सटीक समाधानों के लिए, प्रवाह के प्रकारों पर निम्नानुसार चर्चा की जानी चाहिए।

(i) स्थिर और अस्थिर प्रवाह(Steady and Unsteady Flow)

स्थिर प्रवाह के मामले में, प्रवाह वेग (v) और संबंधित निर्वहन (Q) चैनल में किसी दिए गए बिंदु (y) पर समय (t) के साथ स्थिर रहते है। जबकि, अस्थिर प्रवाह के मामले में ये मापदंडर समय के साथ बदलते हैं।गणितीय रूप से, इन्हें इस प्रकार व्यक्त किया जा सकता है:

$dv/dt = 0; dQ/dt = 0; dy/dt = 0$ स्थिर प्रवाह के लिए

और

$dv/dt \neq 0; dQ/dt \neq 0; dy/dt \neq 0$ अस्थिर प्रवाह के लिए

(ii) समान और असमान प्रवाह(Uniform and Nonuniform Flow)

एक प्रवाह को समान प्रवाह कहा जा सकता है यदि प्रवाह का वेग (v) और स्थान(s) के सापेक्ष संबंधित निर्वहन (Q) किसी दिए गए समय(t) के लिए स्थिर रहती है।

हालांकि, असमान प्रवाह के मामले में ये मापदंड स्थान के आधार पर समय के साथ बदलते रहते हैं।गणितीय रूप से, इन्हें निम्न प्रकार व्यक्त किया जा सकता है:

$dv/ds = 0; dQ/ds = 0;$ समान प्रवाह के लिए

और

$dv/ds \neq 0; dQ/ds \neq 0;$ असमान प्रवाह के लिए

(iii) लेमिनार और प्रक्षुब्ध प्रवाह(Laminar and Turbulent Flow)

लेमिनार प्रवाह में, द्रव कण परत दर परत चिकने प्रक्षेप पथ का अनुसरण करते हैं, और प्रत्येक परत आसपास की परतों के साथ समान रूप से चलती है और एक दूसरे को नहीं काटती है। हालांकि, प्रक्षुब्ध प्रवाह के मामले में द्रव कण गैर-समान प्रक्षेप पथ का अनुसरण करते हैं, और द्रव परते एक दूसरे के साथ मिश्रित होती हैं। प्रवाह को रेनॉल्ड्स(Reynolds) संख्या ($Re = \rho vD/\mu$) के आधार पर वर्गीकृत किया जा सकता है,

$Re \leqslant 600$ लेमिनार प्रवाह के लिए और

$Re \geqslant 2000$ प्रक्षुब्ध प्रवाह के लिए

$600 > Re < 2000$ सामान्य रूप से संक्रमण अवस्था के लिए।

जहाँ, Re रेनॉल्ड्स संख्या है, D द्रवचालित व्यास (= 4 A_c/P), A_c क्रॉस अनुभागीय क्षेत्रफल है, P परिधि है, ρ द्रव का घनत्व है, V प्रवाह का वेग है, μ द्रव पदार्थ की श्यानता है।

(iv) महत्वपूर्ण, उप महत्वपूर्ण और अति महत्वपूर्ण प्रवाह(Critical, Sub-Critcal and Super Critical Flow)

ये शब्द द्रव पदार्थ की विशिष्ट ऊर्जा और चैनल की महत्वपूर्ण गहराई से संबंधित हैं और फ्रॉउड(Fraude) संख्या के आधार पर वर्गीकृत किए गए हैं। निरंतर विशिष्ट ऊर्जा के साथ, महत्वपूर्ण गहराई अधिकतम निर्वहन गहराई है। खुले चैनलों में प्रवाह का वर्णन करने के लिए फ्रॉउड संख्या एक महत्वपूर्ण विमाहीन मापदंड है । इसे जड़त्व बल और गुरुत्वाकर्षण के अनुपात के रूप में परिभाषित किया जा सकता है और इसे इस प्रकार व्यक्त किया जा सकता है:

$$Fr = \frac{v}{\sqrt{gh_d}} \tag{2.1}$$

जहाँ, v औसत द्रव प्रवाह वेग है, h_d चैनल की द्रवचालित गहराई है (= वेटेड क्षेत्रफल/चैनल की चौड़ाई)।

$F_r < 1$ उप महत्वपूर्ण के लिए जिसे स्थिर या प्रवाहित प्रवाह भी कहा जा सकता है।

$F_r = 1$ महत्वपूर्ण के लिए

$F_r > 1$ अति महत्वपूर्ण के लिए

गुरुत्वाकर्षण के कारण वायुमंडलीय दबाव पर द्रव प्रवाह के लिए खुले चैनलों का उपयोग किया जाता है। द्रव समान या असमान हो सकता है, और यदि प्रवाह एक समान नहीं है तो यह चैनल के तिर्यक अनुभाग में स्थिर नहीं है। असमान प्रवाह वेग गैर एकरूपता घर्षणी प्रतिरोध की उपस्थिति के कारण हो सकता, है जो चैनल के आकार (तिर्यक् अनुभाग), खुरदरापन, संरेखण(alignment) और चैनल की संस्तर ढलान पर निर्भर करती है।

व्यावहारिक अनुप्रयोगों के लिए, खुले चैनलों को विभिन्न तिर्यक् अनुभागों में अभिकल्पित किया जा सकता है जैसे (i) आयताकार चैनल, (ii) समलम्बाकार चैनल, और (iii) वृत्ताकार चैनल। अर्ध- वृत्ताकार खुला चैनल घर्षणी प्रतिरोध के साथ अधिकतम निर्वहन की अनुमति देता है, जिसे खुले चैनल का कुशल तिर्यक अनुभाग माना जाता है। हालांकि, अधिकांश आयताकार और समलम्बाकार चैनल अनुभागों की सिफारिश की जाती है।

किसी दिए गए निर्वहन के लिए एक चैनल को अभिकल्प करते समय खुले चैनलों के तिर्यक अनुभागीय क्षेत्रफल और ढलान को महत्वपूर्ण पैरामीटर माना जाता है। समीकरण 2.2 द्वारा व्यक्त संबंध को मैनिंग(Manning) समीकरण के रूप में जाना जाता है जिसका उपयोग मुख्य रूप से खुले चैनल को अभिकल्प करने के लिए किया जाता है।

$$Q = \frac{1}{n} A R_H^{2/3} S_0^{1/2} \tag{2.2}$$

जहाँ, Q निर्वहन है, A चैनल का तिर्यक अनुभागीय क्षेत्रफल है, n मैनिंग गुणांक है, R_H द्रवचालित त्रिज्या(radius) है और S_o चैनल की तली की ढलान है।

2.2 पोइसुले प्रवाह (Poisuielle Flow)

पोइसुले प्रवाह की अवधारणा द्रव गतिशीलता से संबंधित है और इसे दो स्थिर समानांतर प्लेटों के बीच लेमिनार(laminar) प्रवाह के रूप में परिभाषित किया जा सकता है। जैसा कि चित्र 2.1 में दिखाया गया है, D दूरी पर दो निश्चित समानांतर प्लेटों विचार करके पोइसुले(Poisuielle) प्रवाह की स्थिति पाई जाती है।

मान लीजिए कि असम्पीडित लेमिनार प्रवाह की दो निश्चित प्लेटों के बीच एक द्रव तत्व दो अनंत समानांतर क्षैतिज प्लेटों के बीच x दिशा में चलता है जैसा कि चित्र में दिखाया गया है। इसलिए, अन्य दो दिशाओं में वेग शून्य है, और स्थिर अवस्था के लिए, निरंतरता समीकरण को इस प्रकार व्यक्त किया जा सकता है:

$$\frac{\partial v}{\partial x} = 0 \tag{2.3}$$

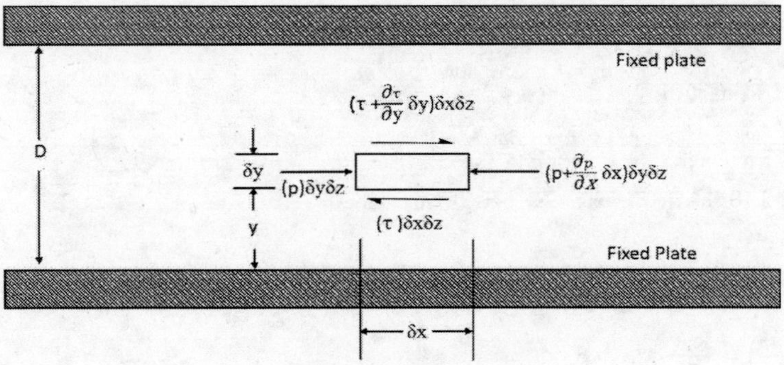

चित्र 2.1: पोइसुले प्रवाह की अवधारणा

विचार की गई स्थितियों में द्रव तत्व पर कार्य करने वाले बलों के आधार पर,

$$(p)\delta y\delta z - \left(p + \frac{\partial p}{\partial x}\delta x\right)\delta y\delta z + \left(\tau + \frac{\partial \tau}{\partial x}\delta y\right)\delta x\delta z - (\tau)\,\delta x\delta z = 0$$

जहां, $\tau = \mu \frac{\partial v}{\partial y}$

$$\frac{\partial p}{\partial x} = \mu \frac{d^2 v}{dy^2} \tag{2.4}$$

द्रव तत्व की प्लेटों के बीच दबाव अंतर को ध्यान में रखते हुए

समीकरण 2.4 का समाकलन करने पर,

$$\frac{\partial v}{\partial y} = -\frac{1}{\mu}\frac{\partial p}{\partial x} y + C_1 \tag{2.5}$$

समीकरण 2.4 का आगे समाकलन करने पर,

$$v = \frac{1}{2\mu}\frac{\partial p}{\partial x} y^2 + C_1 y + C_2 \tag{2.6}$$

उपरोक्त समीकरण 2.6 दो स्थिर समानांतर प्लेटों या पोइसुले प्रवाह के बीच लेमिनार (laminar) प्रवाह को दर्शाता है। C_1 और C_2 को सीमा की स्थितियों का उपयोग करके निर्धारित किया जा सकता है। क्योंकि प्लेटों के दो सीमा सतहों पर कोई फिसलन की स्थिति नहीं है,

$v = 0$ पर $y = 0$

$\therefore C_2 = 0$

और $v = 0$ पर $y = D$

$\therefore C_1 = -\frac{D}{2\mu}\left(\frac{\partial p}{\partial x}\right)$

C_1 और C_2 के मानों को समीकरण 2.6 में डालने पर, हम पाते हैं –

$$v = \frac{1}{2\mu}\left(-\frac{\partial p}{\partial x}\right)(Dy - y^2) \tag{2.7}$$

अधिकतम वेग, V_{max} प्लेटों के बीच मध्य बिंदु पर होता है, और समीकरण 2.7.में y = D/2 लगाकर मूल्यांकन किया जा सकता है। इस प्रकार,

$$v_{max} = \frac{D^2}{8\mu}\left(-\frac{\partial p}{\partial x}\right) \tag{2.8}$$

छोटी पट्टी से होकर जाने वाले dq को समाकलन करके प्रति इकाई चौड़ाई पर निर्वहन q प्राप्त किया जा सकता है।

तब से $\quad dq = vdy$

$$\therefore \quad q = \int_0^D vdy = \int_0^D \frac{1}{2\mu}\left(-\frac{\partial p}{\partial x}\right)(Dy - y^2)\,dy$$

$$q = \frac{D^3}{12\mu}\left(-\frac{\partial p}{\partial x}\right) \tag{2.9}$$

माध्य वेग, V द्वारा दिया जाता है

$$V = \frac{q}{D} = \frac{D^2}{12\mu}\left(-\frac{\partial p}{\partial x}\right) \tag{2.10}$$

समीकरण 2.8 और 2.10 की तुलना करने पर, हम पाते हैं –

$$V = \frac{2}{3}v_{max} \tag{2.11}$$

समीकरण 2.10 से हम दबाव प्रवणता प्राप्त कर सकते हैं

$$\left(-\frac{\partial p}{\partial x}\right) = \frac{12\mu V}{D^2} \tag{2.12}$$

दबाव प्रवणता $(p_1\text{-}p_2)$ प्रवाह की दिशा में निम्न प्रकार दिया जाता है:

$$(p_1 - p_2) = \int_{p_1}^{p_2} (-\partial p) = \int_{x_1}^{x_2} \frac{12\mu V}{D^2}(\partial x)$$

$$(p_1 - p_2) = \frac{12\mu VL}{D^2} \tag{2.13}$$

दबाव शीर्ष पात(drop), h_f द्वारा प्राप्त किया जा सकता है

$$h_f = \frac{p_1 - p_2}{w} = \frac{12\mu VL}{wD^2} \tag{2.14}$$

जहाँ, w द्रव का विशिष्ट भार है

यह देखा जा सकता है कि इस प्रवाह के शीर्ष में गिरावट गति के साथ रैखिक रूप से बदलती है।

यदि अब हम समीकरण 2.7 को न्यूटन के वेग नियम पर लागू करते हैं, तो हमें मिलता है:

$$\tau = \mu\frac{\partial}{\partial y}\left[\frac{1}{2\mu}\left(-\frac{\partial p}{\partial x}\right)(Dy - y^2)\right]$$

$$\tau = \left(-\frac{\partial p}{\partial x}\right)\left(\frac{D}{2} - y\right) \tag{2.15}$$

सीमा से दूरी के साथ अपरूपण प्रतिबल रैखिक रूप से भिन्न होता है। यह सीमा (y = 0 और y = D) पर अधिकतम हैं और केंद्र रेखा (y = D/2) पर शून्य है, इसलिए,

$$\tau_{max} = \left(-\frac{\partial p}{\partial x}\right)\left(\frac{D}{2}\right) \tag{2.16}$$

उदाहरण 2.1 0.15m की दूरी पर दो समानांतर प्लेटों के बीच, 3 m/s की अधिकतम गति के साथ तेल का एक लेमिनार प्रवाह होता है। प्रति मीटर चौड़ाई पर प्रवाह दर, प्लेट पर अपरूपण प्रतिबल, 15 m दूर दो बिंदुओं के बीच दबाव अंतर, प्लेट पर वेग प्रवणता और प्लेटों से 0.01 m वेग का अनुमान लगाएं। माना μ 2.5 $N.s/m^2$.

समाधान

दिए गए आंकड़े

अधिकतम वेग, v_{max} =3 m/s

दो प्लेटों के बीच की दूरी D = 0.15 m

तेल की श्यानता $\mu = 2.5\ \mathrm{N.s/m^2}$

लंबाई, $L = 15\ \mathrm{m}$

औसत प्रवाह वेग V द्वारा दिया गया है

$$V = \frac{2}{3}(3) = 2\ \mathrm{m/s}$$

निर्वहन q प्लेट की चौड़ाई प्रति मीटर द्वारा दिया जाता है।

$$q = VD$$

$$q = (2 \times 0.15) = 0.3m^3/s \text{ प्रति } m$$

$$V = \frac{D^2}{12\mu}\left(-\frac{\partial p}{\partial x}\right)$$

$$\left(-\frac{\partial p}{\partial x}\right) = \frac{12\mu V}{D^2}$$

$$\left(-\frac{\partial p}{\partial x}\right) = \frac{12\times2.5\times2}{(0.15)^2} = 2666.67\mathrm{N/m^2} \text{ प्रति m } \textbf{उत्तर}$$

प्लेट पर अधिकतम अपरूपण प्रतिबल निम्न द्वारा दिया जाता है:

$$\tau_{\max} = \left(-\frac{\partial p}{\partial x}\right)\frac{D}{2}$$

$$\tau_{\max} = \frac{2666.7\times0.15}{2} = 200\ \mathrm{N/m^2}\ .\ \textbf{उत्तर}$$

दो बिंदुओं के बीच दबाव अंतर निम्न द्वारा दिया जाता है

$$(p_1 - p_2) = \frac{12\mu VL}{D^2}$$

$$(p_1 - p_2) = \frac{12 \times 2.5 \times 2 \times 15}{(0.15)^2}$$

$$(p_1 - p_2) = 40000\ \mathrm{N/m^2} = 40\ \mathrm{kN/m^2}\ \textbf{उत्तर}$$

अपरूपण प्रतिबल प्लेट पर अधिकतम होगा और निम्न द्वारा दिया जाता है

$$\tau_{\max} = \mu\left(\frac{\partial v}{\partial y}\right)_{y=0}$$

इस प्रकार प्लेटों पर वेग प्रवणता इस प्रकार दी गयी है:

$$\left(\frac{\partial v}{\partial y}\right)_{y=0} = \frac{\tau_{\max}}{\mu}$$

$$\left(\frac{\partial v}{\partial y}\right)_{y=0} = \frac{200}{2.5} = 80\ \mathrm{s^{-1}}.\ \textbf{उत्तर}$$

प्लेट से 0.02 m की दूरी पर वेग v निम्न द्वारा दिया गया है

$v = \frac{1}{2\mu}\left(-\frac{\partial p}{\partial x}\right)(Dy - y^2)$

$v = \frac{1}{2\times 2.5} \times (2666.7) \times [(0.15 \times 0.01) - (0.01)^2]$

$v = 0.746\, m/s.$ **उत्तर**

उदाहरण 2.2 150 mm दूर दो समानांतर प्लेटों के बीच 2.5 m/s की अधिकतम गति से तेल बहता है। गणना करें:

(i) प्रति मीटर चौड़ाई पर निर्वहन

(ii) प्लेटों पर अपरूपण प्रतिबल

समाधान

दिए गए आंकड़े:

प्लेटों के बीच की दूरी, D = 150 mm

अधिकतम वेग , $v_{\max} = 2.5$ m/s

तेल की श्यानता, μ = 24.5 poise = 2.45 Ns/m^2

इस मामले में प्रवाह का औसत वेग,

$$V = \frac{2}{3} v_{\max}$$

$$V = \frac{2}{3} \times 2.5$$

$$V = 1.66 \text{ m/s}$$

प्रति मीटर चौड़ाई में निर्वहन इस प्रकार दी जाती है:

$$q = V \times D$$

$q = 1.66 \times 0.15 = 0.249\ \text{m}^3/\text{s}$ प्रति m. **उत्तर**

प्लेटों पर अपरूपण प्रतिबल τ_0 अभिव्यक्ति द्वारा निर्धारित किया जाता है

$$q = \frac{D^3}{12\mu}\left(-\frac{\partial p}{\partial x}\right)$$

मान प्रतिस्थापित करने पर,

$$0.249 = \frac{0.15^3}{12\times 2.45}\left(-\frac{\partial p}{\partial x}\right)$$

$$\left(-\frac{\partial p}{\partial x}\right) = \frac{0.249 \times 12 \times 2.45}{0.15^3}$$

$$\left(-\frac{\partial p}{\partial x}\right) = 2169.06\ \text{N/m}^2/\text{m}$$

किसी भी अनुभाग में अपरूपण प्रतिबल इस प्रकार दिया जाता है:

$$\tau = \frac{1}{2}\left(-\frac{\partial p}{\partial x}\right)(\text{D} - 2y)$$

प्लेट पर अपरूपण प्रतिबल अधिकतम होगा और उपरोक्त समीकरण में y = 0 रखकर प्राप्त किया जाता है। इस प्रकार,

$$\tau_{\max} = \frac{1}{2}\left(-\frac{\partial p}{\partial x}\right) D$$

$$\tau_{\max} = \frac{1}{2} \times 2169.06 \times 0.15$$

$\tau_{\max} = 162.67\ \text{N/m}^2.$ **उत्तर**

2.3 कोएट प्रवाह (Couette Flow)

कोएट प्रवाह की अवधारणा द्रव गतिशीलता से संबंधित है और इसे दो सतहों, एक स्थिर और दूसरी गतिशील, के बीच के स्थान में श्यान द्रव के प्रवाह के रूप में परिभाषित किया जा सकता है। दो सतहों की सापेक्ष गति द्रव और सतहों पर अपरूपण प्रतिबल उत्पन्न करती है। कोएट प्रवाह के उत्कृष्ट उदाहरणों में से एक जर्नल बियरिंग्स(bearings) में हल्के ढंग से भरा हुआ प्रवाह है। कोएट प्रवाह के लिए व्यंजक प्राप्त करने के लिए, पोइसुले प्रवाह में व्यक्त वेग वितरण पर विचार करें

$$v = \frac{1}{\mu}\left(\frac{\partial p}{\partial x}\right)\frac{y^2}{2} + C_1 y + C_2 \qquad (2.17)$$

अब, उपरोक्त समीकरण और वेग v से गतिमान प्लेट की स्थिति पर विचार करें जैसा चित्र 2.2.में दिखाया गया है।

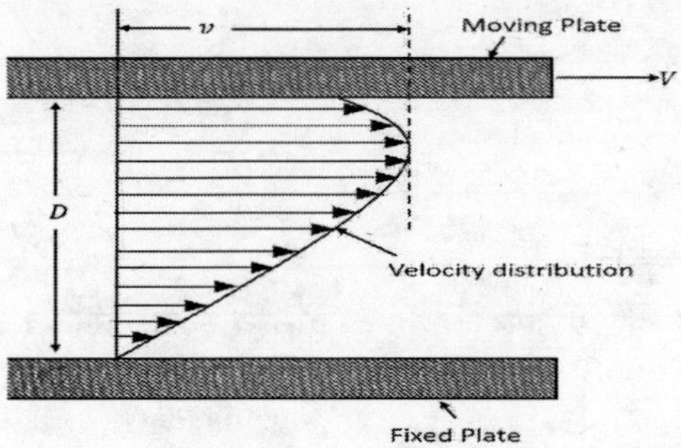

चित्र 2.2: कोएट प्रवाह की अवधारणा

इसके अतिरिक्त, इस मामले में कोएट प्रवाह के लिए निम्नलिखित परिसीमा पर विचार किया जाता है।

$v = 0 \; at \; y = 0$

इस स्थिति को समीकरण 2.17 में रखने पर

$C_2 = 0$

और $\qquad v = V \; at \; y = D$

इस स्थिति को समीकरण 2.17 में रखने पर

$C_1 = \frac{V}{D} - \frac{1}{2\mu}\left(\frac{\partial p}{\partial x}\right)D$

इसलिए, C_1 और C_2 के मानों को समीकरण 2.17 में रखने पर, कोएट प्रवाह के लिए वेग वितरण निम्न प्रकार प्राप्त किया जाता है:

$$v = \frac{V}{D}y - \frac{1}{2\mu}\left(\frac{\partial p}{\partial x}\right)(Dy - y^2) \qquad (2.18)$$

उपरोक्त समीकरण से पता चलता है कि वेग वितरण V और $(\partial p/\partial x)$ दोनों का एक कार्य है। इसके अलावा, यह देखा गया है कि दबाव प्रवणता $(\partial p/\partial x)$ में सकारात्मक और नकारात्मक दोनों मान हो सकते हैं।

$(\partial p/\partial x) = 0$ के लिए, वेग वितरण, v रैखिक हो जाता है जिसे निम्न प्रकार व्यक्त किया जा सकता है:

$$v = V\frac{y}{B} \qquad (2.19)$$

यह समीकरण 2.19 एक साधारण अपरूपण प्रवाह का प्रतिनिधित्व करता है।

आइए अब हम एक कोएट प्रवाह के लिए दिए गए अनुभाग में अपरूपण प्रतिबल वितरण के लिए एक अभिव्यक्ति प्राप्त करने के लिए, समीकरण 2.20 द्वारा व्यक्त न्यूटन के श्यानता के नियम पर विचार करें।

$$\tau = \mu \frac{\partial v}{\partial y} \tag{2.20}$$

समीकरण 2.18 को समीकरण 2.20 में प्रतिस्थापित करने पर,हमें मिलता है –

$$\tau = \mu \frac{\partial}{\partial y}\left[\frac{V}{D}y - \frac{1}{2\mu}\left(\frac{\partial p}{\partial x}\right)(Dy - y^2)\right] \tag{2.21}$$

या,

$$= \mu\frac{V}{D} + \left(-\frac{\partial p}{\partial x}\right)\left(\frac{D}{2} - y\right) \tag{2.22}$$

$y = 0,\ \tau = \tau_1$ पर

$$\tau_1 = \left[\mu\frac{V}{D} + \left(-\frac{\partial p}{\partial x}\right)\frac{D}{2}\right] \tag{2.23}$$

बीच में यानि $y = \frac{D}{2}$; $\tau = \tau_2$

$$\tau_2 = \mu\frac{V}{D} \tag{2.24}$$

$y = D$; $\tau = \tau_3$ पर

$$\tau_3 = \left[\mu\frac{V}{D} - \left(-\frac{\partial p}{\partial x}\right)\frac{D}{2}\right] \tag{2.25}$$

कोएट प्रवाह में अपरूपण प्रतिबल, τ_1, τ_2, τ_3 विभिन्न स्थानों पर चित्र 2.3 में दिखाए गए हैं।

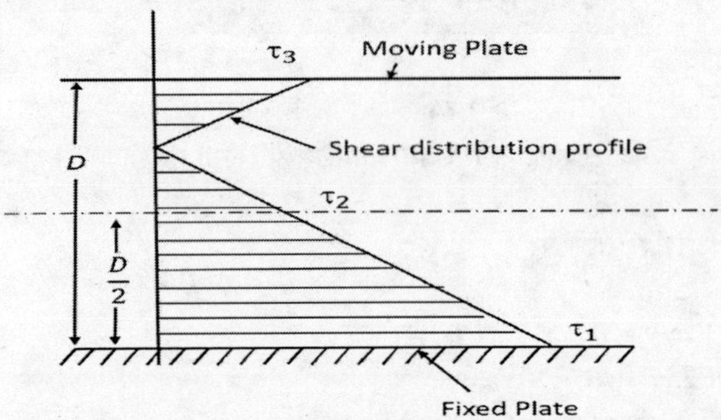

चित्र 2.3: अपरूपण प्रतिबल वितरण की अवधारणा

उदाहरण 2.3 एक द्रव के प्रवाह के लिए 1 mm दूरी वाली एक समानांतर प्लेट के लिए दूरी के संबंध में दाब वितरण के साथ और अन्य प्लेट पर चलने को $(\partial p/\partial x) = -150 \times 10^6$ के रूप में दिया गया है। प्लेट की लंबाई की प्रति इकाई में द्रव की मात्रा और इसकी दिशा ज्ञात करें यदि गतिज प्लेट का सापेक्ष वेग 1.5 m/sec और द्रव की श्यानता μ= 0.45 poise है।

समाधान

दिए गए आंकड़े:

माध्य वेग, V= 1.5 m/s;.

दबाव प्रवणता, $\frac{dp}{dx} = -150 \times 10^6\ \text{N/m}^3$

तेल की श्यानता , $\mu = 0.45$ poise = 0.045 Ns/m^2

प्लेटोंके बीच की दूरी, $D = 1\ mm = 0.001\ m$

हम जानते हैं कि,

$$q = V \cdot \frac{D}{2} - \frac{D^3}{12\mu} \cdot \frac{\partial p}{\partial x}$$

मानों को प्रतिस्थापित करने पर

$$q = -1.5 \times \frac{0.001}{2} - \frac{0.001^3}{12 \times 0.045} \times (-150 \times 10^6)$$

$$q = 0.2769\ m^3/s$$

इसलिए, प्रति मीटर चौड़ाई प्रवाह की मात्रा $= 0.268\ m^3/s$. **उत्तर**

धनात्मक दिशा (अर्थात गतिमान प्लेट के विपरीत दिशा में। **उत्तर**

उदाहरण 2.4 दो क्षैतिज प्लेटें 15 mm की दूरी पर हैं और 1 poise की श्यानता वाले द्रव से भरी हुई हैं। जब ऊपरी प्लेट निचली प्लेट के सापेक्ष 2.5 m/s की गति से चलती है, तो 55m की दूरी पर दोनों अनुभागों के बीच 70 kN/m^2 का दबाव अंतर होता है,। निर्धारित करें

(i) वेग वितरण, (ii) ऊपरी प्लेट पर अपरूपण प्रतिबल।

समाधान

दिए गए आंकडें:

तेल की श्यानता, $\mu = 1$ poise $= 0.1\ Ns/m^2$

प्लेटों के बीच की दूरी, $D = 15\ mm = 0.015\ m$

माध्य वेग, $V = 2.5\ m/s$

दबाव अंतर $(\partial p) = 70 kN/m^2$

$$\partial x = 55\ m$$

$$\left(-\frac{\partial p}{\partial x}\right) = \frac{70 \times 10^3}{55}$$

$$\left(-\frac{\partial p}{\partial x}\right) = 1272.73\ N/m^2/m$$

प्रणाली कोएट प्रवाह के अनुरूप है जिसके लिए वेग वितरण इस प्रकार दिया गया है:

$$v = \frac{V}{D} y + \frac{1}{2\mu}\left(-\frac{\partial p}{\partial x}\right)(Dy - y^2)$$

$$v = \frac{2.5}{0.015} y + \frac{1}{2 \times 0.1} \times 10^3 (0.015 \times y - y^2)$$

$$v = y(166.67 + 75 - 5000y)$$

$$v = y(241.67 - 5000y)$$

इसलिए, वेग वितरण है

$$v = y(241.67 - 5000y)$$

ऊपरी प्लेट पर अपरूपण प्रतिबल, τ द्वारा दिया जाता है

$$\tau = \mu\left(\frac{\partial v}{\partial y}\right) = \mu \frac{\partial}{\partial y}(241.67y - 5000y^2)$$

$$\tau = 0.1(241.67 - 10000y)$$

शीर्ष प्लेट के लिए, $y = 0.015\ m$

$\tau_{y=0.015} = 9.167\ N/m^2$. **उत्तर**

2.4 वृत्ताकार नलिकाओं में लेमिनार प्रवाह (Laminar Flow Through In Circular Conduites)

वृत्ताकार नलिकाओं या पाइपों के माध्यम से लेमिनार प्रवाह का वेग वितरण, प्रवाह दर (निर्वहन) और दबाव पात के संदर्भ में विश्लेषण किया जा सकता है। चित्र 2.4 में दर्शाए अनुसार एक क्षैतिज पाइप का आंतरिक व्यास D हैं। त्रिज्या R और लंबाई dx वाले बेलनाकार द्रव तत्व को स्थिर और समान प्रवाह स्थिति गति में माना जाता है। तत्व के दोनों किनारों पर कार्य करने वाले बल प्रवाह की विपरीत दिशा में परिधि पर कतरनी का विरोध करते हैं।

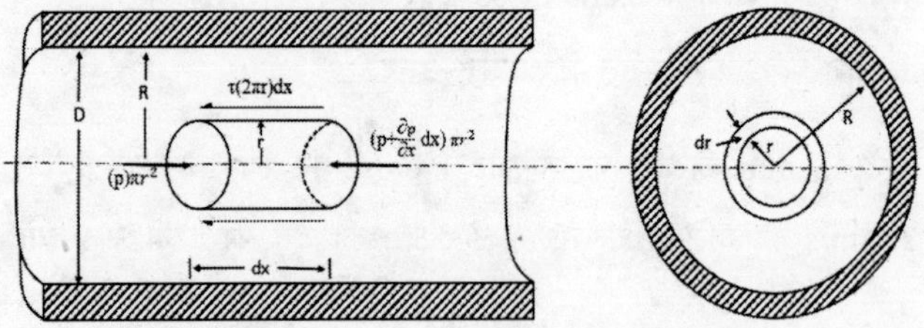

चित्र 2.4: वृत्ताकार पाइप में लेमिनार प्रवाह की अवधारणा

मान लीजिए, p बाईं ओर दबाव की तीव्रता है और τ तत्व की परिधि पर अपरूपण प्रतिबल है।

इसलिए,

$\left(p+\frac{\partial p}{\partial x}dx\right)$ दाईं ओर दबाव की तीव्रता है,

$(p)\pi r^2$ बाईं ओर कुल दबाव बल है,

$\left(p+\frac{\partial p}{\partial x}dx\right)\pi r^2$ दाईं ओर कुल दबाव बल है,

$\tau(2\pi r)dx$ कुल अपरूपण बल है जो बेलनाकार तत्व की परिधि पर कार्य करता है।

क्योंकि द्रव तत्व पर x दिशा में कार्य करने वाले बलों का योग शून्य होता है।

SCAN ME

For better understanding laminar flow in circular pipe

$$p(\pi r^2)-\left(p+\frac{\partial p}{\partial x}dx\right)\pi r^2-\tau(2\pi r)dx=0 \quad (2.26)$$

$$\left(-\frac{\partial p}{\partial x}dx\right)\pi r^2-\tau(2\pi r)dx=0 \quad (2.27)$$

अपरूपण प्रतिबल

$$\tau=-\frac{\partial p}{\partial x}\frac{r}{2} \quad (2.28)$$

यह चित्र से देखा जा सकता है कि अपरूपण प्रतिबल क्रमशः r = 0 और r = R के अनुरूप शून्य और अधिकतम होगा। अधिकतम अपरूपण प्रतिबल मान को इस प्रकार से व्यक्त किया जा सकता है:

$$\tau_{max}=\left(-\frac{\partial p}{\partial x}\right)\frac{R}{2} \quad (2.29)$$

ऋणात्मक चिह्न प्रवाह दिशा में द्रव के दबाव में गिरावट को इंगित करता है। समीकरण 2.29 पाइपों के माध्यम से लेमिनार(laminar) प्रवाह के लिए अधिकतम अपरूपण प्रतिबल का प्रतिनिधित्व करता है।

समान पाइप के लिए, दबाव प्रवणता स्थिर होगी और निम्न प्रकार से व्यक्त किया जा सकता है:

$$\left(-\frac{\partial p}{\partial x}\right)=\left(\frac{p_1-p_2}{L}\right)=\frac{\rho g h_f}{L} \quad (2.30)$$

समीकरण 2.30 समीकरण 2.28 में प्रतिस्थापित करने पर, अपरूपण प्रतिबल को इस प्रकार व्यक्त किया जा सकता है:

$$\tau=\frac{\rho g h_f}{2L}r \quad (2.31)$$

जहाँ, h_f पाइपों के माध्यम से घर्षण के कारण शीर्षांत हानि है।

न्यूटन के श्यानता के नियम($\tau = \mu(\partial v/\partial r)$) और समीकरण 2.28 से, हमें मिलता है

$$-\mu\frac{\partial v}{\partial r} = -\frac{\partial p}{\partial x}\frac{r}{2} \tag{2.32}$$

$$\frac{\partial v}{\partial r} = \frac{1}{\mu}\frac{\partial p}{\partial x}\frac{r}{2} \tag{2.33}$$

समीकरण 2.33, को समाकलित करने पर, एक वृत्ताकार पाइप में लेमिनार प्रवाह वेग वितरण के लिए अभिव्यक्ति को इस प्रकार लिखा जा सकता है:

$$v = \frac{1}{4\mu}\left(\frac{\partial p}{\partial x}\right)r^2 + C \tag{2.34}$$

सीमा स्थिति को r = R के लिए वेग v = 0 के रूप में लेते हुए स्थिरांक C को इस प्रकार निर्धारित किया जाता है:

$$C = -\frac{1}{4\mu}\left(\frac{\partial p}{\partial x}\right)R^2 \tag{2.35}$$

अंत में, पाइपों के माध्यम से लेमिनार प्रवाह के वेग वितरण को निम्न प्रकार व्यक्त किया जाता है:

$$v = \frac{1}{4\mu}\left(-\frac{\partial p}{\partial x}\right)(R^2 - r^2) \tag{2.36}$$

वेग $v = v_{max}$ $r = 0$ के लिए, परिसीमा की स्थिति लागू करते हुए,

$$v_{max} = \frac{1}{4\mu}\left(-\frac{\partial p}{\partial x}\right)R^2 \tag{2.37}$$

समीकरण 2.36 कों समीकरण 2.37 से विभाजित करके, अधिकतम वेग के संदर्भ में वेग वितरण के लिए अभिव्यक्ति को इस प्रकार लिखा जा सकता है:

$$v = v_{\max}\left[1 - \left(\frac{r}{R}\right)^2\right] \tag{2.38}$$

चित्र 2.5 समीकरण 2.36 के अनुसार प्रोफाइल वेग वितरण दिखाता है और समीकरण 2.37 के अनुसार अपरूपण प्रतिबल वितरण दिखाता है।

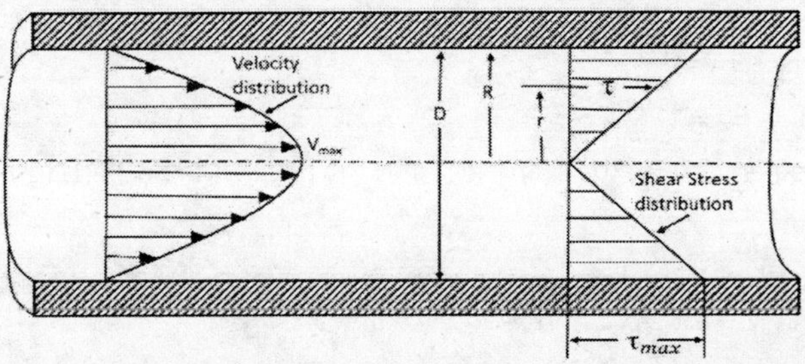

चित्र 2.5: वृत्ताकार पाइप के माध्यम से लेमिनार प्रवाह के लिए वेग और अपरूपण प्रतिबल वितरण प्रोफाइल्स(profile)

वृत्ताकार पाइप में लेमिनार प्रवाह के लिए वेग वितरण अवधारणा के आधार पर, निर्वहन (प्रवाह दर) पर निम्नानुसार चर्चा की जा सकती है:

मोटाई dr की एक प्राथमिक वलय(ring) और इसके माध्यम से बहने वाले निर्वहन पर विचार करें , जिसे इस प्रकार व्यक्त किया जा सकता है:

$$dQ = vdA = v(2\pi r)dr \tag{2.39}$$

$$dQ = \frac{1}{4\mu}\left(-\frac{\partial p}{\partial x}\right)(R^2 - r^2)(2\pi r)dr \tag{2.40}$$

समीकरण 2.40 को r = R पर समाकलित करके कुल निर्वहन प्राप्त होता है और इसे इस प्रकार व्यक्त किया जा सकता है:

$$Q = \frac{\pi}{2\mu}\left(-\frac{\partial p}{\partial x}\right)\frac{R^4}{4} \tag{2.41}$$

$$Q = \frac{\pi}{8\mu}\left(-\frac{\partial p}{\partial x}\right)R^4 \tag{2.42}$$

$$Q = \frac{\pi}{128\mu}\left(-\frac{\partial p}{\partial x}\right)D^4 \tag{2.43}$$

जहाँ, D पाइप का व्यास है।

निरंतरता समीकरण से, प्रवाह के औसत वेग को इस प्रकार निर्धारित किया जा सकता है:

$$V = \frac{Q}{A} \tag{2.44}$$

जहां, $A = \frac{\pi}{4}D^2$

Q और A के मानों को समीकरण 2.44 में डालने पर, इस प्रकार,

$$V = \frac{1}{32\mu}\left(-\frac{\partial p}{\partial x}\right)D^2 \tag{2.45}$$

समीकरण 2.45 और 2.37 से,

$$V = \frac{1}{2}v_{\max} \tag{2.46}$$

यदि स्थानीय(local) वेग प्रवाह के माध्य वेग V के बराबर है,

तो फिर

$$\mathrm{V} = v_{\max}\left[1 - \left(\frac{r}{R}\right)^2\right] = \frac{1}{2}v_{\max} \tag{2.47}$$

$$r = 0.707R \tag{2.48}$$

इसलिए, औसत प्रवाह वेग V पाइप के केंद्र से एक त्रिज्य(radial) दूरी (.707 R) पर होता है।

इसके अतिरिक्त, समीकरण 2.30 का उपयोग करके दबाव पात(drop) को इस रूप में व्यक्त किया जा सकता है:

$$\left(-\frac{\partial p}{\partial x}\right) = \frac{32\mu V}{D^2} \tag{2.49}$$

विचार करें कि L की पाइप लंबाई के साथ दबाव पात(drop) होता है,

$$\frac{p_1 - p_2}{L} = \frac{32\mu V}{D^2} \tag{2.50}$$

या,

$$p_1 - p_2 = \frac{32\mu VL}{D^2} \tag{2.51}$$

$$p_1 - p_2 = \frac{128\mu QL}{\pi D^4} \tag{2.52}$$

उपरोक्त समीकरण 2.51 को वृत्ताकार पाइप में लेमिनार प्रवाह के लिए हेगन-पोइसुले(Hagen-Poiseuille) समीकरण के रूप में जाना जाता है।

इसके अतिरिक्त, पाइप की लंबाई L के साथ वृत्ताकार लेमिनार प्रवाह पाइप में घर्षण हानियों (शीर्ष हानियां), को इस प्रकार व्यक्त किया जा सकता है:

$$h_f = \frac{p_1 - p_2}{\rho g} = \frac{32\mu VL}{\rho g D^2} \tag{2.53}$$

रेनॉल्ड्स(Reynolds) संख्या ($R_e = \rho VD/\mu$) समीकरण 2.53 में रखने पर

$$h_f = \frac{64}{\mathrm{Re}}\left(\frac{LV^2}{2gD}\right) \tag{2.54}$$

या

$$h_f = \left(\frac{128\mu QL}{\rho g \pi D^4}\right) \tag{2.55}$$

लम्बाई L और व्यास D के एक लंबे सीधे पाइप में घर्षण प्रतिरोध के कारण शीर्ष हानि को डार्सी-वेस्बैक(Darcy Weisbach) द्वारा इस रूप में व्यक्त किया जा सकता है:

$$h_f = \frac{fLV^2}{2gD} \tag{2.56}$$

जहाँ f घर्षण गुणांक है और V औसत प्रवाह वेग है।

समीकरण 2.56 और समीकरण 2.54 की तुलना करके, वृत्ताकार पाइप में लेमिनार प्रवाह के लिए घर्षण गुणांक को इस प्रकार दिया जा सकता है।

$$f = \frac{64\mu}{\rho VD} = \frac{64}{\text{Re}} \tag{2.57}$$

इसके अतिरिक्त, अधिकतम अपरूपण प्रतिबल के लिए व्यंजक को निम्नानुसार निर्धारित किया जा सकता है –

$$\tau_{max} = \left(-\frac{\partial p}{\partial x}\right)\frac{R}{2} \tag{2.58}$$

$$= \left(\frac{p_1 - p_2}{L}\right)\frac{D}{4} \tag{2.59}$$

जहां, $(p_1 - p_2) = \rho g h_f$

इस प्रकार,

$$\tau_{max} = \frac{(\rho g h_f)D}{4L} = \frac{\rho f V^2}{8}$$

$$\frac{\tau_{max}}{\rho} = \frac{fV^2}{8} \tag{2.60}$$

या

$$\sqrt{\frac{\tau_{max}}{\rho}} = V\sqrt{\frac{f}{8}} = V_* \tag{2.61}$$

जहाँ, V_*को $\sqrt{(\tau_{max}/\rho)}$ के रूप में व्यक्त किया जाता है, वेग आयाम है और इसे अपरूपण वेग V_* के रूप में जाना जाता है।

प्रवाह के प्रतिरोध पर काबू पाने और पाइप के माध्यम से स्थिर समान लेमिनार प्रवाह को बनाए रखने के लिए को दूर करने के लिए आवश्यक शक्ति (P) का निर्धारण इस प्रकार किया जा सकता है:

$$P = \left(-\frac{\partial p}{\partial x}\right)ALV = Q(p_1 - p_2) \tag{2.62}$$

जहाँ,

$-\partial p/\partial x$ प्रवाह की दिशा में दबाव प्रवणता है,

A पाइप का क्षेत्रफल है,

L पाइप की लंबाई है,

V औसत प्रवाह वेग है।

2.5 वलय के माध्यम से लेमिनार प्रवाह (Laminar Flow Through Annulus)

चित्र 2.6 एक वलयाकार स्थान में दो संकेंद्रित वृत्ताकार नलिकाओं के बीच एक स्थिर लेमिनार प्रवाह दिखाता है। एक द्रव तत्व पर विचार करें जो वक्रित सतहों के आंतरिक और बाहरी वक्रों पर प्रवाह और अपरूपण बलों की दिशा में सिरों पर सामान्य दबाव का अनुभव करता है।

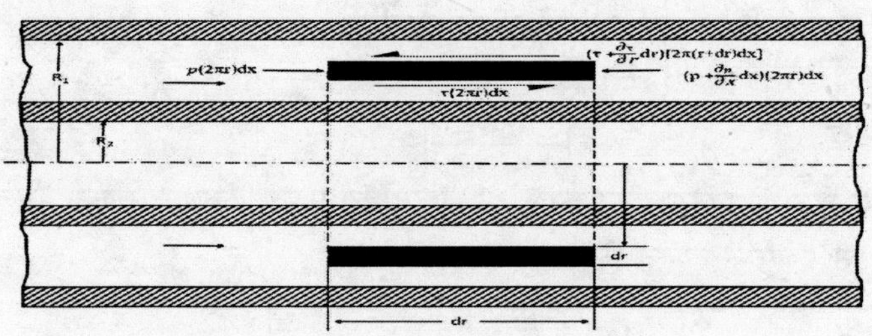

चित्र 2.6: वलय के माध्यम से लेमिनार प्रवाह की अवधारणा

चलो,

R_1 बाहरी नलिका की आंतरिक सतह त्रिज्या है

R_2.आंतरिक नलिका की बाहरी सतह त्रिज्या है

dx द्रव तत्व के छोटे संकेंद्रित बेलनाकार स्लीव की लंबाई है।

dr द्रव तत्व के छोटे संघनित बेलनाकार स्लीव की मोटाई है।

r त्रिज्य(radial) दूरी है

चूंकि प्रवाह की दिशा में द्रव तत्व पर लगने वाले बलों का योग शून्य होता है।

$$\left[p(2\pi r)dr - \left(p + \frac{\partial p}{\partial x}dx\right)2\pi r dr\right] + \left[\tau(2\pi r)dx - \left(\tau + \frac{\partial \tau}{\partial r}dr\right) \times 2\pi(r + dr)dx\right] = 0 \quad (2.63)$$

या

$$\left[\left(-\frac{\partial p}{\partial x}dx\right)2\pi r dr - \left(\frac{\partial \tau}{\partial r}dr\right)2\pi r dx\right] - \left[\tau(2\pi dx)dr + \left(\frac{\partial \tau}{\partial r}dr\right)(2\pi dx)dr\right] = 0 \quad (2.64)$$

उच्च क्रम के पदो को अनदेखा करते हुए समीकरण 2.64 को हल करके ,हम पाते हैं –

$$\left(\frac{\partial p}{\partial x} + \frac{\partial \tau}{\partial r} + \frac{\tau}{r}\right) = 0 \quad (2.65)$$

समीकरण 2.65 में p, x पर निर्भर करता है और τ, r पर निर्भर करता है।

$$\frac{\partial p}{\partial x} + \frac{1}{r}\frac{\partial}{\partial r}(\tau r) = 0$$

$$r\frac{\partial p}{\partial x} + \frac{\partial}{\partial r}(\tau r) = 0 \quad (2.66)$$

समीकरण 2.66 को r के संबंध में समाकलित करने पर,

$$\left(\frac{\partial p}{\partial x}\right)\frac{r^2}{2} + \tau r = C_1 \quad (2.67)$$

समीकरण 2.67 में $\tau = -\mu(\partial v/\partial r)$ को प्रतिस्थापित करने पर,

$$\left(\frac{\partial p}{\partial x}\right)\frac{r^2}{2} - \mu r\frac{\partial v}{\partial r} = C_1 \quad (2.68)$$

समीकरण 2.68 को r से विभाजित करके r के संबंध में समाकलित करने पर,

$$\left(\frac{\partial p}{\partial x}\right)\frac{r^2}{4} - \mu v = C_1 \log_e r + C_2 \quad (2.69)$$

जहाँ, C_1 और C_2 समाकलन के दूसरे स्थिरांक हैं।

समीकरण 2.69 में $r = R_1$ और $r = R_2$ पर $v = 0$ की सीमा स्थितियों को लागू करना। एक वलयाकार में वेग वितरण को इस प्रकार व्यक्त किया जा सकता है:

$$v = -\frac{1}{4\mu}\left(\frac{\partial p}{\partial x}\right) \times \left[R_1^2 - r^2 - \frac{(R_1^2 - R_2^2)}{\log_e(R_1/R_2)}\log(R_1/r)\right] \quad (2.70)$$

अधिकतम वेग की स्थिति r के लिए समीकरण 2.70 को अवकलित करके और इसे शून्य के बराबर करने पर प्राप्त की जा सकती है।

$$\frac{\partial v}{\partial r} = 0 = -\frac{1}{4\mu}\left(\frac{\partial p}{\partial x}\right)\left[-2r + \frac{1}{r}\frac{(R_1^2 - R_2^2)}{\log_e(R_1/R_2)}\right] \quad (2.71)$$

समीकरण 2.71 को व्यवस्थित करने पर, हमें मिलता है

$$r = \left[\frac{R_1^2 - R_2^2}{2\log_e(R_1/R_2)}\right]^{1/2} \quad (2.72)$$

समीकरण 2.70 में r के मान को प्रतिस्थापित करके अधिकतम वेग प्राप्त किया जा सकता है। वलयाकार के तिर्यक से जाने वाले कुल निर्वहन को इस प्रकार से व्यक्त किया जा सकता है:

$$Q = \int_{R_2}^{R_1} 2\pi r v dr \quad (2.73)$$

समीकरण 2.73 में v के मान को प्रतिस्थापित करके r के सम्बंध में समाकलित करने पर

$$Q = \left(-\frac{\pi}{8\mu}\right)\left(\frac{\partial p}{\partial x}\right)\left[R_1^4 - R_2^4 - \frac{\left(R_1^2-R_2^2\right)^2}{\log_e(R_1/R_2)}\right] \quad (2.74)$$

वलयाकार के माध्यम से औसत प्रवाह वेग समीकरण 2.74 को $\pi(R_1^2\text{-}R_2^2)$ से विभाजित करके प्राप्त किया जाता है।

$$V = \left(-\frac{1}{8\mu}\right)\left(\frac{\partial p}{\partial x}\right)\left[\left(R_1^2 + R_2^2 - \frac{\left(R_1^2-R_2^2\right)}{\log_e(R_1/R_2)}\right)\right] \quad (2.75)$$

वृताकार पाइप के माध्यम से लेमिनार प्रवाह का औसत वेग समीकरण 2.76 में मान $R_2 = 0$ लगाकर प्राप्त किया जाता है।

एक झुके हुए वलयाकार के लिए, वेग वितरण और निर्वहन अभिव्यक्तियों $(\partial p/\partial x)$ को $[\partial(p+wz)/\partial x)]$ द्वारा प्रतिस्थापित करके प्राप्त किया जाता है।

उदाहरण 2.5 35 mm व्यास वाला एक पाइप क्षैतिज तल से 60^0 के कोण पर ऊपर की ओर झुका हुआ है और 2 m/s के औसत वेग से पानी को ढकता है। पाइप के नीचे दो खंड चिह्नित किए गए हैं और इन चिह्नों के बीच 25 मीटर की दूरी हैं । यदि इन चिह्नों के अनुरूप दबाव 600 KPa और 300 kPa हैं; दीवार पर और 8 mm की त्रिज्या पर अपरूपण प्रतिबल ज्ञात कीजिए।

समाधान

दिए गए आंकड़े:

$$D = 0.035 \text{ mm}$$
$$R = \frac{D}{2} = 0.0175\, m$$
$$p_1 = 600 \text{ kpa}$$
$$p_2 = 300 \text{ kpa}$$
$$r = 8 \text{ mm}$$
$$V = 2 \text{ m/s}$$

यह मानते हुए कि डेटम(datum) निम्न बिंदु से होकर जा रहा है, हमारे पास है

$$(h_1 - h_2) = \left(\frac{p_1}{w} + 0\right) - \left(\frac{p_2}{w} + Z_2\right)$$
$$(h_1 - h_2) = \left(\frac{600 \times 10^3}{9810}\right) - \left(\frac{300 \times 10^3}{9810} + \frac{25}{\sqrt{2}}\right)$$
$$(h_1 - h_2) = (61.162 - 48.258)$$
$$(h_1 - h_2) = 12.904\, m$$

पाइप की दीवार पर औसत अपरूपण प्रतिबल इस प्रकार दिया जाता है:

$$\tau_{max} = \rho g\left(-\frac{\partial h}{\partial x}\right)\frac{R}{2}$$
$$\tau_{max} = \frac{9810 \times 12.904}{25} \times \frac{0.0175}{2}$$

$\tau_{max} = 44.305\, N/m^2$. **उत्तर.**

8 mm की त्रिज्या पर औसत अपरूपण प्रतिबल इस प्रकार दिया जाता है:

$$\tau = \left(-\frac{\partial h}{\partial x}\right)\frac{r}{2}$$
$$\tau = \frac{9810 \times 12.904}{25} \times \frac{0.008}{2}$$

$\tau = 20.254\ \text{N/m}^2$. **उत्तर**

उदाहरण 2.6 निम्नलिखित आंकड़े के लिए एक पाइप में दबाव वात निर्धारण करें जिसके माध्यम से एक तेल (श्यानता = 0.09 Ns/m^2, विशिष्ट घनत्व 0.88) प्रवाहित हो रहा है;

(i) पाइप का व्यास: 60 mm

(ii) पाइप की लंबाई: 400 m

(iii) प्रवाह दर: 4 lps

समाधान

दिए गए आंकड़े:

$\mu = 0.09\ \text{Ns/m}^2$

$\rho_0 = 0.88 \times \rho_w$

$\rho_0 = 0.88 \times 1000 = 880\ \text{kg/m}^3$

$D = 60\ \text{mm} = 0.06\ \text{m}$

$L = 400\ \text{m}$

$Q = 0.004\ \text{m}^3/\text{s}$

$$V = \frac{Q}{\text{क्षेत्रफल}}$$

$$V = \frac{0.004}{\frac{\pi}{4}0.06^2}$$

$V = 1.414\ m/s$

रेनोल्ड्स संख्या(R_e) द्वारा दिया जाता है,

$$R_e = \frac{\rho VD}{\mu}$$

$$R_e = 880 \times \frac{1.414 \times 0.06}{0.09}$$

$R_e = 829.546$

चूँकि रेनॉल्ड्स संख्या 2000 से कम है, प्रवाह या तो चिपचिपा या लेमिनार है।

तो कम दबाव इस प्रकार दिया जाता है

$$p_1 - p_2 == \frac{32\mu VL}{D^2}$$

$$p_1 - p_2 = \frac{32 \times 0.09 \times 1.414 \times 400}{(.06)^2}$$

$p_1 - p_2 = 452480\ N/m^2$

$p_1 - p_2 = 45.248\ N/cm^2$. **उत्तर**

उदाहरण 2.7 150 mm व्यास के एक पाइप के माध्यम से प्रवाहित होने वाले द्रव के लिए दबाव प्रवणता, औसत वेग का निर्धारण करें। तेल के गुण और अन्य स्थितियों को इस रूप में लेना,

(i) श्यानता: 0.8 Ns/m^2

(ii) विशिष्ट गुरुत्व: 1.4

(iii) भित्ति पर अधिकतम अपरूपण प्रतिबल: 200 N/m^2

समाधान

दिए गए आंकड़े:

$\mu = 0.8\ \text{Ns/m}^2$

विशिष्ट गुरूत्व =1.4

ρ = 1.4 × 1000 =1400 kg/m^3

D = 150 mm = 0.15 m

$$R = \frac{D}{2} = 0.075 \text{ m}$$

$\tau_{max} = 200 \text{ N/ m}^2$

अधिकतम अपरूपण प्रतिबल (τ_{max}) इस प्रकार दिया जाता है

$$\tau_{max} = -\frac{\partial p}{\partial x}\frac{R}{2}$$

$$200 = -\frac{\partial p}{\partial x} \times \frac{0.075}{2}$$

$\frac{\partial p}{\partial x} = -5333.33 \text{ N/m}^2$प्रति m **उत्तर**

(ii) औसत वेग

$$V = \frac{1}{2} v_{max}$$

$$V = \frac{1}{2}\left[-\frac{1}{4\mu}\frac{\partial p}{\partial x}R^2\right] \left\{\because v_{max} = -\frac{1}{8\mu}\frac{\partial p}{\partial x}R^2\right\}$$

$$V = \frac{1}{8\mu} \times \left(-\frac{\partial p}{\partial x}\right) R^2$$

$$V = \frac{1}{8 \times 0.8} \times (5333.33) \times (0.075)^2$$

$V = 4.687$ m/s. **उत्तर**

2.6 सीमा परत की अवधारणा (Concept of Boundary Layer)

जैसा कि पिछले अनुभाग में चर्चा की गई हैं कि बहुत कम श्यानता वाले द्रव वास्तविक द्रव पदार्थ माने जाते हैं। जब कोई वास्तविक द्रव किसी ठोस सतह के संपर्क में बहता है, द्रव की श्यानता के कारण, द्रव के कण ठोस सतह की सीमा का अनुसरण करते हैं और सीमा सतह पर द्रव का वेग शून्य होता हैं। इस मामले में, न फिसलने की स्थिति तब होती है जब सीमा पर प्लेट के साथ द्रव पदार्थ का सापेक्ष वेग शून्य होता है। इसलिए,एक ठोस सतह के पास, औसत द्रव प्रवाह वेग में परिवर्तन की शून्य सीमा होगी। यह इस तथ्य के कारण है कि सतह पर द्रव परत निकटवर्ती परत को मंद कर देती है, और यह औसत द्रव प्रवाह दर पर चलने वाली तरल परत को प्रभावित करती है। परत के इस क्षेत्र को सीमा परत कहा जाता है। परिसीमा परत क्षेत्र में एक बड़ा वेग ढाल ($\partial v/\partial y$) होता है, और यह वेग ढाल एक अपरूपण प्रतिबल, $\tau = \mu(\partial v/\partial y)_{(y=0)}$ सीमा परत के इस क्षेत्र में होता है। इस प्रतिबल के कारण गति की दिशा में जो बल उत्पन्न होता है उसे सतह कर्षण (drag) या कर्षण कहते है। जैसा कि चित्र 2.7. में दिखाया गया है, दीवारें द्रव पर विपरीत दिशा में समान बल लगाती है, जिसे प्रवाह का अपरूपण प्रतिरोध कहा जाता हैं।

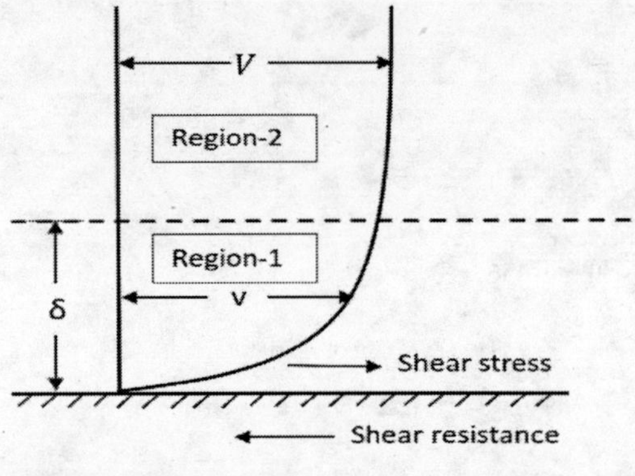

SCAN ME
For better understanding boundary layer

चित्र 2.7: सीमा परत की अवधारणा

चित्र से पता चलता है कि श्यान और अश्यान के रूप में दो अलग-अलग क्षेत्र मौजूद हैं, जो सीमा परत से अलग होते हैं। सीमा परत के साथ श्यान क्षेत्र में श्यान बल एक बड़े वेग प्रवणता का कारण बनते है, हालांकि सीमा परत के बाहर के गैर श्यान क्षेत्र में नगण्य श्यान बलों का अनुभव होता है। एल. प्रांडल ने 1904 में सीमा परत अवधारणा को प्रस्तुत किया और तब से इसका उपयोग द्रव प्रवाह को निर्धारित करने के लिए कई अनुप्रयोगों में किया गया है।

2.7 सीमा परत की मोटाई (Thickness of Boundary Layer)

जैसा कि अनुभाग 2.6 में चर्चा की गई है, सीमा परत के कारण दो अलग-अलग क्षेत्र होते हैं-श्यान और अश्यान। श्यान क्षेत्र के भीतर सीमा सतह पर वेग शून्य से मुख्य प्रवाह के वेग तक असमान रूप से बढ़ जाता है। इस क्षेत्र की मोटाई को सीमा परत की मोटाई कहा जाता है और इसे 'δ' द्वारा दर्शाया जाता है जैसा कि चित्र 2.10 में दिखाया गया है। वेग का संक्रमण असममित रूप से होता है, जिससे सीमा परत की मोटाई को परिभाषित करना कठिन होता है। इसलिए, सीमा परत की मोटाई को स्वैच्छिक रूप से $y = \delta$, $v = 0.99V$ पर सीमा परत की मोटाई के रूप में परिभाषित किया जा सकता है और इसे सीमा परत की नाममात्र मोटाई भी कहा जाता है।

उच्च सटीकता प्राप्त करने के लिए, सीमा परत की मोटाई को गणितीय रूप से विस्थापन (displacement) मोटाई δ^*, संवेग (momentum) मोटाई θ और ऊर्जा (energy) मोटाई δ_E के रूप में परिभाषित किया जा सकता है। .

2.7.1 विस्थापन मोटाई(Displacement Thickness)

सीमा परतों में, विस्थापन मोटाई ,δ^* उस दूरी को संदर्भित करता है जिसमें सीमा परत निर्माण के परिणामस्वरूप उत्पन्न प्रवाह दर के हानि की भरपाई के लिए सतह को द्रव प्रवाह (y-दिशा) के लंबवत विस्थापित किया जाना चाहिए। इसलिए, इसे व्यक्त किया जा सकता है:

$$\frac{\partial p}{\partial x} = \mu \frac{d^2 v}{dy^2} \tag{2.76}$$

$$V\delta^* = \int_0^\infty (V - v)dy$$

या

$$\delta^* = \int_0^\infty \left(1 - \frac{v}{V}\right) dy \tag{2.77}$$

2.7.2 संवेग मोटाई (Momentum Thickness)

सीमा परतों में, संवेग मोटाई, θ उस दूरी को संदर्भित करता है जिसमें सीमा परत निर्माण के परिणामस्वरूप उत्पन्न प्रवाह दर के संवेग के हानि की भरपाई के लिए सतह को द्रव प्रवाह (y-दिशा) के लंबवत विस्थापित किया जाना चाहिए।

इस प्रकार,

$$\rho V^2\theta = \rho \int_0^{\infty}(V - v)v dy \tag{2.78}$$

या

$$\theta = \int_0^{\infty} \frac{v}{V}\left(1 - \frac{v^2}{V^2}\right) dy \tag{2.79}$$

2.7.3 ऊर्जा मोटाई (Energy Thickness)

सीमा परतों में, ऊर्जा की मोटाई, δ_E उस दूरी को संदर्भित करता है जिसमें सीमा परत निर्माण के परिणामस्वरूप उत्पन्न प्रवाह दर के गतिज ऊर्जा के हानि की भरपाई के लिए सतह को द्रव प्रवाह (y-दिशा) के लंबवत विस्थापित किया जाना चाहिए।

इस प्रकार,

$$\frac{1}{2}\rho V^3\delta_E = \frac{1}{2}\rho \int_0^{\infty}(V^2 - v^2)v dy \tag{2.80}$$

या

$$\delta_E = \int_0^{\infty} \frac{v}{V}\left(1 - \frac{v^2}{V^2}\right) dy \tag{2.81}$$

उदाहरण 2.8 सीमा परत u/U = y/δ के लिए विस्थापन, संवेग और ऊर्जा मोटाई निर्धारित करें, जहां सीमा परत के लिए u प्लेट के वेग को इससे दूरी y पर दर्शाता है और y=δ पर u = U, δ सीमा परत मोटाई है।

समाधान

(i) विस्थापन मोटाई, δ^*

$$\delta^* = \int_0^{\delta} \left(1 - \frac{u}{U}\right) dy$$

$$\delta^* = \int_0^{\delta} \left(1 - \frac{y}{\delta}\right) dy \left(\because \frac{u}{U} = \frac{y}{\delta}\right)$$

$$\delta^* = \left[y - \frac{y^2}{2\delta}\right]_0^{\delta}$$

$$\delta^* = \left(\delta - \frac{\delta^2}{2\delta}\right) = \delta - \frac{\delta}{2} = \frac{\delta}{2}.$$ **उत्तर**

(ii) संवेग मोटाई, θ

$$\theta = \int_0^{\delta} \frac{u}{U}\left(1 - \frac{u}{U}\right) dy$$

$$\theta = \int_0^{\delta} \frac{y}{\delta}\left(1 - \frac{y}{\delta}\right) dy = \int_0^{\delta} \left(\frac{y}{\delta} - \frac{y^2}{\delta^2}\right) dy$$

$$\theta = \left[\frac{y^2}{2\delta} - \frac{y^3}{3\delta^2}\right]_0^{\delta} = \frac{\delta^2}{2\delta} - \frac{\delta^3}{3\delta^2} = \frac{\delta}{2} - \frac{\delta}{3} = \frac{\delta}{6}.$$ **उत्तर.**

(iii) The energy thickness, δ_e

$$\delta_e = \int_0^{\delta} \frac{u}{U}\left(1 - \frac{u^2}{U^2}\right) dy$$

$$\delta_e = \int_0^{\delta} \frac{y}{\delta}\left(1 - \frac{y^2}{\delta^2}\right) dy = \int_0^{\delta} \left(\frac{y}{\delta} - \frac{y^3}{\delta^3}\right) dy$$

$$\delta_e = \left[\frac{y^2}{2\delta} - \frac{y^4}{4\delta^3}\right]_0^{\delta} = \frac{\delta^2}{2\delta} - \frac{\delta^4}{4\delta^3} = \frac{\delta}{2} - \frac{\delta}{4} = \frac{\delta}{4}$$

$$\delta_e = \frac{\delta}{4}.$$ **उत्तर.**

उदाहरण 2.9 सीमा परत में एक वेग वितरण को इस प्रकार व्यक्त किया जा सकता है:

$$\frac{v}{V}=\frac{3}{2}\eta-\frac{1}{2}\eta^2$$

यदि $\eta=(y/\delta)$, निर्धारित करें (δ^*/δ) और (θ/δ).।

समाधान

$$\delta^*=\int_0^\infty\left(1-\frac{v}{V}\right)dy$$

$$\delta^*=\int_0^\delta\left(1-\frac{v}{V}\right)dy+\int_\delta^\infty\left(1-\frac{v}{V}\right)dy$$

लेकिन $(v/V)=1$ सीमा परत के बाहर है, और इसलिए

$$\delta^*=\int_0^\delta\left(1-\frac{v}{V}\right)dy$$

$$\frac{v}{V}=\frac{3}{2}\eta-\frac{1}{2}\eta^2 \; and\, dy=\delta d\eta$$

इस प्रकार,

$$\delta^*=\delta\int_0^1\left(1-\frac{3}{2}\eta+\frac{1}{2}\eta^2\right)d\eta$$

$$\delta^*=\frac{5}{12}\delta$$

$$\frac{\delta^*}{\delta}=\frac{5}{12}.$$ **.उत्तर.**

इसी समान,

$$\theta=\int_0^\delta\frac{v}{V}\left(1-\frac{v}{V}\right)dy$$

$$\theta=\delta\int_0^1\left(\frac{3}{2}\eta-\frac{1}{2}\eta^2\right)\left(1-\frac{3}{2}\eta+\frac{1}{2}\eta^2\right)d\eta$$

$$\theta=\frac{19}{120}\delta$$

$$\frac{\theta}{\delta}=\frac{19}{120}.$$ **. उत्तर.**

उदाहरण 2.10 100 km/hr की वायु वेग पर एक समतल प्लेट पर प्रवाहित होने वाली वायु के लिए अधिकतम दूरी ज्ञात कीजिए।यदि लेमिनार सीमा परत 2.5×10^5 रेनॉल्ड संख्या तक मौजूद है। वायु की गतिक श्यानता के मानक मान का उपयोग करें।

समाधान

दिए गए आंकड़े

$$Re_x=\;2.5\times10^5$$

माना कि

$$V=100\text{ km/hr}$$

$$v=\;1.49\times10^{-5}\text{ m}^2/\text{s}$$

वेग m/s में इस प्रकार दिया जाता है

$$V\;=\frac{100\times10^3}{3600}$$

$$V=27.78\text{ m/s}$$

रेनॉल्ड्स संख्या इस प्रकार दिया जाता है

$$\mathrm{Re}_x = \frac{Vx}{v}$$
$$2.5 \times 10^5 = \frac{27.78 \times x}{1.49 \times 10^{-5}}$$
$x = 0.134$ m **उत्तर.**

उदाहरण 2.11 द्रव प्रवाह एक सीमा परत बनाता है जिसके वेग वितरण $\frac{v}{V} = \left(\frac{y}{\delta}\right)^{1/7}$ द्वारा दिया जाता है। मापदंड $\frac{\delta^*}{\delta}, \frac{\theta}{\delta}$ और $\frac{\delta_E}{\delta}$ ज्ञात कीजिए।

समाधान

दिए गए आंकड़े

$V = 15$ m/s

$\delta_E = 20$ mm

माना कि

$\rho = 1.226\ kg/m^3$

विस्थापन मोटाई इस प्रकार दी जाती है

$$\delta^* = \int_0^\delta \left(1 - \frac{v}{V}\right) dy$$
$$\delta^* = \int_0^\delta \left[1 - \left(\frac{y}{\delta}\right)^{1/7}\right] dy$$
$$\delta^* = \frac{\delta}{8}$$
$$\frac{\delta^*}{\delta} = \frac{1}{8} = 0.125$$ **उत्तर.**

संवेग मोटाई इस प्रकार दी जाती है

$$\theta = \int_0^\delta \frac{v}{V}\left(1 - \frac{v}{V}\right) dy$$
$$\theta = \int_0^\delta \left(\frac{y}{\delta}\right)^{1/2} \left[1 - \left(\frac{y}{\delta}\right)^{1/7}\right] dy$$
$$\theta = \frac{7}{72}\delta$$
$$\frac{\theta}{\delta} = \frac{7}{72} = 0.097$$ **उत्तर.**

उर्जा मोटाई इस प्रकार दी जाती है

$$\delta_E = \int_0^\delta \frac{v}{V}\left(1 - \frac{v^2}{V^2}\right) dy$$
$$\delta_E = \int_0^\delta \left(\frac{y}{\delta}\right)^{1/7} \left[1 - \left(\frac{y}{\delta}\right)^{2/7}\right] dy$$
$$\delta_E = \frac{7}{40}\delta$$
$$\frac{\delta_E}{\delta} = \frac{7}{40} = 0.175$$ **उत्तर.**

2.8 डार्सी-वेस्बैक समीकरण (Darcy-Weisbach Equation)

पाइपिंग प्रणाली को अभिकल्पित करने के लिए पाइप प्रवाह में शीर्ष हानियों को निर्धारित करना आवश्यक हो जाता है। डार्सी वेस्बैक समीकरण को एकमात्र सूत्र माना जाता है जो पाइपों के माध्यम से द्रव प्रवाह के लिए शीर्ष हानियों को सटीक रूप से निर्धारित करने की अनुमति देता है। डार्सी वेस्बैक समीकरण पाइप की L दी गई लंबाई पर घर्षण h_L के कारण दबाव हानि या शीर्ष हानि को देखते हुए तैयार किया गया है, जिसके माध्यम से द्रव एक अंसपीड्य द्रव के लिए औसत वेग V पर प्रवाहित होता है,जैसा कि चित्र 2.8 में दिखाया गया है।

चलो,

A पाइप का तिर्यक अनुभागीय क्षेत्रफल है,

p_1 अनुभाग 1 पर दबाव तीव्रता है,

v_1 अनुभाग 1 पर प्रवाह वेग है, और

p_2, v_2 अनुभाग 2 में संबंधित मान हैं।

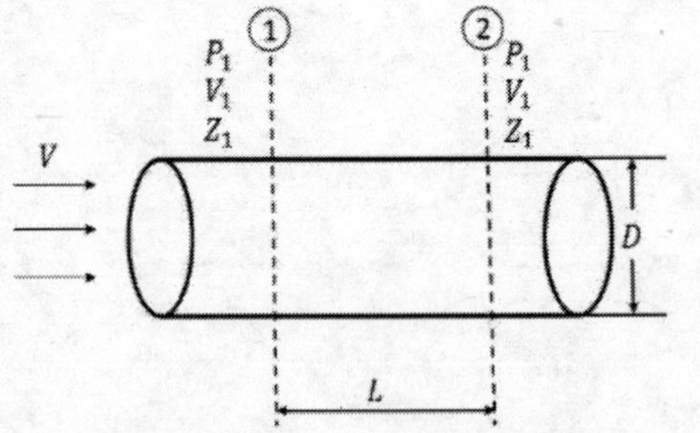

चित्र 2.8: पाइप के माध्यम से द्रव प्रवाह

अनुभाग 1 और 2 के बीच बर्नौली समीकरण लागू करने पर,

$$\frac{p_1}{\rho g} + \frac{v_1^2}{2g} + z_1 = \frac{p_2}{\rho g} + \frac{v_2^2}{2g} + z_2 + h_L \quad (2.82)$$

जहाँ, h_L घर्षण के कारण होने वाली शीर्ष हानियाँ हैं।

इसके अतिरिक्त, पाइप क्षैतिज रूप से स्थित होने के कारण प्रवाह समान होता है,

$z_1 = z_2$ और $v_1 = v_2 = v$

इस प्रकार, समीकरण 2.82 हो जाता है

$$h_L = \frac{p_1}{\rho g} - \frac{p_2}{\rho g} \quad (2.83)$$

उपरोक्त समीकरण 2.83 किसी भी दो अनुभागों पर दबाव शीर्षों के बीच अंतर का प्रतिनिधित्व करता है जो पाइप में घर्षण के कारण शीर्ष हानियों के बराबर होगा।

इसके अतिरिक्त, विचार करें कि f इकाई वेग पर प्रति इकाई क्षेत्रफल में घर्षण प्रतिरोध हो, तो

$$\text{घर्षण प्रतिरोध} = f' \times pL \times v^n \quad (2.84)$$

जहाँ, P पाइप का वेटेड(wetted) परिमाप(perimeter) है और n =2

अब, अनुभाग 1 और 2 पर दबाव बल क्रमशः p_1A और p_2A हैं। इसलिए, इन बलों को संतुलित करके, हमें मिलता है –

$$p_1A = p_2A + f' \times pL \times v^2$$

$$(p_1 - p_2) = f' \times \frac{p}{A} \times Lv^2 \quad (2.85)$$

अब ऊपर दिए गए समीकरण में दोनों ओर ρg से विभाजित करने पर, हमें मिलता है –

$$\frac{p_1 - p_2}{\rho g} = \frac{f'}{\rho g} \times \frac{p}{A} \times Lv^2 \quad (2.86)$$

समीकरण 2.83 और समीकरण 2.86, की तुलना करने पर हमें मिलता है।

$$h_L = \frac{f'}{\rho g} \times \frac{p}{A} \times Lv^2 \quad (2.87)$$

जहाँ, पाइप के तिर्यक अनुभाग क्षेत्रफल (A) और वेटेड परिमाप (P) का अनुपात द्रवचालित माध्य व्यास,m. के रूप में जाना जाता है।

पाइपों के लिए, द्रवचालित औसत व्यास (m) को इस प्रकार व्यक्त किया जा सकता है:

$$m = \frac{A}{P} = \frac{\frac{\pi}{4}D^2}{\pi D}$$
$$m = \frac{D}{4}$$

m के मान को समीकरण 2.87 में रखने पर ,हम पाते हैं

$$h_L = \frac{4f'}{\rho g} \times \frac{Lv^2}{D} \tag{2.88}$$

पाइप में घर्षण के कारण शीर्ष हानियों को निम्न प्रकार व्यक्त किया जा सकता है:

$$h_L = \frac{fLv^2}{2gD} \tag{2.89}$$

जहाँ f को *घर्षण गुणांक* के रूप में जाना जाता है, जो एक विमाहीन मात्रा है।

समीकरण 2.89 को डार्सी-वेस्बैक (Darcy-Weisbach) समीकरण के रूप में जाना जाता है जो प्रायः पाइपों में घर्षण के कारण शीर्ष हानि की गणना करने के लिए उपयोग किया जाता है। पाइपों में घर्षण के कारण शीर्षांत हानि को निर्धारित करने के लिए, चिकनी और खुरदरी सीमाओं के लिए विकसित विभिन्न सहसंबंधो का उपयोग करके घर्षण गुणांक के मान की गणना करने की आवश्यकता होती है। घर्षण गुणांक सतह खुरदरेपन की स्थिति और रेनॉल्ड्स(Reynolds) संख्या पर अत्यधिक निर्भर है।

2.9 घर्षण गुणांक (Friction Factor)

जैसा कि अनुभाग 2.8 में ऊपर चर्चा की गई है, एक पाइप में प्रवाह में शीर्ष हानि को डार्सी वेस्बैक समीकरण का उपयोग करके निर्धारित किया जा सकता है। ये हानियाँ द्रव और पाइप की सतह के बीच घर्षण प्रतिरोध के कारण होती हैं। घर्षण गुणांक के सही मान का उपयोग करके, पाइप में घर्षण प्रतिरोध के परिणामस्वरूप विघटित ऊर्जा की मात्रा को निर्धारित करना संभव है। घर्षण गुणांक (f) गैर विमीय मापदंडो जैसे रेनॉल्ड्स संख्या (Re = vD/ν) और खुरदरापन ऊंचाई से पाइप व्यास अनुपात (k/D) पर निर्भर करता है। गणितीय रूप से, इसे इस प्रकार लिखा जा सकता है:

$$f = \phi\left[\left(\frac{vD}{\nu}\right), \left(\frac{k}{D}\right)\right] \tag{2.90}$$

समीकरण 2.30 पाइप में लेमिनार(laminar) और प्रक्षुब्ध प्रवाह दोनों के लिए लागू होता है और दोनों ही मामलों में घर्षण गुणांक रेनॉल्ड्स संख्या, R_e का फलन है। हालांकि, लेमिनार प्रवाह के लिए यह केवल रेनॉल्ड्स संख्या पर निर्भर करता है और इसे अनुभाग 2.4 में समीकरण 2.57 द्वारा प्राप्त और व्यक्त किया जा सकता है।

$$f = \frac{64}{Re} \tag{2.91}$$

जैसा कि पहले उल्लेख किया गया है, पूरी तरह से विकसित प्रक्षुब्ध प्रवाह के लिए घर्षण गुणांक या तो Re या (k/D) दोनों पर निर्भर करता है, यह इस बात पर निर्भर करता है कि सीमाएं हाइड्रोडायनामिक(hydrodynamic) रूप से खुरदरी या चिकनी। चिकनी और खुरदरी सीमाओं के लिए घर्षण गुणांक के बीच संबंध निम्नलिखित उपखंडों में प्रस्तुत किए गए हैं।

2.9.1 चिकने पाइपों के लिए घर्षण गुणांक भिन्नता (Friction Factor Variation for Smooth Pipes)

प्रक्षुब्ध प्रवाह के लिए एक हाइड्रोडायनामिक(hydrodynamic) रूप से चिकनी पाइप में श्यान उप परत में डूबे हुए खुरदरे उभार होते हैं, इसलिए घर्षण गुणांक सापेक्ष खुरदरापन (k) पर स्वतंत्र होता है और केवल रेनॉल्ड्स संख्या (Re) पर निर्भर करता है। सैफ (Saph) और शूडर (Schoder) ने एक प्रयोगात्मक विश्लेषण किया जिसका आगे ब्लेसियस (Blasius) द्वारा अध्ययन किया गया और चिकने पाइपों में घर्षण गुणांक के लिए सहसंबंध विकसित किए गए और इसे निम्न प्रकार व्यक्त किया जा सकता है:

$$f = \frac{0.316}{(Re)^{1/4}} \tag{2.92}$$

चित्र 2.9 में, ब्लेसियस समीकरण को लघुगणकीय(logarithmic) पैमाने पर X निर्देशांक के रूप में लॉग(log) Re और Y निर्देशांक के रूप में लॉग(log) f के साथ प्लॉट किया गया है। लॉग Re और लॉग f के ग्राफ(graph) से पता चलता है कि ब्लेसियस समीकरण 4×10^3 से 10^5 की सीमा में रेनॉल्ड्स(Reynolds) संख्या के लिए मान्य है । 10^5 से अधिक रेनॉल्ड्स संख्या के लिए, निकुराडसे(Nikuradse) ने चिकने पाइपों में घर्षण गुणांक के लिए अभिव्यक्ति प्राप्त करने के लिए वेग वितरण के लघुगणकीय(logarithmic) नियम का उपयोग करके प्रयोगात्मक विश्लेषण किया।

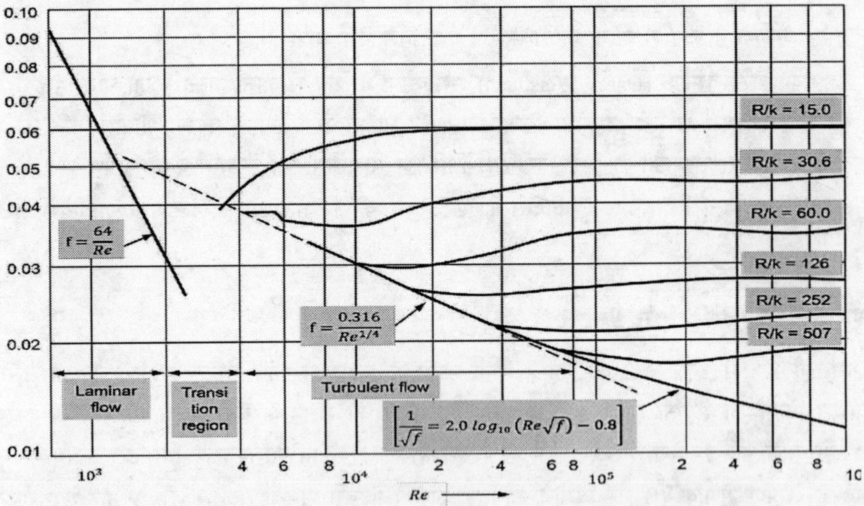

चित्र 2.9: कृत्रिम रूप से खुरदरे पाइपों के लिए रेनॉल्ड्स संख्या के साथ घर्षण गुणांक में परिवर्तन

चिकनी पाइपों में प्रक्षुब्ध प्रवाह के लिए प्रवाह (V) के माध्य वेग द्वारा व्यक्त किया जा सकता है:

$$\frac{V}{V_*} = 5.75 log_{10}\left(\frac{V_* R}{v}\right) + 1.75 \tag{2.93}$$

समीकरण 2.93, में $V_* = V\sqrt{\frac{f}{8}}$, रखने पर, यह बन जाता है

$$\frac{V}{V(f/8)^{1/2}} = 5.75\log_{10}\left(\frac{V(f/8)^{1/2}R}{v}\right) + 1.75 \tag{2.94}$$

समीकरण 2.94 को फिर से व्यवस्थित करने पर, हम पाते हैं -

$$\frac{1}{\sqrt{f}} = 2.03\log_{10}\left(\frac{VD}{v}\sqrt{f}\right) - 0.91 \tag{2.95}$$

या

$$\frac{1}{\sqrt{f}} = 2.03\log_{10}(\text{Re}\sqrt{f}) - 0.91 \tag{2.96}$$

चिकने पाइप में प्रक्षुब्ध प्रवाह के लिए निकुराडसे(Nikuradse) के प्रयोगात्मक मूल्यों के आधार पर यह इंगित किया जाता है कि प्रयोगात्मक परिणाम निम्नलिखित समीकरण 2.97 के बजाय समीकरण 2.96 के प्रवृत्ति का बारीकी से अनुसरण करते हैं।

$$\frac{1}{\sqrt{f}} = 2.0\log_{10}(\text{Re}\sqrt{f}) - 0.8 \tag{2.97}$$

चिकने पाइपों में प्रक्षुब्ध प्रवाह के लिए, समीकरण 2.97 को कार्मन प्रैंडटेल(Karman-Prandtl) प्रतिरोध समीकरण के रूप में संदर्भित किया जाता है और यह जो 5×10^4 से 4×10^7 तक रेनॉल्ड्स संख्या के लिए मान्य है। क्योंकि f समीकरण 2.97 के दोनों ओर होता है, इसे केवल परीक्षण और त्रुटि द्वारा हल किया जा सकता है। इसलिए, निकुराडसे ने घर्षण गुणांक (f) के मान के लिए अनुभवजन्य संबंध विकसित किया है जो प्रयोगात्मक डेटा से बहु त अच्छी तरह सहमत है और जिसे इस प्रकार से व्यक्त किया जा सकता है:

$$f = 0.0032 + \frac{0.221}{(\mathrm{Re})^{0.237}} \tag{2.98}$$

2.9.2 खुरदरे पाइपों के लिए घर्षण गुणांक भिन्नता (Friction Factor Variation for Rough Pipes)

खुरदरे पाइपों में प्रक्षुब्ध प्रवाह के लिए, घर्षण गुणांक रेनॉल्ड्स संख्या(Re) के मान पर निर्भर नही करता है और दृढ़ता से सापेक्ष खुरदरापन (k) पर निर्भर करता है। खुरदरे पाइपों में घर्षण गुणांक की अभिव्यक्ति औसत प्रवाह वेग (v) को पर विचार करके प्राप्त की जा सकती है और निम्न प्रकार व्यक्त किया जा सकता है:

$$\frac{V}{V_*} = 5.75\log_{10}\left(\frac{R}{k}\right) + 4.75 \tag{2.99}$$

समीकरण 2.99, में $V_*=V\sqrt{(f/8)}$ रखने पर, यह बन जाता है

$$\frac{V}{V(f/8)^{1/2}} = 5.75\log_{10}\left(\frac{R}{k}\right) + 4.75 \tag{2.100}$$

समीकरण 2.100 को फिर से व्यवस्थित करने पर, हमें मिलता है।

$$\frac{1}{\sqrt{f}} = 2.03\log_{10}\left(\frac{R}{k}\right) + 1.68 \tag{2.101}$$

खुरदरे पाइप में प्रक्षुब्ध प्रवाह के लिए निकुराडसे(Nikuradse) के प्रयोगात्मक आंकड़े के आधार पर यह इंगित किया जाता है कि प्रयोगात्मक परिणाम समीकरण 2.101 के बजाय निम्नलिखित समीकरण के प्रवृत्ति का बारीकी से अनुसरण करते हैं।

$$\frac{1}{\sqrt{f}} = 2.0\log_{10}\left(\frac{R}{k}\right) + 1.74 \tag{2.102}$$

खुरदरे पाइप में प्रक्षुब्ध प्रवाह के लिए समीकरण 2.102 को कर्मन-प्रैंडल(Karman-Prandtl) प्रतिरोध समीकरण के रूप में संदर्भित किया जाता है।

चित्र 2.9 को निकुराडसे के प्रयोगात्मक परिणामों पर आधारित है और चिकने और खुरदरे पाइपों के लिए रेनॉल्ड्स संख्या के साथ घर्षण गुणांक में परिवर्तन को दर्शाता है। यह एक लघुगणकीय(logarithmic) ग्राफ(graph) पर विभिन्न (R/k) मानों के अनुरूप f बनाम Re के आरेख को इंगित करता है और इसे 'स्टैंटन आरेख'(Stanton diagram)के रूप में जाना जाता है।

2.9.3 हाइड्रोडायनामिक रूप से चिकनी और खुरदरी सीमा मानदंड (Hydrodynamically Smooth and Rough Boundary Criteria)

चिकनी, खुरदरी या संक्रमणकालीन (transition) सीमा मानदंड का चयन (k/δ) के मान के आधार पर किया जाता है और इसे निम्न प्रकार से व्यक्त किया जा सकता है:

$$\delta' = \frac{11.6v}{V_*} \tag{2.103}$$

समीकरण 2.103, में V*=V√(f/8) रखने पर, यह बन जाता है

$$\delta' = \frac{11.6v}{V(f/8)^{1/2}} = \frac{11.6v(\sqrt{8})}{V\sqrt{f}} \tag{2.104}$$

समीकरण 2.104 को R से विभाजित करने पर, हमें मिलता है,

$$\frac{\delta'}{R} = \frac{11.6v(\sqrt{8})}{VR\sqrt{f}} = \frac{11.6\sqrt{8}(2v)}{VD\sqrt{f}} = \frac{65.6}{\text{Re}\sqrt{f}} \tag{2.105}$$

समीकरण 2.105 यह दर्शाता है कि (δ'/R) का मान (Re√f) के उत्पाद के व्युत्क्रमानुपाती है। समीकरण 2.105 को पुनर्व्यवस्थित करके (k/δ') का मान प्राप्त किया जाता है और इसे इस रूप में व्यक्त किया जा सकता है:

$$\frac{k}{\delta'} = \frac{\text{Re}\sqrt{f}}{65.6(R/k)} \tag{2.106}$$

समीकरण 2.106 यह दर्शाता है कि सीमा की प्रकृति को मापदंडों (k/δ'),((Re√f)/(R/k)) द्वारा भी परिभाषित किया जाता है और इसे निकुराडसे के प्रयोगात्मक आंकड़े से निर्धारित किया जा सकता है और यह नीचे इंगित किया गया है:

समीकरण 2.97 और समीकरण 2.102 को फिर से व्यवस्थित करने पर,यह हो जाता है

$$\frac{1}{\sqrt{f}} - 2.0\log_{10}(R/k) = 2.0\log_{10}\left(\frac{\text{Re}\sqrt{f}}{R/k}\right) - 0.8 \tag{2.107}$$

$$\frac{1}{\sqrt{f}} - 2.0\log_{10}\left(\frac{R}{k}\right) + 1.74 = 0 \tag{2.108}$$

समीकरण 2.107 और समीकरण 2.108,यह इंगित करते है कि एक चिकना पाइप $[1/\sqrt{f}-2.0\log_{10}(R/k)]$ का एक फलन है ((Re√f)/(R/k)) और एक खुरदुरा पाइप $[1/\sqrt{f}-2.0\log_{10}(R/k)]$, 1.74 का एक निश्चित मान लेता है। निकुराडसे के प्रयोगात्मक आंकड़े के आधार पर $[1/\sqrt{f}-2.0\log_{10}(R/k)]$ बनाम $\log_{10}((\text{Re}\sqrt{f})/(R/k))$ आरेखित किया गया है और चित्र 2.10 में दिखाया गया है। आरेख से यह देखा जा सकता है कि जब मापदंड ((Re√f)/(R/k)) 17 से कम होता है तो पाइप हाइड्रोडायनामिक(hydrodynamic) रूप से चिकना होता है और मापदंड ((Re√f)/(R/k)) 400 से ज्यादा होने पर पाइप हाइड्रोडायनामिक रूप से मोटा होता है। जब मापदंड ((Re√f)/(R/k)) 17 और 400 के मान के बीच होता है तो पाइप की सीमा संक्रमण(transition) अवस्था में होती है। समीकरण 2.106 से यह देखा गया है कि यदि (k/δ') 0.25 से कम है तो पाइप हाइड्रोडायनामिक रूप से चिकना है और यदि (k/δ') 6.0 से अधिक है तो पाइप हाइड्रोडायनामिक रूप से खुरदरा है। जब (k/δ') का मान 0.25 और 6 के बीच होता है तो पाइप की सीमा संक्रमण(transition) अवस्था में है।

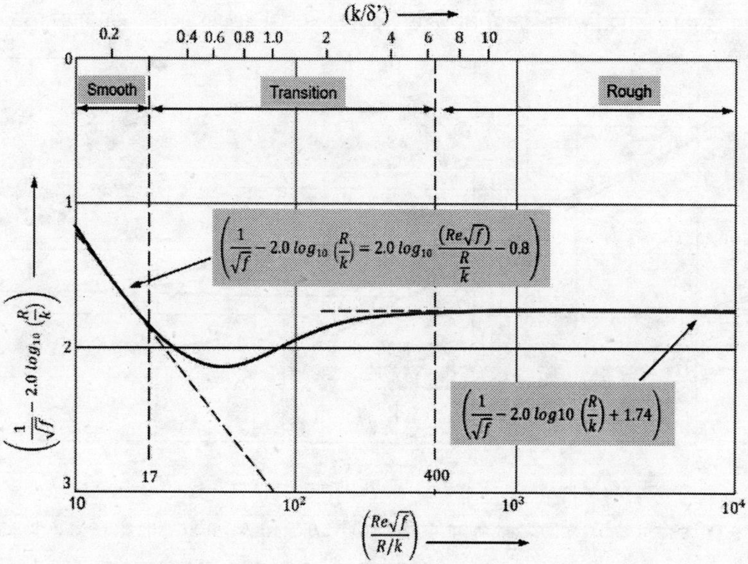

चित्र 2.10: कृत्रिम खुरदरे पाइप के लिए $[1/\sqrt{7}-2.0\log_{10}(R/k)]$ बनाम $[\log_{10}((Re/\sqrt{f})/(R/k))]$ का आरेख

2.9.4 वाणिज्यिक पाइपों के लिए घर्षण गुणांक भिन्नता (Friction Factor Variation for Commercial Pipes)

चिकने, खुरदरे और कृत्रिम खुरदरेपन के पाइपों के लिए निकुराडसे के प्रयोगात्मक आंकड़ों से, घर्षण गुणांक के लिए विभिन्न अनुभवजन्य संबंध विकसित किए गए हैं और इसे चित्र 2.11 में प्लॉट किये गये हैं। घर्षण गुणांक की गणना करने के लिए इसका उपयोग सीधे वाणिज्यिक पाइपों के लिए नहीं किया जा सकता है। क्योंकि वाणिज्यिक पाइपों में निकुराडसे के समान रेत के कण की खुरदरापन की तुलना में बहु त अलग दीवार खुरदरापन पैटर्न होता है। वाणिज्यिक पाइपों के लिए समतुल्य रेत कण व्यास k निर्धारित करने के लिए उच्च रेनॉल्ड्स संख्याओं का उपयोग किया जाता है। समीकरण 2.109 का उपयोग करते हु ए, k के बराबर रेत कण के व्यास की गणना निम्नानुसार की जाती है।

$$\frac{1}{\sqrt{f}} = 2.0\log_{10}\left(\frac{R}{k}\right) + 1.74 \tag{2.109}$$

समीकरण 2.109 में घर्षण गुणांक (f) के मान की गणना अनुभाग 2.8 में डार्सी-वेस्बैक(Darcy-Weisback) समीकरण का उपयोग करके की जाती है।

वाणिज्यिक पाइपों की संक्रमण सीमा पर घर्षण गुणांकको निर्धारित करने के लिए, निकुराडसे और सीएफ कोलेब्रुक के प्रयोगात्मक परीक्षण(test) परिणाम चित्र 2.11 में X निर्देशांक के रूप में $((Re\sqrt{f})/(R/k))$ और Y निर्देशांक $[1/\sqrt{f}-2.0\log_{10}(R/k)]$ का उपयोग करके लॉग-लॉग आरेख के रूप में प्लॉट किया गया है। इस आरेख से, यह देखा जा सकता है कि कोलेब्रुक और व्हाइट ने अनुभवजन्य संबंध विकसित किया हैं जो वाणिज्यिक पाइपों के लिए घर्षण गुणांक में परिवर्तन का प्रतिनिधित्व करता हैं और इसे निम्न प्रकार व्यक्त किया जाता है:

$$\frac{1}{\sqrt{f}} - 2.0\log_{10}\left(\frac{R}{k}\right) = 1.74 - 2.0\log_{10}\left(1 + 18.7\frac{R/k}{\text{Re}\sqrt{f}}\right) \tag{2.110}$$

समीकरण 2.110 का उपयोग वाणिज्यिक पाइपों के लिए संक्रमण क्षेत्र में घर्षण गुणांक की गणना के लिए किया जाता है।

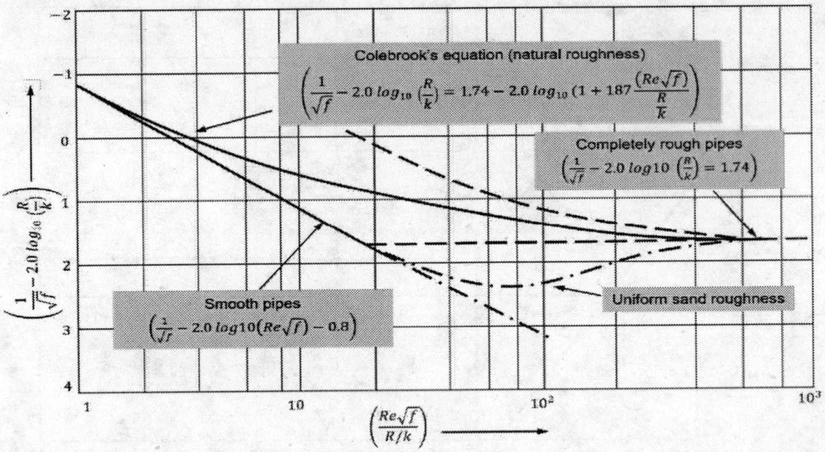

चित्र 2.11: संक्रमण क्षेत्र में वाणिज्यिक पाइपों के लिए [1/√f-2.0log₁₀(R/k)] बनाम [log₁₀((Re√f)/(R/k))] का आरेख

उदाहरण 2.12 600 mm व्यास और 5 km की कुल लंबाई वाले वाले पाइप के माध्यम से 600 lps जल का निर्वहन करने के लिए आवश्यक शक्ति निर्धारित करें। पाइप के खुरदरापन ऊंचाई का मान 0.35 mm के बराबर लिया जा सकता है।

समाधान

दिए गये आंकड़े:

$D = 600\ \text{mm} = 0.60\ \text{m}$

$R = \frac{D}{2} = 0.3\ \text{m}$

$L = 5000\ \text{m}$

$Q = 600\ \text{litre/s} = 0.6\ \text{m}^3/\text{s}$

$k = 0.35\ \text{mm} = 0.35 \times 10^{-3}\ \text{m}$

एक खुरदुरे पाइप के लिए 'f' का मान इस प्रकार दिया जाता है

$$\frac{1}{\sqrt{4f}} = 2log_{10}(R/k) + 1.74$$

$$\frac{1}{\sqrt{4f}} = 2log_{10}\left(\frac{.3}{.35 \times 10^{-3}}\right) + 1.74$$

$$\frac{1}{\sqrt{4f}} = 2log_{10}(857.1) + 1.74$$

$$\frac{1}{\sqrt{4f}} = 7.606$$

$$\sqrt{4f} = \frac{1}{7.606}$$

$$f = (0.1314)^2/4 = 0.004316$$

औसत वेग इस प्रकार दिया जाता है

$$\text{V} = \frac{\text{निर्वहन}}{\text{क्षेत्रफल}}$$

$$\text{V} = \frac{0.6}{\frac{\pi}{4}\text{D}^2}$$

$$V = \frac{0.6}{\frac{\pi}{4}(.6)^2}$$

$$V = 2.123\ m/s$$

घर्षण के कारण शीर्ष हानि इस प्रकार दिया जाता है

$$h_f = \frac{4fLV^2}{d \times 2g}$$

$$h_f = \frac{4 \times .004316 \times 5000 \times 2.123^2}{0.6 \times 2 \times 9.81}$$

$$h_f = 33.049\ m$$

$$[\because V = 2.123, d = D = 0.6]$$

आवश्यक शक्ति इस प्रकार दी जाती है

$$P = \frac{\rho \times g \times Q \times h_f}{1000}\ kW$$

$$P = \frac{1000 \times 9.81 \times 0.6 \times 33.049}{1000}$$

$P = 194.52\ kW.$ **उत्तर**

उदाहरण 2.13 द्रव प्रवाह के लिए वेग का पता लगाएं, जहाँ सतह पर लेमिनार उपपरत के ठीक बाहर पाइप का खुरदरापन और पाइप की खुरदरी सीमा पर प्रारंभ हो जाएगी। गुण और पाइप विनिर्देश क्षेत्रफल के रूप में हैं

(i) पाइप व्यास : 125 mm

(ii) द्रव : 15^0C पर जल

(iii) रेत के कण का व्यास : 0.70 mm

(iv) 15^0C पर जल की गतिक श्यानता : 1.14×10^{-2}

समाधान

दिए गये आंकड़े:

$D = 0.125\ m$

$$R = \frac{D}{2} = 0.0625\ m$$

$$k = 0.7 \times 10^{-3}\ m$$

$$\nu = 1.14 \times 10^{-2}\ \text{stokes}$$

$$\frac{R}{k} = \frac{0.0625}{0.70 \times 10^{-3}}$$

$$\frac{R}{k} = 89.285$$

एक चिकने पाइप के लिए, घर्षण का गुणांक ब्लैसियस(Blasius) समीकरण से निर्धारित किया जाता है

$$f = \frac{0.316}{Re^{1/4}}$$

इसके अलावा, चिकने पाइपों के लिए, घर्षण के गुणांक की गणना सूत्र द्वारा की जाती है

$$\left[\frac{Re\sqrt{f}}{R/k}\right] = 17$$

$$(Re\sqrt{f}) = (17 \times 89.285)$$

ब्लैसियस समीकरण से f का मान प्रतिस्थापित करने पर, हमें प्राप्त होता है

$$(\mathrm{Re})^{\frac{7}{8}} = \frac{17 \times 89.285}{\sqrt{0.316}}$$

$$(\mathrm{Re})^{\frac{7}{8}} = 2700.125$$

$$\mathrm{Re} = 8347.98$$

वह गति जिस पर खुरदरी सतह परतदार लेमिनार(laminar) परतों को परेशान करना शुरू कर देती है:

$$v = \frac{\mathrm{Re} \times \nu}{D}$$

$$v = \frac{8347.98 \times 1.14 \times 10^{-2} \times 10^{-4}}{0.125}$$

$$v = 0.0761\ \mathrm{m/s}$$

खुरदरे पाइपों के लिए, घर्षण के गुणांक की गणना सूत्र द्वारा की जाती है

$$\sqrt{f} = \frac{1}{2\log_{10}\left(\frac{R}{k}\right) + 1.74}$$

$$\sqrt{f} = \frac{1}{2\log_{10}(89.285) + 1.74}$$

$$\sqrt{f} = 0.1772$$

सीमा स्थिति में मापदंड $\left[\frac{\mathrm{Re}\sqrt{f}}{R/k}\right] = 400$

$$\mathrm{Re} = \frac{400 \times 89.285}{0.1772}$$

$$\mathrm{Re} = 2.01 \times 10^5$$

इस प्रकार, वह न्यूनतम गति है जिस पर पाइप की दीवार के माध्यम से एक खुरदरी सीमा बनती है

$$v = \frac{\mathrm{Re}\,\nu}{D}$$

$$v = \frac{2.01 \times 10^5 \times 1.14 \times 10^{-2} \times 10^{-4}}{0.125}$$

$v = 1.833\ m/s.$ **उत्तर**

उदाहरण 2.14 यदि पाइप का व्यास 500 mm है और जल 0.5 m^3/s के प्रवाह दर के साथ प्रवाहित हो रहा है तो 1.5 km की लंबे पाइप में शक्ति हानि को निर्धारित करें। दीवार की मोटाई 2.5 mm लें।

समाधान:

दिए गए आंकड़े:

$$D = 500\ mm = 0.5\ m$$

$$R = \frac{0.5}{2} = 0.25\ m$$

$$Q = 0.5\ m^3/s$$

$$k = 2.5\ mm = 2.5 \times 10^{-3}\ m = 0.0025\ m$$

$$L = 1.5\ km = 1500\ m$$

खुरदुरे पाइपों के लिए, दीवार के खुरदरापन के संदर्भ में घर्षण गुणांक, k निम्नलिखित द्वारा दिया जाता है –

$$\frac{1}{\sqrt{4f}} = 2log_{10}(R/k) + 1.74$$

$$\frac{1}{\sqrt{4f}} = 2log_{10}\left(\frac{0.25}{0.0025}\right) + 1.74$$

$$\frac{1}{\sqrt{4f}} = 5.74$$

$$\sqrt{4f} = \frac{1}{5.74}$$

$$\sqrt{4f} = 0.1742$$

$$4f = 0.03035$$

इसके अलावा, औसत गति दी गई है

$$v = \frac{Q}{A}$$

$$v = \frac{0.5}{\frac{\pi}{4}(0.5^2)}$$

$$v = 2.547\ m/s$$

घर्षण के कारण शीर्ष हानि इस प्रकार दी जाती है:

$$h_f = \frac{4f \times L \times v^2}{D \times 2g}$$

$$h_f = \frac{0.03035 \times 1500 \times 2.547^2}{0.5 \times 2 \times 9.81}$$

$$h_f = 30.10\ m$$

शक्ति हानि इस प्रकार दी जाती है

$$P = \frac{\rho g \times Q \times h_f}{1000}$$

$$P = \frac{1000 \times 9.81 \times 0.5 \times 30.10}{1000}$$

$P = 147.64$ kW. **उत्तर**

उदाहरण 2.15 200 mm व्यास वाला पाइप,जिसके माध्यम से 50 lps के निर्वहन वाला एक द्रव (विशिष्ट गुरुत्व: 0.90 निरपेक्ष श्यानता: 6.6 × 10^{-4} Ns/m^2) बहता है । यदि 120 m की पाइप लंबाई में 5.0 m की कुल शीर्ष हानि होती है तो यह किस प्रकार का पाइप (चिकना या खुरदुरा) होगा?

समाधान:

दिए गए आंकड़े:

D= 0.2 m

$R = \frac{D}{2} = 0.1$ m

विशिष्ट गुरुत्व = 0.9

$\mu = 6.6 \times 10^{-4}$ Ns/m^2

$L = 120$ m

$h_f = 5$ m

औसत वेग, $V = \frac{Q}{A}$

$$V = \frac{50 \times 10^{-3}}{\frac{\pi}{4}(0.2)^2}$$

$$V = 1.591 \text{ m/s}$$

रेनॉल्ड्स(Reynolds) संख्या इस प्रकार दी जाती है

$$Re = \frac{\rho VD}{\mu}$$

$$Re = \frac{0.90 \times 1000 \times 1.591 \times 0.20}{6.6 \times 10^{-4}}$$

$$Re = 4.339 \times 10^5$$

इसलिए, द्रव प्रवाह प्रक्षुब्ध प्रवाह है.

डार्सी-वेस्बैक(Darcy-Weisbach)समीकरण द्वारा दिया जाता है

$$h_f = \frac{fLV^2}{2gD}$$

इन मानों को प्रतिस्थापित करने पर, हमें प्राप्त होता है

$$5 \quad = \frac{f \times 120 \times (1.591)^2}{2 \times 9.81 \times 0.2}$$

$$f = 0.06459$$

यह मानते हुए कि पाइप हाइड्रोडायनामिक(hydrodynamic) रूप से खुरदरा है, घर्षण गुणांक की गणना निम्नानुसार की जाती है:

$$\frac{1}{\sqrt{f}} = 2.0\log_{10}\left(\frac{R}{k}\right) + 1.74$$

$$\frac{1}{\sqrt{0.06459}} = 2.0\log_{10}\left(\frac{R}{k}\right) + 1.74$$

$$(R/k) = 12.513$$

इस कारण से

$$\left[\frac{\mathrm{Re}\sqrt{f}}{\frac{R}{k}}\right] = \frac{4.339 \times 10^5 \times (0.06459)^{\frac{1}{2}}}{12.513}$$

$$\left[\frac{\mathrm{Re}\sqrt{f}}{\frac{R}{k}}\right] = 8812.737776 \approx 8813$$

चूँकि पैरामीटर $\left[\frac{\mathrm{Re}\sqrt{f}}{R/k}\right]$ 17 से अधिक है, पाइप हाइड्रोडायनामिक रूप से खुरदरा है।

2.10 मूडी का आरेख (Moody's Diagram)

जैसा कि पहले बताया गया है, घर्षण गुणांक रेनॉल्ड्स(Reynolds) संख्या का मजबूत फलन है, इस अवधारणा पर विचार करते हुए एल.एफ. मूडी(L.F. Moody) ने सतह खुरदरापन पाइप व्यास (k/D) के अनुपात के विभिन्न मानों के लिए घर्षण गुणांक और रेनॉल्ड्स संख्या के बीच वक्र बनाए है जिसे 'मूडीज आरेख' के रूप में जाना जाता है' जैसा कि चित्र 2.12 में दिखाया गया है।

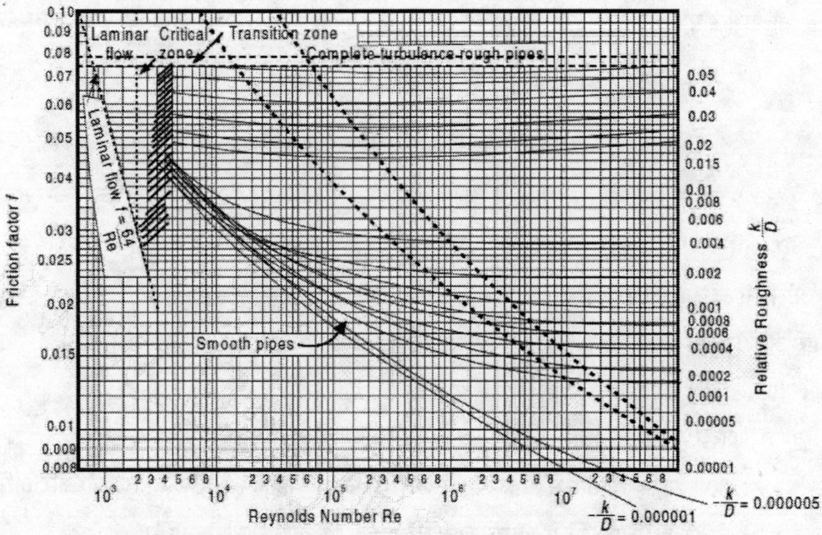

चित्र 2.12: वाणिज्यिक पाइपों के लिए घर्षण गुणांक के लिए मूडी का आरेख [2]

इस आरेख का उपयोग अधिकतर वाणिज्यिक पाइपों के लिए किया जाता है। इन पाइपों के लिए खुरदुरेपन की ऊंचाई (k) का मान तालिका 2.1 से लिया जा सकता है। किसी दिए गए पाइप व्यास (D) और k के चयनित मान के आधार पर, (k/D) का मान निर्धारित किया जाता है। घर्षण गुणांक का मान मूडी आरेख से रेनॉल्ड्स संख्या और खुरदुरेपन ऊंचाई से पाइप व्यास अनुपात (k/D) के आधार पर निर्धारित किया जा सकता है।

विभिन्न पाइप पदार्थों के लिए विचार किया गया खुरदरापन ऊंचाई, (k) के मान तालिका 2.1 में दिए गए हैं।

तालिका 2.1: विभिन्न पाइप पदार्थों के लिए खुरदुरेपन की ऊंचाई (k)

क्र.सं.	पाइप पदार्थ	K mm में
1.	कांच, पीतल, तांबा, सीसा	चिकना
2.	स्टील, कच्चा लोहा	0.045
3.	डामर कच्चा लोहा	0.120
4.	जस्ती लोहा	0.150
5.	ढलवा लोहा	0.260
6.	कांक्रीट	0.30 to 3.0
7.	रिवेटेड स्टील	0.90 to 9.0

जंक के परिणामस्वरूप पाइपों का संक्षरण आयु के साथ की बढ़ता जाता है। कोलीब्रुक(Colebrook) और व्हाइट(White) के अनुसार, सीमा खुरदरापन समय के साथ निम्नलिखित समीकरण के अनुसार बढ़ सकता है:

$$k = k_0 + \alpha t \tag{2.111}$$

जहाँ,

k_0 नई पाइप पदार्थ के रेत के कण के समतुल्य खुरदरापन है,

k किसी भी समय t पर रेत के कण के मान खुरदरापन है, और

α खुरदुरापन की वृद्धि की समय दर है।

भविष्य में किसी भी समय एक ही पाइप पर दो अलग-अलग समय पर प्रतिरोध को मापकर k के मान का अनुमान लगाना संभव होगा।

यूनिट सारांश (Unit Summary)

- खुले चैनल में द्रव प्रवाह के सटीक समाधानों के लिए, प्रवाह के प्रकारों पर निम्नानुसार चर्चा की जानी चाहिए।

(i) स्थिर और अस्थिर प्रवाह (ii) समान और असमान प्रवाह (iii) लेमिनार और प्रक्षुब्ध प्रवाह (iv) महत्वपूर्ण, उप-महत्वपूर्ण और अति-महत्वपूर्ण प्रवाह

लेमिनार और प्रक्षुब्ध प्रवाह

$Re \leqslant 600$ लेमिनार प्रवाहके लिए और

$Re \geqslant 2000$ प्रक्षुब्ध प्रवाह के लिए

$600 > Re < 2000$ सामान्य रूप से संक्रमण स्थिति के लिए। महत्वपूर्ण, उप-महत्वपूर्ण और अति-महत्वपूर्ण प्रवाह

$Fr < 1$ उप महत्वपूर्ण के लिए जिसे धीमा या धारा प्रवाह भी कहा जा सकता है।

$Fr = 1$ महत्वपूर्ण के लिए

$Fr > 1$ अति-महत्वपूर्ण के लिए

- पोइसुले(Poisuielle) प्रवाह के लिए-दो स्थिर समानांतर प्लेटों के बीच श्यान प्रवाह के लिए

वेग वितरण, $v = \frac{1}{2\mu}\left(-\frac{\partial p}{\partial x}\right)(Dy - y^2)$

प्रति इकाई चौड़ाई निर्वहन q

$$q = \frac{D^3}{12\mu}\left(-\frac{\partial p}{\partial x}\right)$$

औसत वेग, V

$$V = \frac{2}{3}v_{max}$$

प्रवाह की दिशा में दबाव में गिरावट($p_1 - p_2$)

$$(p_1 - p_2) = \frac{12\mu VL}{D^2}$$

अधिकतम अपरूपण प्रतिबल वितरण, τ_{max}

$$\tau_{max} = \left(-\frac{\partial p}{\partial x}\right)\left(\frac{D}{2}\right)$$

- कोएट(Couette) प्रवाह के लिए-स्थिर समानांतर प्लेट पर चलती प्लेट के बीच श्यान प्रवाह के लिए वेग वितरण, v

$$v = \frac{V}{D}y - \frac{1}{2\mu}\left(\frac{\partial p}{\partial x}\right)(Dy - y^2)$$

प्रतिबल वितरण,

$$\tau = \mu\frac{V}{D} + \left(-\frac{\partial p}{\partial x}\right)\left(\frac{D}{2} - y\right)$$

- गोलाकार नलिकाओं में लेमिनार(laminar) प्रवाह के लिए वेग वितरण, v

$$v = \frac{1}{4\mu}\left(-\frac{\partial p}{\partial x}\right)(R^2 - r^2)$$

प्रवाह का औसत वेग, V

$$V = \frac{1}{2} v_{\max}$$

- हेगन-पोइसेउइले(Hagen-Poiseuille) समीकरण

$$p_1 - p_2 = \frac{128\mu QL}{\pi D^4}$$

- एक पाइप में लेमिनार प्रवाह के लिए घर्षण गुणांक f इस प्रकार दिया जाता है:

$$f = \frac{64}{\mathrm{Re}}$$

- अपरूपण वेग में वेग की विमा होती हैं और इसे इस प्रकार परिभाषित किया जाता है।

$$V_* = \sqrt{(\tau_0/\rho)}$$

$$V_* = V\sqrt{\frac{f}{8}}$$

- वलयाकार से लेमिनार प्रवाह के लिए

प्रवाह का औसत वेग, V

$$V = \frac{1}{8\mu}\left(-\frac{\partial p}{\partial x}\right)\left[R_1^2 + R_2^2 - \frac{(R_1^2 - R_2^2)}{\log_e(R_1/R_2)}\right]$$

- सीमा परत की परिकल्पना

सीमा सतह पर वेग शून्य से मुख्य धारा के वेग तक असमान रूप से बढ़ता है और इस क्षेत्र की मोटाई को सीमा परत की मोटाई के रूप में जाना जाता है और इसे 'δ' द्वारा दर्शाया जाता है।

- सीमा परत की मोटाई का माप

विस्थापन मोटाई $(\delta^*) = \int_0^\delta \left(1 - \frac{v}{V}\right) dy$

संवेग मोटाई $(\theta) = \int_0^\delta \frac{v}{V}\left(1 - \frac{v}{V}\right) dy$

उर्जा मोटाई $(\delta_E) = \int_0^\delta \frac{v}{V}\left(1 - \frac{v^2}{V^2}\right) dy$

- पाइपों में घर्षण के कारण शीर्ष का हानि डार्सी –वेस्बैक (Darcy-Weisbach) समीकरण द्वारा इस रूप में दी जाती है:

$$h_L = \frac{fLV^2}{2gD}$$

- हाइड्रोडायनामिक रूप से चिकने पाइपों के लिए घर्षण गुणांक f को ब्लासियस(Blasius) सूत्र द्वारा दिया जाता है।

$$f = \frac{0.316}{(\mathrm{Re})^{1/4}} \; 4 \times 10^3 < \mathrm{Re} < 10^5 \text{ के लिए}$$

कर्मन-प्रांडल(Karman-Prandlt) प्रतिरोध समीकरण

$$\frac{1}{\sqrt{f}} = 2.0 \log_{10}\left(\mathrm{Re}\sqrt{f}\right) - 0.8 \text{for Re} > 10^5$$

निकुराडसे (Nikuradse's) अनुभवजन्य समीकरण

$$f = 0.0032 + \frac{0.021}{(\mathrm{Re})^{0.237}} \; \mathrm{Re} > 10^5 \text{ के लिए}$$

- हाइड्रोडायनामिक रूप से खुरदुरे पाइपों के लिए घर्षण गुणांक f कर्मन-प्रांडल(Karman-Prandlt) प्रतिरोध समीकरण द्वारा दिया जाता है।

$$\frac{1}{\sqrt{f}} = 2.0\, log_{10}\left(\frac{R}{k}\right) + 1.74$$

वाणिज्यिक पाइपों के लिए घर्षण गुणांक f द्वारा दिया जाता है।

$$\frac{1}{\sqrt{f}} = -2.0 \log_{10}\left(\frac{R}{k}\right)$$

$$\frac{1}{\sqrt{f}} = 1.74 - 2.0 \log_{10}\left(1 + 18.7\frac{R/k}{\text{Re}\sqrt{f}}\right)$$

अभ्यास (Exercise)

बहु विकल्पीय प्रश्न(Multiple Choice Questions)

2.1 एक अंसपीड्य कोऐट(Couette) प्रवाह का वेग कैसे बदलता है?

a) रैखिक(Linear) b) पैराबोलिक(Parabolic)

c) कोई परिवर्तन नहीं d) हाइपरबोलिक(Hyperbolic)

2.2 क्या कोऐट प्रवाह में दो प्लेटों के बीच मोटाई बढ़ने से अपरूपण प्रतिबल प्रभावित होता है?

a) बढ़ता है b) घटता है

c) वही रहता है d) अनंत हो जाता है

2.3 कोऐट प्रवाह में अधिकतम तापमान कहाँ होता है?

a) प्लेट के ऊपर b) प्लेट के नीचे

c) दोनों प्लेटों के बीच मध्य बिंदु d) कोई अधिकतम तापमान नहीं

2.4 10 cm त्रिज्या वाले एक पाइप में, एक लेमिनार प्रवाह 5 m/s के औसत वेग से चलता है। 5 cm की त्रिज्या पर वेग है

a) 7.5 m/s b) 10 m/s c) 2.5 m/s d) 5 m/s

2.5. लेमिनार प्रवाह में दाबाव शीर्ष की हानि अनुपातिक होती है।

a) वेग b) वेग का वर्ग

c) वेग का घन d) वेग का आधा

2.6 व्यास d के साथ एक लंबे पाइप के माध्यम से लेमिनार प्रवाह के लिए, प्रति इकाई लंबाई में दबाव शीर्ष हानि होती है।

a) $(\pi/4)d^2$ के प्रत्यक्ष अनुपात b) d के सीधे अनुपात में

c) $1/[(\pi)/4d^2]$ के व्युत्क्रमानुपाती में d) 1/d के व्युत्क्रमानुपाती में

2.7 एक पाइप में पूर्ण विकसित लेमिनार श्यान प्रवाह में अधिकतम वेग से औसत वेग का अनुपात होता है;

a) 3.0 b) 2.0 c) 2.5 d) 1.5

2.8 निम्नलिखित में से कौन सा मापदंड 'लेमिनार' या 'प्रक्षुब्ध' प्रवाह निर्धारित करता है?

a) रेनॉल्ड्स संख्या(Reynolds number) b) मैक संख्या(Mach number)

c) फ्राउडे संख्या(Fraude number) d) नुडसेन संख्या(Knudsen number)

2.9 "उस वेग में सीमा सतहों से ऊर्ध्वाधर दूरी मुक्त धारा वेग में 99% समृद्ध होती है, जिसे सीमा परत की मोटाई कहा जाता है" का कथन है;

a) सत्य b) असत्य

2.10 सीमा परत तब बनती है जब कोई द्रव पदार्थ किसी ठोस सतह के संपर्क में आता है जिसके कारण बनता हैं।

a) पृष्ठ तनाव b) आसंजन बल

c) द्रव पर कार्य करने वाला गुरुत्व बल d) द्रव की श्यानता

2.11 इनमें से किस मामले के लिए एक सीमा को हाइड्रोडायनामिक(hydrodynamic) रूप से चिकना श्यान रूप में जाना जाता है?

a) $K/\delta = 0.3$ b) $K/\delta > 0.3$ c) $K/\delta < 0.25$ d) $K/\delta = 0.5$

2.12 लेमिनार प्रवाह के लिए डार्सी(Darcy) घर्षण गुणांक का एक परिणाम है -

a) बर्नौली का नियम b) पोइसेउइले का नियम c) यूलर का नियम d) न्यूटन का नियम

2.13 यदि 'f' डार्सी गुणांक है तो घर्षण के कारण शीर्ष हानि को निम्न प्रकार दर्शाया जाता है:

a) fLV^2/gd b) $fLV^2/2gd$ c) $4fLV^2/2gd$ d) $16fLV^2/2gd$

2.14 यदि एक पाइप में प्रवाह वेग 10% तक बढ़ जाता है तो घर्षण के कारण शीर्ष हानि कितना बढ़ जाती है।

a) 21% b) 25% c) 5% d) 11%

2.15 पाइप में घर्षण के कारण शीर्ष हानि के साथ कम हो जाती है।

a) पाइप की लंबाई में वृद्धि b) पाइप का बढ़ा हुआ व्यास

c) पाइप की लंबाई कम होना d) b और c दोनों

2.16 D व्यास वाले पाइप में स्थिर लेमिनार प्रवाह के लिए,किसी दिए गए विसर्जन पर शीर्ष हानि के अनुपातिक है;

a) D^{-1} b) D^{-2} c) D^{-3} d) D^{-4}

2.17 पानी 400 mm व्यास और 1000 m लंबे पाइप से 1.5 m/s के वेग से बहता है। यदि घर्षण गुणांक 0.0075 है, तो शीर्ष हानि हैं;

a) 20.2 m b) 12.8 m c) 35.6 m d) 6.4 m

2.18 हाइड्रोडायनामिक(hydodynamic) रूप से चिकनी पाइपों में, घर्षण गुणांक निर्भर करता है;

a) लेमिनार प्रवाह के लिए रेनॉल्ड्स संख्या और प्रक्षुब्ध प्रवाह के लिए सापेक्ष चिकनाई

b) लेमिनार प्रवाह के लिए रेनॉल्ड्स संख्या और प्रक्षुब्ध प्रवाह के लिए रेनॉल्ड्स संख्या

c) लेमिनार प्रवाह के लिए सापेक्ष चिकनाई और प्रक्षुब्ध प्रवाह के लिए सापेक्ष चिकनाई

d) लेमिनार प्रवाह के लिए सापेक्ष चिकनाई और प्रक्षुब्ध प्रवाह के लिए रेनॉल्ड्स संख्या

2.19 चिकने पाइपों के लिए, प्रक्षुब्ध प्रवाह में घर्षण गुणांक को रेनॉल्ड की संख्या (Re) के रूप में व्यक्त किया जाता है

a) 0.64/R b) 64/R c) $0.316/R^{1/4}$ d) $0.316/R^{4/5}$

2.20 मूडी आरेख, डार्सी वेसबैक घर्षण गुणांक के अलावा अन्य किस मापदंड का प्रतिनिधित्व करता है?

a) द्रवों का घनत्व b) रेनॉल्ड्स संख्या

c) द्रव की श्यानता d) द्रव के झुकाव का ढलान

बहु विकल्प प्रश्नों के उत्तर (Answers of Multiple-Choice Questions)

2.1 (a), 2.2 (b), 2.3 (c), 2.4 (a), 2.5 (a), 2.6 (d), 2.7 (b), 2.8 (a), 2.9 (a) 2.10 (d), 2.11 (c), 2.12 (b), 2.13 (c), 2.14 (a), 2.15 (d), 2.16 (d), 2.17 (b), 2.18 (b), 2.19 (c), 2.20 (c),

लघु और दीर्घ उत्तरीय प्रश्न (Short and Long Answer Type Questions)

2.1 द्रव गतिशीलता क्या है?

2.2 सटीक द्रव प्रवाह समाधान प्राप्त करने के लिए प्रवाह के प्रकारों की व्याख्या करें।

2.3 रेनॉल्ड्स(Reynolds) संख्या और फ्रॉउड(Froude) संख्या का क्या तात्पर्य है?

2.4 खुले चैनल में वेग वितरण को परिभाषित करें।

2.5 पोइसुइले(Poisuielle) प्रवाह को परिभाषित करें और दो स्थिर समानांतर प्लेटों के बीच श्यान प्रवाह के लिए वेग और अपरूपण प्रतिबल वितरण प्राप्त करें।

2.6 कोएट प्रवाह(Couette) को परिभाषित करें और कोएट प्रवाह के लिए वेग और अपरूपण प्रतिबल वितरण प्राप्त करें।

2.7 पोइसुइले प्रवाह और कोएट प्रवाह के लिए वेग वितरण और अपरूपण प्रतिबल वितरण आरेख खींचें।

2.8 वृत्ताकार नलिकाओं के माध्यम से श्यान प्रवाह के वेग वितरण के लिए व्यंजक व्युत्पन्न कीजिए। एक चित्र का उपयोग करके, एक वृत्ताकार पाइप में वेग और अपरूपण प्रतिबल का वितरण दिखाए।

2.9 अपरूपण वेग क्या है तथा इसका व्यंजक व्युत्पन्न कीजिए?

2.10 वलय के माध्यम से प्रवाहित होने वाला एक श्यान द्रव निम्नलिखित के लिए व्यंजक प्राप्त करता है: चर्चा करें (i) वलय के माध्यम से निर्वहन (ii) औसत प्रवाह वेग, और (iii) अपरूपण प्रतिबल वितरण।

2.11 सीमा परत के सिद्धांत पर चर्चा करें और सीमा परत को परिभाषित करें।

2.12 इसके व्यंजक के साथ सीमा परत मोटाई और विस्थापन मोटाई को परिभाषित करें।

2.13 सीमा परत के मामले में संवेग मोटाई क्या है और इसके लिए एक अनुभव लिखें? संवेग मोटाई के लिए एक व्यंजक लिखिए।

2.14 ऊर्जा मोटाई को परिभाषित करें। ऊर्जा मोटाई के लिए एक व्यंजक लिखिए।

2.15 पाइप में घर्षण के कारण शीर्ष हानियों के लिए व्यंजक व्युत्पन्न कीजिए (डार्सी वेइसबैक समीकरण)।

2.16 सिद्ध कीजिए कि वृत्ताकार पाइपों में लेमिनार(laminar) प्रवाह में घर्षण गुणांक रेनॉल्ड्स संख्या के व्युत्क्रमानुपाती होता है।

2.17 हाइड्रोडायनामिक(hydrodynamic) रूप से चिकने और खुरदुरे पाइपों को परिभाषित करें।

2.18 उपयुक्त धारणाओं के साथ हेगन-पोइसुइले (Hagen-Poiseuille) समीकरण व्युत्पन्न करें।

2.19 हेगन-पोइसुइले समीकरण का उपयोग करके, एक पाइप में प्रवाह के लिए शीर्ष हानि व्यंजक प्राप्त करें।

2.20 चिकने पाइप के संबंध में खुरदुरे पाइप में प्रवाह पर चर्चा करें।

2.21 मूडीज आरेख (Moody's diagram) का क्या महत्व है?

संख्यात्मक समस्याएं (Numerical Problems)

2.22 60 mm व्यास और 500 m लंबाई वाली एक गोलाकार पाइप 0.9 poise की शायनता और 0.92 के विशिष्ट घनत्व के साथ तेल से भरी हुई है। प्रवाह दर 0.0025 m^3/s है। 250 m लंबाई में दबाव में गिरावट और दीवार पर अपरूपण प्रतिबल की गणना करें।

2.23 ग्लिसरीन ले जाने वाले 60 mm व्यास वाली क्षैतिज पाइप अपने किनारों पर 210 N/m^2 का अपरूपण प्रतिबल प्रदर्शित करती है। दबाव प्रवणता, औसत वेग और रेनॉल्ड्स संख्या ज्ञात करें। ग्लिसरीन के लिए, ρ =1280 kg/m^3 और $\mu = 85.45 \times 10^{-2}$ $N.s/m^2$

2.24 1.5 poise की श्यानता और 0.92 विशिष्ट गुरुत्व वाला तेल 30 mm व्यास और 500 m लंबे पाइप के माध्यम से 1/10 क्रांतिक वेग के साथ बहता है, जिसके लिए रेनॉल्ड्स संख्या 2300 है। निर्धारित करें (a) पाइप के माध्यम से प्रवाह का वेग; (b) प्रवाह को बनाए रखने के लिए आवश्यक पाइप की पूरी लंबाई पर m में तेल का शीर्ष; और (c) प्रवाह की शक्ति।

2.25 150 mm व्यास वाले पाइप में अधिकतम प्रवाह वेग 2.5 m/s है। एक पाइप में लेमिनार प्रवाह के लिए, ज्ञात करें (i) औसत वेग और इसकी त्रिज्या, और (ii) पाइप की दीवार से 50 mm पर वेग।

2.26 गतिशील श्यानता μ = 1.80 pa.s वाला तेल लेमिनार प्रवाह स्थितियों में 0.20 m व्यास वाले एक पाइप के माध्यम से बहता है,जब प्रवाह वेग वितरण परवलयिक होता है पाइप के केंद्र में अधिकतम वेग 2.5 m/s हैं (i) पाइप की दीवार पर (ii) दीवार से 20 mm के दूरी पर द्रव में अपरूपण प्रतिबल ज्ञात करे।

2.27 निम्नलिखित आंकड़ों का उपयोग करके, तेल ले जाने वाले पाइप में दबाव पात को निर्धारित करें (श्यानता = 0.1 Ns/m^2, सापेक्ष घनत्व = 0.9)।

(i) पाइप का व्यास : 50 mm

(ii) पाइप की लंबाई : 450 m

(iii) प्रवाह दर : 3.5 lps

2.28 250 mm व्यास वाले पाइप में, पाइप के माध्यम से प्रवाहित होने वाले द्रव का दबाव प्रवणता और औसत वेग निर्धारित करें। तेल के गुण और अन्य शर्तें इस प्रकार लें;

(i) श्यानता : 0.9 Ns/m^2

(ii) विशिष्ट गुरुत्व : 1.5

(iii) दीवार पर अधिकतम अपरूपण प्रतिबल: 300 N/m^2

2.29 सीमा परत द्वारा दी गई वेग वितरण के लिए,

$$\frac{u}{U} = 3\left(\frac{y}{\delta}\right) - 2\left(\frac{y}{\delta}\right)^2$$

विस्थापन मोटाई, संवेग मोटाई और ऊर्जा मोटाई निर्धारित करें।

2.30 सीमा परत $\frac{u}{U} = \frac{3y}{2\delta}$ के लिए विस्थापन, संवेग और ऊर्जा मोटाई निर्धारित करें, जहाँ u इससे y दूरी पर प्लेट का वेग है और y = δ पर u = U, δ सीमा परत की मोटाई है।

2.31 सीमा परत में एक वेग वितरण को इस प्रकार व्यक्त किया जा सकता है:

$$\frac{v}{V} = \frac{5}{2}\eta - \frac{3}{2}\eta^2$$

यदि $\eta = (y/\delta)$, तो (δ^*/δ) और (θ/δ) निर्धारित करें ।

2.32 150 km/hr के वायु वेग से एक समतल प्लेट के ऊपर प्रवाहित होने वाली वायु के लिए अधिकतम दूरी ज्ञात करें, यदि लेमिनार सीमा परत 3×10^5 के बराबर रेनॉल्ड संख्या तक मौजूद है। वायु की गतिज श्यानता के मानक मान का उपयोग करें।

2.33 प्रक्षुब्ध प्रवाह में 400 mm व्यास वाले पाइप का औसत वेग पाइप की दीवार से 60 mm के दूरी पर 5 m/s है और 4 m/s है। अपरूपण घर्षण वेग की गणना करें।

2.34 0.5m व्यास और 1000 m लंबे चिकने पाइप में पानी 0.035 m^3/s के वेग से बहता है। यदि पानी की गतिक श्यानता को 0.018 stoke हैं, तो निर्धारित करें: (i) घर्षण के कारण शीर्ष हानि, (ii) लेमिनार(laminar) उप-परत की मोटाई (iii) केंद्रीय वेग, और (iv) दीवार अपरूपण प्रतिबल।

2.35 यदि पाइप का व्यास 2.5 m है और इसका उद्देश्य न्यूनतम ऊर्जा व्यय के साथ 6.5 m^3/s की जल परिवहन करना है, तो पाइप की दीवार पर खुरदुरे उभार की ऊंचाई निर्धारित करें। जल के लिए ν, 0.017 x 10^{-4} m^2/s है।

2.36 350 mm व्यास और 750 m लंबाई वाले एक खुरदुरे पाइप में जल प्रवाह 0.35 m^3/s है। दीवार का खुरदुरापन 0.012 mm है। पाइप की दीवार से 150 mm पर घर्षण, दीवार अपरूपण प्रतिबल, केंद्र रेखा वेग और वेग गुणांक की गणना करें।

2.37 550 mm व्यास और 7 km लंबे पाइप के माध्यम से 500 lps जल को विसर्जन करने के लिए आवश्यक शक्ति ज्ञात कीजिए। पाइप का खुरदुरापन ऊंचाई का मान 0.25 mm माना जा सकता है।

2.38 400 mm के पाइप व्यास और 0.45 m^3/s की जल प्रवाह दर के साथ 2 km लंबे पाइप के माध्यम से बिजली हानि का पता लगायें । दीवार की मोटाई 2 mm लें।

2.39 एक पाइप, 150 mm व्यास, 55 lps के निर्वहन के साथ एक द्रव (विशिष्ट गुरुत्व: 0.92 निरपेक्ष श्यानता: 6×10^{-4} Ns/m^2) ले जा रहा है। यह किस प्रकार का पाइप (चिकना या खुरदुरा) है यदि 150m पाइप लंबाई के साथ का कुल शीर्ष हानि 10 m है।

2.40 द्रव प्रवाह वेग का पता लगाएं, जिस पर पाइप का खुरदुरापन लेमिनार उपपरत के ठीक पीछे की सतह और खुरदरी पाइप सीमा पर शुरू होता हैं। पाइप की विशेषताएं और विशिष्टता इस प्रकार हैं:;

(i) पाइप व्यास: 250 mm

(ii) द्रव : 15°C पर जल

(iii) रेत कण का व्यास: 0.65 mm

(iv) 15°C पर जल की गतिक श्यानता : 1.2×10^{-2} stoke

2.41 तेल (गतिक श्यानता: 0.19 stokes) 0.035 mm के खुरदुरेपन वाले पाइप के माध्यम से बहता है। पाइप का व्यास निर्धारित करें ताकि शीर्ष हानि में अंतर 0.55 m से अधिक न हो। गणना के लिए निम्नलिखित आंकड़ो का उपयोग करें।

(i) घर्षण गुणांक

$: f = 0.0055\left[1+\left(20000\frac{\varepsilon}{D}+\frac{10^6}{Re}\right)^{0.33}\right].$

(ii) प्रवाह-वेग: 2 m/s

(iii) पाइप की लंबाई: 800 m

2.42 निम्नलिखित आँकड़ों के अनुसार पाइप का व्यास ज्ञात करें;

(i) निर्वहन: 0.15 m^3/s

(ii) पाइप की लंबाई: 250 m

(iii) शीर्ष हानि: 10 m

(iv) 20^0 C पर जल की की गतिक श्यानता: 1.2×10^{-6} m^2/s

(v) खुरदरापन ऊंचाई: 0.15 mm

2.43 निम्नलिखित आँकड़ों का उपयोग करके पाइप में शीर्ष हानि और जल को पंप करने के लिए आवश्यक शक्ति का पता लगाएं;

(i) पाइप की लंबाई : 600 m

(ii) पाइप व्यास: 150 mm

(iii) निर्वहन: 55 lps

(iv) खुरदरापन ऊंचाई: 0.2 mm

(v) गतिक श्यानता: 1.15×10^{-6} m^2/s

संदर्भ और सुझाए गए पाठ (References And Suggested Readings)

कुछ पुस्तकों की सूची नीचे दी गई है जिनका उपयोग विषय का आगे अध्ययन करने के लिए किया जा सकता है:

1. यूनुस ए. इंजेल, द्रव यांत्रिकी: मूल रूप और अनुप्रयोग,मैकग्रा-हिल प्रकाशन, 2006।

2. पी.एन. मोदी, द्रवचालित और द्रव यांत्रिकी मशीनों सहित मॉडी, द्रवचालित और द्रव यांत्रिकी, राजसंस पब्लिकेशन्स प्रा. लिमिटेड, 2014।

3. आर. के. "बंसल," द्रव यांत्रिकी और द्रवचालित मशीनों की एक पाठ्यपुस्तक, "" लक्ष्मी पब्लिकेशन्स प्रा. लिमिटेड, 2014।

4. आर. के.राजपूत "द्रव यांत्रिकी और द्रवचालित मशीनें, एस. चंद और कंपनी लिमिटेड। 2011।

5. एस के सोम और जी बिस्वास, द्रव यांत्रिकी और द्रव मशीनों के परिचय, "टाटा ,मैकग्रा-हिल पब्लिशिंग कंपनी लिमिटेड नई दिल्ली 2008।

6. यूनुस ए. इंजेल और जौन एम. "सिम्बला," द्रव यांत्रिकी: मूल रूप और अनुप्रयोग, "" मैकग्रा-हिल प्रकाशन, 2006।

3 विमीय विश्लेषण (Dimensional Analysis)

यूनिट विशिष्टता (Unit Specifics)

इस यूनिट के माध्यम से हमने निम्नलिखित पहलुओं पर चर्चा की है:

- *विमीय विश्लेषण(analysis) की आवश्यकता;*
- *विमीय विश्लेषण की विधियाँ;*
- *समानता और इसके प्रकार;*
- *विमाहीन मापदंड;*
- *विमाहीन मापदंडो के अनुप्रयोग सहित समस्याएँ;*
- *मॉडल(model) विश्लेषण।*

आगे जिज्ञासा और रचनात्मकता उत्पन्न करने के साथ साथ समस्या समाधान क्षमता में सुधार के लिए विषयों के व्यावहारिक अनुप्रयोगों पर चर्चा की जाती है।

इसके अलावा बड़ी संख्या(number) में विकल्प प्रश्न(problem) देने के साथ साथ ब्लूम टैक्सोनॉमी के निम्न और उच्च क्रम(order) के बाद दो श्रेणियों में चिह्नित लघु और दीर्घ उत्तर(answer) प्रकार के प्रश्नों, कई संख्यात्मक समस्याओं के माध्यम से असाइनमेंट, संदर्भों की सूची और सुझाव पठन इकाई में दिए गए हैं ताकि कोई भी अभ्यास के लिए उनके माध्यम से जा सके। यह ध्यान रखना महत्वपूर्ण है कि रूचि के विभिन्न विषयों पर अधिक जानकारी प्राप्त करने के लिए विभिन्न अनुभागों में कुछ क्यूआर कोड प्रदान किए गए हैं जिन्हें संबंधित सहायक ज्ञान के लिए स्कैन किया जा सकता है।

औचित्य (Rationale)

यह मूल विमीय विश्लेषण इकाई छात्रों को द्रव यांत्रिकी से संबंधित समस्याओं विमीय और गैर विमीय रहित भौतिक मात्राओं की अवधारणाओं को लागू करने में मदद करती है। ज्यामितीय, गतिज और गतिशील समानता सहित समानता के नियम लागू करने के लिए समानता का उपयोग प्रस्तावित किया गया है। इसके अलावा, छात्रों को विभिन्न स्थितियों में द्रव प्रवाह का विश्लेषण करने में मदद करने के लिए गैर विमीय मात्राओं को भी प्रस्तुत किया जाता है। विषय को विकसित करने के लिए इन सभी पर विस्तार से चर्चा की गईं है। कुछ संबंधित समस्याओं को विमीय और गैर विमीय मापदंडो के व्यावहारिक अनुप्रयोगों का विस्तार करने के अलावा, जो द्रव यांत्रिकी पर संबंधित विषयों को स्पष्ट रूप से समझने में आगे मदद कर सकते हैं।

भौतिक मात्राओं के बीच संबंध को देखकर द्रव प्रवाह समस्याओं का विश्लेषण करने के लिए विमीय विश्लेषण एक महत्वपूर्ण तकनीक है। इसका उद्देश्य विमाओ के संदर्भ में भौतिक मात्राओं के बीच संबंध स्थापित करने की सुविधा प्रदान करना है।

इसके व्यावहारिक अनुप्रयोगों में द्रव गति के अभिव्यक्तियों की एकरूपता परीक्षण करना, सापेक्ष महत्व के लिए गैर विमीय मापदंडों संबंध में अभिव्यक्ति की स्थापना करना, गैर विमीय मापदंडो पर मॉडल परीक्षण से प्राप्त प्रायोगिक प्रस्तुत करना और प्रवाह विश्लेषण अभिव्यक्ति से संबंधित जटिल द्रव घटना शामिल हैं।

आवश्यक-शर्ते (Prereuisites)

गणितः बीजगणितीय समीकरण (वर्ग XII)
भौतिकी: यांत्रिकी (वर्ग XII)

यूनिट आउटकम (Unit Outcomes)

इस यूनिट के परिणामों की सूची इस प्रकार हैं:

U3-O1: विमीय विश्लेषण की आवश्यकता का वर्णन करना ।

U3-O2: विमीय विश्लेषण की विधियों का वर्णन करना ।

U3-O3: समरूपता और इसके प्रकार की व्याख्या ।

U3-O4: व्यावहारिक अनुप्रयोगों में विमाहीन मापदंडो की भूमिका(role) को समझना।

U3-O5: मॉडल (model) विश्लेषण का वर्णन और विमीय विश्लेषण समस्याओं का समाधान करना।

यूनिट- 3 परिणाम	पाठ्यक्रम के परिणामों के साथ अपेक्षित मानचित्रण (1-दुर्बल सहसंबंध; 2-मध्यम सहसंबंध; 3-मजबूत सहसंबंध)					
	CO-1	**CO-2**	**CO-3**	**CO-4**	**CO-5**	**CO-6**
U3-O1	3	3	3	-	3	1
U3-O2	1	1	2	2	-	1
U3-O3	2	1	3	1	2	1
U3-O4	-	-	2	1	3	2
U3-O5	3	2	3	-	2	1

3.1 विमीय विश्लेषण (Dimensional Analysis)

भौतिक विमाओ में प्रदर्शित भौतिक मात्राओं के ज्ञान के माध्यम से विज्ञान और अभियांत्रिकी समस्याओं का समाधान किया जाता हैं। विमीय विश्लेषण विमाओं और मापन की इकाइयों का उपयोग करके विश्लेषण की गयी भौतिक मात्राओं के बीच संबंध से संबंधित है । सभी भौतिक घटनायें भौतिक मात्राओं के संदर्भ में,विमीय या गैर विमीय रूप में व्यक्त की जाती है। 'विमीय विश्लेषण' का संबंध विमाओ के संदर्भ में भौतिक मात्राओं के बीच सम्बन्धों की स्थापना को सुविधाजनक बनाने से है। इसके अतिरिक्त, विमीय चरों को मिलाकर, गैर विमीय मापदंडो का निर्माण किया जा सकता है। सामान्य तौर पर, द्रव यांत्रिकी की समस्याएँ जैसे द्रव गति अभिव्यक्तियों का विमीय समरूपता परीक्षण, उनके सापेक्ष महत्व के लिए गैर विमीय मापदंडो के लिए अभिव्यक्ति की स्थापना करना और जटिल द्रव प्रवाह घटना के विश्लेषण के लिए गैर विमीय मापदंडो पर मॉडल परीक्षण से प्राप्त प्रायोगिक परिणामों को व्यवस्थित रूप से व्यक्त करना।

भौतिक मात्राओं को प्राथमिक मात्राओं और द्वितीयक मात्राओं में विभाजित किया जा सकता है। प्राथमिक मात्राओं को मौलिक मात्राओं के रूप में भी जाना जाता है जो एक दूसरे पर स्वतंत्र होते हैं जैसे कि द्रव्यमान, लंबाई, समय और तापमान। ये क्रमशः M, L, T, θ द्वारा दर्शाए जाते हैं और विशेष मामलों के लिए उपयोगी होते हैं। द्वितीयक मात्राएँ प्राथमिक मात्राओं से प्राप्त होती हैं और इन्हें व्युत्पन्न मात्रायें भी कहा जाता है। द्वितीयक मात्राओं के उदाहरण हैं क्षेत्रफल, आयतन, वेग, त्वरण(acceleration), बल, ऊर्जा, शक्ति(power) आदि। भौतिक मात्राओं के विमाओ को व्युत्पन्न मात्राओं के अभिव्यक्तियों के संदर्भ में व्यक्त किया जाता हैं। अधिक स्पष्टता के लिए, हम बल के एक द्वितीयक मात्रा पर विचार करते हैं।

हम जानते हैं कि बल को निम्न प्रकार से परिभाषित किया जा सकता है:

$$\text{बल} = \text{द्रव्यमान} \times \text{त्वरण}$$

जहां, द्रव्यमान और त्वरण को प्राथमिक मत्राओ के रूप में व्यक्त किया जा सकता है:

$$[\text{द्रव्यमान}] = [M]$$

$$[\text{त्वरण}] = \left[\frac{L}{T^2}\right]$$

इस प्रकार बल को प्राथमिक मत्राओ के रूप में व्यक्त किया जा सकता है:

$$[\text{बल}] = [M] \times \left[\frac{L}{T^2}\right] = [MLT^{-2}] \tag{3.1}$$

किसी दिए गए विमा का आयामी रूप इकाई प्रणाली (एसआई, मेट्रिक, या अंग्रेजी) पर निर्भर नहीं करता है, जिससे इकाइयों को एक माप प्रणाली से दूसरे में परिवर्तित करना आसान हो जाता है।

3.2 विमीय विश्लेषण की विधियाँ (Methods of Dimensional Analysis)

कई द्रव यांत्रिकी समस्याओं के लिए, एक भौतिक प्रणाली के आयामी चर के बीच संबंध दो तरीकों रेले की विधि और बकिंघम की π-प्रमेय विधि द्वारा स्थापित किया जा सकता है, जिसकी चर्चा नीचे की गयी है।

3.2.1 रेले की विधि (Rayleigh's Method)

यदि स्वतंत्र चरों की संख्या अधिकतम तीन या चार होती है, तो निर्भर चरों के लिए व्यंजक ज्ञात करने के लिए रेले(Rayleigh) की विधि का उपयोग किया जा सकता है। हालांकि, जब चरों की संख्या चार से अधिक हो तो इस विधि द्वारा किसी चर के लिए व्यंजक निर्धारित करना कठिन होता है।

यदि एक निर्भर चर, X चर X_1, X_2 और X_3 पर निर्भर करता है तो रैले की विधि को गणितीय रूप से इस प्रकार व्यक्त किया जा सकता है,

$$X = f[X_1, X_2, X_3] \tag{3.2}$$

इसके अतिरिक्त, उपरोक्त समीकरण 3.2 को भी निम्न प्रकार से लिखा गया है:

$$X = CX_1^a \cdot X_2^b \cdot {X_3}^c \tag{3.3}$$

जहाँ C एक स्थिरांक हैं और a, b और c विवेकाधीन घातें हैं।

अब, a, b और c के मान बाएँ और दाएँ ओर के मूल विमाओं की घातों के बीच संबंध से निर्धारित किये होते है।

तदनुसार, निर्भर चर (X) के लिए अंतिम व्यंजक प्राप्त किया जा सकता है।

इस विधि को बेहतर ढंग से समझने के लिए निम्नलिखित हल किए गए उदाहरण दिए गए हैं।

उदाहरण 3.1 निम्नलिखित मापदंडो पर विचार करते हुए, लोलक के समय अवधि का प्रतिनिधित्व करने के लिए एक व्यंजक स्थापित करें।

(i) लोलक की समय अवधिः T

(ii) लोलक की लंबाई : L

(iii) गुरुत्व के कारण त्वरण: g

SCAN ME

For better understanding dimensional analysis

समाधान

मूल रूप से, समय अवधि लंबाई और गुरुत्व के कारण त्वरण पर निर्भर करती है जिसे $T \propto (L, g)$ के रूप में व्यक्त किया जा सकता है।

विमीय विश्लेषण के अनुसार इसे इस प्रकार लिखा जा सकता है

$$T = CL^a \cdot g^b$$

जहाँ C एक स्थिरांक है और g को प्राथमिक विमाओं में LT^{-2} के रूप में व्यक्त किया जा सकता है:

$$T^1 = CL^a.(LT^{-2})^b$$

दोनों ओर के विमाओं को समान रखने पर,

T की घात; $1 = -2b$ या $b = -1/2$

L की घात; $0 = a + b$ या $a = -b$ या $1/2$

इस प्रकार, समय अवधि व्यंजक में a और b के मानों को प्रतिस्थापित करते हुए

$$T = CL^{1/2} \cdot g^{-1/2}$$

$$T = C\sqrt{\frac{L}{g}}$$

प्रायोगिक अध्ययन के आधार पर, C का मान 2π निर्धारित किया गया है।

इसलिए, समय अवधि को इस प्रकार व्यक्त किया जा सकता है:

$$T = 2\pi\sqrt{\frac{L}{g}}.$$ **उत्तर**

उदाहरण 3.2 D व्यास का एक गोला है, किसी द्रव में V वेग से चलता है। जब द्रव की श्यानता और घनत्व को क्रमशः μ और ρ द्वारा दर्शाया जाता है, तो कर्षण(drag) बल के लिए व्यंजक व्युत्पन्न कीजिए।

समाधान

हम जानते हैं कि कर्षण बल F व्यास (D), वेग (v), घनत्व (ρ) और श्यानता (μ) पर निर्भर करता है। गणितीय रूप से, इसे व्यक्त किया जा सकता है

$$F \propto (D, v, \rho, \mu)$$
$$F = C \cdot D^a . v^b \cdot \rho^c \cdot \mu^d$$

जहाँ C एक स्थिरांक है।

प्रत्येक मापदंड के लिए प्राथमिक विमाओं पर विचार करते हुए और इसे इस प्रकार व्यक्त किया जा सकता है:

$$MLT^{-2} = CL^a \cdot (LT^{-1})^b \cdot (ML^{-3})^c \cdot (ML^{-1}T^{-1})^d$$

दोनों पक्षों पर समान विमा रखने पर

M की घात; 1 = c + d

L की घात; 1 = a+b-3c-d

T की घात; -2 = -b-d

चूंकि केवल तीन समीकरणों के साथ चार अज्ञात हैं, इसलिए तीन चरों को चौथे चर के रूप में व्यक्त किया जा सकता है। यहाँ, घनत्व के सबसे महत्वपूर्ण मापदंड को ध्यान में रखा गया है और तीन अज्ञात (a, b, c) को d अर्थात श्यानता की घात के रूप में व्यक्त किया गया है।

$$c = 1 - d$$
$$b = 2 - d$$
$$a = 1 - b + 3c + d$$

या,

$$a = 1 - 2 + d + 3(1 - d) + d$$

या,

$$a = 1 - 2 + d + 3 - 3d + d$$

या,

$$a = 2 - d$$

a, b, c, d के मानों को बल समीकरण में रखने पर,

$$F = KD^{2-d} \cdot v^{2-d} \cdot \rho^{1-d} \cdot \mu^d$$
$$= KD^2 v^2 \rho (D^{-d} \cdot v^{-d} \cdot \rho^{-d} \cdot \mu^d)$$
$$= K\rho D^2 v^2 \left(\frac{\mu}{\rho v D}\right)^d$$
$$= K\rho \mathrm{D}^2 v^2 \phi \left(\frac{\mu}{\rho v D}\right).$$ **उत्तर**

उदाहरण 3.3 एक पंप की शक्ति (P) निर्वहन (Q), द्रव का विशिष्ट भार और शीर्ष (H) पर निर्भर करता है। शक्ति का व्यंजक प्राप्त करें।

समाधान

गणितीय रूप से, शक्ति को इस प्रकार व्यक्त किया जा सकता है

$$P \propto (w, Q, H)$$
$$P = C \cdot w^a . Q^b \cdot H^c$$

जहाँ C एक स्थिरांक है।

शक्ति समीकरण में प्रत्येक मापदंड के लिए प्राथमिक विमाओं को ध्यान में रखते हुए और इसे इस प्रकार व्यक्त किया जा सकता है

$$ML^2T^{-3} = C.(ML^{-2}T^{-2})^a.(L^3T^{-1})^b.L^c$$

दोनों पक्षों पर समान विमायें रखने पर,

M की घात; $1 = a$

L की घात; $2 = -2a + 3b + c$

M की घात; $-3 = -2a - b$

T की व्यंजक घात से,

$$-3 = -2\ (1) - b$$

या, $b = 1$

L की व्यंजक घात से,

$$2 = -2\ (1) + 3(1) + c$$

या, $c = 1$

शक्ति समीकरण में a, b और c के मानों को प्रतिस्थापित करने पर प्राप्त होता है:

$$P = C \cdot w^1.Q^1 \cdot H^1$$
$$P = CwQH$$

या, $P = C\rho gQH$ **उत्तर**

उदाहरण 3.4 सिद्ध कीजिए कि किसी द्रव में गतिमान गोले की गति के प्रतिरोध को इस प्रकार दर्शाया जा सकता है

$$R = (\rho D^2\ v^2)\phi\left(\frac{\mu}{\rho v D}\right)$$

जहाँ, ρ घनत्व है, D गोले का व्यास है, v वेग है और μ श्यानता है।

निम्न वेग श्यान प्रवाह के लिए उसी स्थिति में प्रतिरोध R का व्यंजक क्या होगा?

समाधान

प्रतिरोध R का एक फलन है

$$R \propto (\mu, \rho, D, v)$$
$$R = C(\mu^a.\rho^b.D^c.v^d)$$

जहां C एक स्थिरांक है।

प्रत्येक मापदंड को प्राथमिक मापदंड से बदलने पर

$$MLT^{-2} = C(ML^{-1}T^{-1})^a \cdot (ML^{-3})^b \cdot L^c \cdot (LT^{-1})^d$$

दोनों तरफ M, L और T के विमाओं को बराबर करने पर

M की घात; $1 = a + b$

L की घात; $1 = -a - 3b + c + d$

T की घात; $-2 = -a - d$

a के संदर्भ में b, c और d के लिए उपरोक्त समीकरणों को हल करने पर

$$b = 1 - a$$
$$d = 2 - a$$
$$c = 1 + a + 3b - d$$

या,

$$c = 1 + a + 3(1 - a) - 2 + a$$

या,

$$c = 1 + a + 3 - 3a - 2 + a$$

या,

$$c = 2 - a$$

a, b, c, d के मानों को प्रतिरोध समीकरण में रखने पर,

$$R = C\mu^a \cdot \rho^{1-a} \cdot D^{2-a} \cdot v^{2-a}$$
$$R = C\rho D^2 v^2 (\mu^a \cdot \rho^{-a} \cdot D^{-a} \cdot v^{-a})$$
$$R = C\rho D^2 v^2 \left(\frac{\mu}{\rho v D}\right)^a$$
$$R = C\rho D^2 v^2 \phi\left(\frac{\mu}{\rho v D}\right)$$ **उत्तर**

उदाहरण 3.5: उदाहरण 3.4 में दिए गए मामले के लिए 0.85 के विशिष्ट गुरुत्व, 0.9 mm के गोले के व्यास और 7.8 के विशिष्ट गुरुत्व के साथ एक द्रव की श्यानता ज्ञात करें। मान लें कि प्रवाह वेग 18 mm/sec हैं और C का मान 3π हैं।

समाधान

दिए गए आंकड़े:

व्यास, $D = 0.9\,\text{mm}$

वेग, $v = 18\ \text{mm/s}$

$C = 3\pi$

$R = C\rho D^2 v^2 \phi\left(\frac{\mu}{\rho v D}\right)$ (उदारहण 3.4 से)

$$R = C\mu v D$$

प्रतिरोध R गोले के एकसमान वेग के लिए गुरुत्वाकर्षण बल के बराबर है।

$$3\pi \times \mu \times 18 \times 10^{-3} \times 0.9 \times 10^{-3} = \frac{4}{3}\pi\left(\frac{0.9}{2} \times 10^{-3}\right)^3 \times (7.8 - 0.85) \times 9810$$

द्रव के लिए श्यानता निम्न प्रकार दी जाती है:

$$\mu = \frac{4(0.45)^3(6.95 \times 9.81)}{3 \times 3 \times 18}$$
$$= 0.1534\ \text{N.s}/\text{m}^2$$
$$\mu = 1.534\ \text{poise.}$$ **उत्तर**

3.2.2 बकिंघम का π-प्रमेय(Buckingham's π-Theorem)

बकिंघम का π प्रमेय रैले (Rayleigh) की विधि में सामने आई कमी को कम करता है जो चार चरों की संख्या तक सीमित है। चर वाले गैर विमीय मापदंडो के सेटों (sets) की संख्या की गणना समीकरण के रूप को जाने बिना बकिंघम π प्रमेय द्वारा की जा सकती है। जब n चर के , m भौतिक विमाये होते है,तो चर को गैर विमीय पदों (n-m) के रूप में व्यवस्थित किया जा सकता है, जिसे π -पदों के रूप में जाना जाता है।

बकिंघम π-प्रमेय को समझने के लिए निम्नलिखित चरण उपयोगी होंगे। मान लें कि X_1 आश्रित चर है जबकि अन्य चर $X_2, X_3, \ldots, X_n$ स्वतंत्र हैं, तो X_1 को इस रूप में लिखा जा सकता है

$$X_1 = f(X_2, X_3, \ldots, X_n) \tag{3.4}$$

इसके अलावा, इसे इस प्रकार भी व्यक्त किया जा सकता है

$$f_1(X_1, X_2, X_3, \ldots, X_n) = 0 \tag{3.5}$$

उपरोक्त व्यंजक को बकिंघम π प्रमेय के रूप में m विमीय चरों के साथ लिखा जा सकता है

$$f(\pi_1, \pi_2, \ldots, \pi_{n-m}) = 0 \tag{3.6}$$

जहाँ, $\pi_1, \pi_2, \ldots,,\ldots$ विमाहीन समूहों की संख्या है जिन्हें π-पदों के रूप में जाना जाता है।

यहाँ सभी π पद स्वतंत्र और विमाहीन हैं। (m+1) चर π पदों के भाग हैं।

X_2, X_3 और X_4 के रूप में दोहराए जाने वाले चरों के साथ उपरोक्त स्थिति को ध्यान में रखते हुए हम π - पदों को लिख सकते हैं

$$\begin{bmatrix} \pi_1 & = X_2^{a_1} \cdot X_3^{b_1} \cdot X_4^{c_1} \cdot X_1 \\ \pi_2 & = X_2^{a_2} \cdot X_3^{b_2} \cdot X_4^{c_2} \cdot X_5 \\ \vdots & \\ \pi_{n-m} & = X_2^{a_{n-m}} \cdot X_3^{b_{n-m}} \cdot X_4^{c_{n-m}} \cdot X_n \end{bmatrix} \tag{3.7}$$

उपरोक्त समीकरणों को विमीय समरूपता के सिद्धांत को लागू करके और a_1, b_1, c_1..... के मानों पर विचार करके हल किया जा सकता है। इन मानों को समीकरण 3.7,में रखने पर π पदों के मानों को निर्धारित किया जा सकता है। इसलिए अंतिम अभिव्यक्तियाँ इस प्रकार होंगी:

$$\pi_1 = \phi[\pi_2, \pi_3, \ldots, \pi_{n-m}] \tag{3.8}$$

$$\pi_2 = \phi_1[\pi_1, \pi_3, \ldots, \pi_{n-m}] \tag{3.9}$$

द्रव प्रणालियों में ज्यामितीय गुण, द्रव गुण और द्रव प्रवाह गुण होते हैं। बकिंघम π प्रमेय का उपयोग द्रव यांत्रिकी से संबंधित चरों अर्थात, निर्भर चर और दोहराए जाने वाले चर के उचित चयन के बाद समस्याओं को हल करने के लिए किया जा सकता है। पुनरावर्ती चरों का चयन करने के लिए, चर में ऊपर उल्लिखित गुणों में से एक समाविष्ट होना चाहिए। इसके अलावा,निर्भर चर को दोहराया जाने वाला चर नहीं होना चाहिए। द्रव यांत्रिकी से संबंधित चरों का वर्गीकरण तालिका 3.1 में दिया गया है।

तालिका 3.1: चरों का वर्गीकरण

गुण	चर
ज्यामितीय गुण	लंबाई (L), व्यास (D), ऊंचाई (H) आदि।
प्रवाह गुण	वेग (v), त्वरण (a) आदि।
द्रव प्रवाह गुण	श्यानता (μ), घनत्व (ρ) आदि।

दोहराए जाने वाले चरों का चयन करने के लिए निम्नलिखित स्थितियों पर विचार किया जाता है।

(i) दोहराए जाने वाले चरों को विमाहीन समूह(group) के अतिरिक्त अन्य समूह बनाना चाहिए।

(ii) दोहराए जाने वाले चरों की संख्या मूल विमाओं के समान होनी चाहिए।

(iii) प्रत्येक दोहराए जाने वाले चर के विभिन्न विमायें होने चाहिए।

बकिंघम π प्रमेय के अनुप्रयोग के बारे में अधिक स्पष्टता प्रदान करने के लिए, कुछ उदाहरण नीचे दिए गए हैं।

उदाहरण 3.6: π-प्रमेय का उपयोग करते हुए, पंप की विशिष्ट गति के लिए व्यंजक व्युत्पन्न कीजिए

$$N_s = \frac{N\sqrt{Q}}{H^{3/4}}$$

जहाँ, चर मापदंडो के रूप में निवर्हन Q, गति N, शीर्ष H, पंप का आवेजक व्यास D, द्रव का घनत्व ρ और गुरुत्वाकर्षण g हैं।

समाधान

पंप की विशिष्ट गति का फलन है

$$N = f(\rho, gH, Q, D)$$

इस मामले में, शाफ्ट कार्य के रूप में जाना जाने वाला gH, केवल एक चर माना जाता है।

कुल चर संख्या (n) = 5

मूल विमाओं की संख्या (m) = 3

ρ, gH और Q को दोहराए जाने वाले चर के रूप में चुना गया है।

π-पदों की संख्या इस प्रकार है:

π-पद = n -m

π-पद = 5-3 = 2

$$\pi_1 = \rho^{a_1}(gH)^{b_1}Q^{c_1}N$$

और

$$\pi_2 = \rho^{a_2}(gH)^{b_2}Q^{c_2}D$$

π_1 पदों को हल करने पर

$$\pi_1 = \rho^{a_1}(gH)^{b_1}Q^{c_1}N$$

मुलभूत विमाओं को प्रतिस्थापित करने पर,

$$M^0L^0T^0 = (ML^{-3})^{a_1}.(L^2T^{-2})^{b_1}.(L^3T^{-1})^{c_1}.T^{-1}$$

दोनों ओर के विमाओं को समान करने पर,

M की घात; $0 = a_1$

L की घात; $0 = -3a_1 + 2b_1 + 3c_1$

T की घात; $0 = -2b_1 - c_1 - 1$

a_1, b_1, और c_1 के लिए हल करने पर,

$a_1 = 0, b_1 = -\frac{3}{4}, c_1 = \frac{1}{2}$

a_1, b_1 और c_1 के मान π_1 पदों में रखने पर,

$$\pi_1 = \left[\frac{NQ^{1/2}}{(gH)^{3/4}}\right]$$

π_2 पदों को हल करने पर,

$$\pi_2 = \rho^{a_2}(gH)^{b_2}Q^{c_2}D$$

मुलभूत विमाओं को प्रतिस्थापित करने पर,

$$M^0L^0T^0 = (ML^{-3})^{a_2}.(L^2T^{-2})^{b_2}.(L^3T^{-1})^{c_2}.L$$

दोनों ओर के विमाओं को समान करने पर,

M की घात; $0 = a_2$

L की घात; $0 = -3a_2 + 2b_2 + 3c_2 + 1$

T की घात; $0 = -2b_2 - c_2$

a_2, b_2, और c_2 के लिए हल करने पर,

$$a_2 = 0, b_2 = \frac{1}{4}, c_2 = -\frac{1}{2}$$

$$\pi_2 = \left[\frac{D(gH)^{1/4}}{Q^{1/2}}\right]$$

इसलिए अंतिम व्यंजक इस प्रकार से व्यक्त किया जा सकता है

$$\left[\frac{NQ^{1/2}}{(gH)^{3/4}}\right] = \phi\left[\frac{D(gH)^{1/4}}{Q^{1/2}}\right]$$

उपरोक्त समीकरण में $Q = 1, H = 1$ और $N = N_s$ को प्रतिस्थापित करने पर, हमें मिलता है,

$$N_s = \frac{N\sqrt{Q}}{H^{3/4}}.$$ **उत्तर**

उदाहरण 3.7 विमीय विश्लेषण का प्रयोग करते हुए दर्शाइए कि एक द्रव में घूमती हुई डिस्क पर घर्षण से उत्पन्न बल आघूर्ण को इस प्रकार व्यक्त किया जाता है

$$T = D^5N^2\rho\phi\left[\frac{\mu}{D^2N\rho}\right]$$

जहाँ, D डिस्क का व्यास है, N गति है, μ श्यानता है और ρ द्रव का घनत्व है।

समाधान

घर्षण के कारण उत्पन्न बल आघूर्ण एक फलन है

$$T = f(D, N, \mu, \rho)$$

कुल चर संख्या (n) = 5

मूल विमाओं की संख्या (m) = 3

D,N,ρ को दोहराए जाने वाले चर के रूप में चुना जाता है।

π-पदों की संख्या इस प्रकार है:

π-पद = $n - m$

π-पद = $5 - 3 = 2$

$$\pi_1 = D^{a_1} \cdot N^{b_1} \cdot \rho^{c_1} \cdot T$$

और

$$\pi_2 = D^{a_2} \cdot N^{b_2} \cdot \rho^{c_2} \cdot \mu$$

π_1 पदों के लिए हल करने पर

$$\pi_1 = D^{a_1} \cdot N^{b_1} \cdot \rho^{c_1} \cdot T$$

मुलभूत विमाओं को प्रतिस्थापित करने पर,

$$M^0L^0T^0 = L^{a_1} \cdot (T^{-1})^{b_1} \cdot (ML^{-3})^{c_1} \cdot ML^2T^{-2}$$

दोनों ओर के विमाओं को समान करने पर,

M की घात; $0 = c_1 + 1$

L की घात; $0 = a_1 - 3c_1 + 2$

T की घात: $0 = -b_1 - 2$

a_1, b_1, और c_1 के लिए हल करने पर,

$$a_1 = -5, b_1 = -2, c_1 = -1$$

a_1, b_1 और c_1 के मान π_1 पदों में रखने पर,

$$\pi_1 = \frac{T}{D^5 N^2 \rho}$$

π_2 पदों के लिए हल करने पर

$$\pi_2 = D^{a_2} \cdot N^{b_2} \cdot \rho^{c_2} \cdot \mu$$

मुलभूत विमाओं को प्रतिस्थापित करने पर,

$$M^0 L^0 T^0 = L^{a_2} \cdot (T^{-1})^{b_2} \cdot (ML^{-3})^{c_2} \cdot ML^{-1}T^{-1}$$

दोनों ओर के विमाओं को समान करने पर,

M की घात; $0 = c_2 + 1$

L की घात; $0 = a_2 - 3c_2 - 1$

T की घात; $0 = -b_2 - 1$

a_2, b_2, और c_2 के लिए हल करने पर,

$$a_2 = -2, b_2 = -1, c_2 = -1$$

a_2, b_2 और c_2 के मान π_2 पदों में रखने पर,

$$\pi_2 = \frac{\mu}{D^2 N \rho}$$

इसलिए, अंतिम सूत्र को इस प्रकार व्यक्त किया जा सकता है:

$$\frac{T}{D^5 N^2 \rho} = \phi\left(\frac{\mu}{D^2 N \rho}\right)$$

या,

$$T = D^5 N^2 \rho \phi \left[\frac{\mu}{D^2 N \rho}\right].$$ **उत्तर**

3.3 समरूपता (Similitude)

कुछ स्थितियों में, प्रणाली का वास्तविक आकार (प्रोटोटाइप) द्रव समस्याओं का विश्लेषण करना बहुत कठिन बना देता है। इन स्थितियों में, प्रयोगशाला में एक समान कम आकार की प्रणाली का विश्लेषण किया जा सकता है। कम आकार की प्रणाली को 'मॉडल' के रूप में जाना जाता है। एक मॉडल और प्रोटोटाइप समान है यदि ये हैं: ज्यामितीय, गतिज और गतिशील रूप से समान हैं। इसे समरूपता के अंतर्गत 'समानता का नियम' कहा जाता है। समरूपता बताती है कि समानता के नियम के अनुसार मॉडल (model) और प्रोटोटाइप (prototype) बिल्कुल समान हैं। द्रव मशीनों के मामले में, समानता नियम के आधार पर आकार किये गये मॉडल के परीक्षण के परिणाम एक प्रोटोटाइप मशीन के प्रदर्शन की भविष्यवाणी कर सकते हैं। तीन प्रकार के समानता नियमों पर नीचे चर्चा की गई है।

3.3.1 ज्यामितीय समानता (Geometric Similarity)

ज्यामितीय समानता के मामले में, दो वास्तविक भौतिक विमाओं (प्रोटोटाइप) का अनुपात मॉडल के संबंधित विमाओं के अनुपात के बराबर है।

गणितीय रूप से, इसे क्रमशः मॉडल और वास्तविक (प्रोटोटाइप) सूचकांक m और a पर विचार करके व्यक्त किया जा सकता है।

लम्बाई के लिए: $$\frac{L_m}{L_a} = \frac{B_m}{B_a} = \frac{D_m}{D_a} = l_r \quad (3.1)$$

क्षेत्रफल के लिए: $$\frac{A_m}{A_a} = \frac{L_m \times B_m}{L_a \times B_a} = l_r^2 \tag{3.2}$$

आयतन के लिए: $$\frac{V_m}{V_a} = \frac{L_m \times B_m \times D_m}{L_a \times B_a \times D_a} = l_r^3 \tag{3.3}$$

SCAN ME

For better understanding similitude

3.3.2 गतिकीय समानता (Kinematic Similarity)

द्रव यांत्रिकी में, गतिकी वेग, त्वरण और द्रव प्रवाह जैसे स्थान-समय संबंध से संबंधित है। गतिकीय समानता बताती है कि एक वास्तविक (प्रोटोटाइप) प्रणाली के माध्यम से प्रवाहित होने वाले दो द्रवों के वेगों का अनुपात मॉडल के माध्यम से संबंधित वेगों के अनुपात के बराबर होता है।

गणितीय रूप से, इसे इस प्रकार व्यक्त किया जा सकता है:

$$\frac{(v_1)_m}{(v_2)_m} = \frac{(v_1)_a}{(v_2)_a} = k_v \tag{3.13}$$

इसी प्रकार, त्वरण के लिए

$$\frac{(a_1)_m}{(a_2)_m} = \frac{(a_1)_a}{(a_2)_a} = k_a \tag{3.14}$$

प्रवाह दर के लिए

$$\frac{(Q_1)_m}{(Q_2)_m} = \frac{(Q_1)_a}{(Q_2)_a} = k_Q \tag{3.1 5}$$

गतिकीय समानता को स्केल (scale) अनुपातों में भी इस प्रकार भी व्यक्त किया जा सकता है:

वेग के लिए

$$v_r = \frac{v_m}{v_a} \tag{3.16}$$

या,

$$v_r = \left(\frac{L_m}{T_m} \Big/ \frac{L_a}{T_a} \right)$$

या,

$$v_r = \frac{l_r}{T_r} \qquad \left(T_r = \frac{T_m}{T_a}\right) \tag{3.17}$$

इसी प्रकार, त्वरण के लिए

$$a_r = \frac{a_m}{a_a} = \frac{l_r}{T_r^2} \tag{3.18}$$

प्रवाह दर के लिए

$$Q_r = \frac{Q_m}{Q_p} = \frac{l_r{}^3}{T_r} \tag{3.19}$$

3.3.3 गतिशील समानता (Dynamic Similarity)

गतिशील समानता के अनुसार एक मॉडल के माध्यम से दो द्रव बलों का अनुपात प्रोटोटाइप के माध्यम से संबंधित बलों के अनुपात के बराबर होता है। सामान्य तौर पर, जड़ता बल (F_i), श्यान बल (F_v), गुरुत्वाकर्षण बल (F_g), दबाव बल (F_p), प्रत्यास्थ बल (F_e) और पृष्ठ तनाव बल (F_s) द्रव पर काम करने वाले बल हैं। जड़ता बल, द्रव्यमान (M) और द्रव के त्वरण (a) का गुणनफल है और न्यूटन के गति के दूसरे नियम के अनुसार, अन्य बलों का योग जड़त्व बल के बराबर है।

गणितीय रूप से, इसे व्यक्त किया जा सकता है

$$\Sigma F = F_v + F_g + F_p + F_e + F_s = F_i = Ma \tag{3.20}$$

अब, गतिशील समानता के अनुसार द्रव के इन बलों को मॉडल(model) और प्रोटोटाइप (prototype) पर निम्न प्रकार से लिखा जा सकता है:

$$\frac{(\Sigma F)_m}{(\Sigma F)_a} = \frac{(Ma)_m}{(Ma)_a} \tag{3.21}$$

उपरोक्त व्यंजक में सभी बल समाविष्ट हैं और पूर्ण गतिशील समानता के अनुसार प्रत्येक बल के अलग-अलग घटकों को इस रूप में लिखा जा सकता है

श्यान बल के लिए :

$$\frac{(Ma)_m}{(Ma)_a} = \frac{(F_v)_m}{(F_v)_a} \tag{3.22}$$

गुरुत्व बल के लिए:

$$\frac{(Ma)_m}{(Ma)_a} = \frac{\left(F_g\right)_m}{\left(F_g\right)_a} \tag{3.23}$$

दबाव बल के लिए:

$$\frac{(Ma)_m}{(Ma)_a} = \frac{\left(F_p\right)_m}{\left(F_p\right)_a} \tag{3.24}$$

प्रत्यास्थ बल के लिए:

$$\frac{(Ma)_m}{(Ma)_a} = \frac{(F_e)_m}{(F_e)_a} \tag{3.25}$$

पृष्ठ तनाव के लिए:

$$\frac{(Ma)_m}{(Ma)_a} = \frac{(F_s)_m}{(F_s)_a} \tag{3.25}$$

प्रणालियों की गतिशील समानता के लिए आवश्यक है कि वे ज्यामितीय समानता और गतिकीय समानता का पालन करें। इस प्रकार, एक वास्तविक प्रणाली और उसके मॉडल के बीच समानता होती है यदि प्रणाली सभी तीन समानता कानूनों का पालन करते हैं।

3.4 विमाहीन मापदंड (Dimensionless Parameters)

वह मात्रा जिसकी कोई भौतिक विमा नहीं है विमाहीन मापदंड के रूप में परिभाषित की जाती हैं। विभिन्न क्षेत्रों में विमाहीन मात्राओं का उपयोग किया जाता है। द्रव यांत्रिकी में निम्नलिखित विमाहीन मापदंड जिन्हें विमाहीन संख्यायें कहा जाता हैं, अक्सर उपयोग की जाती है।

(i) रेनॉल्ड्स संख्या (Reynolds Number)

(ii) फ्राउड संख्या (Fraude Number)

(iii) यूलर संख्या (Euler Number)

(iv) वेबर संख्या (Weber Number)

(v) मैक संख्या (Mach Number)

रेनॉल्ड्स संख्या (Re)

रेनॉल्ड्स संख्या प्रवाहित द्रव के जड़त्व बल (F_i)और श्यान बल (F_v) का अनुपात है।

$$Re = \frac{F_i}{F_v} \tag{3.27}$$

गणितीय रूप से, इसे इस प्रकार प्राप्त किया जा सकता है।

जड़त्व बल, $F_i = m \times a$

$$m = \rho \times V; a = \frac{v}{t}$$

$$F_i = \rho \times v \times \frac{v}{t} \tag{3.28}$$

समीकरण 3.23 को इस प्रकार से पुनर्व्यवस्थित किया जा सकता है:

$$F_i = \rho \times \frac{v}{t} \times v = \rho \times A \times v \times v$$

$$F_i = \rho A v^2 \tag{3.29}$$

इसी प्रकार, श्यान के लिए , $F_v = \tau \times A$

$$\tau = \mu \frac{du}{dy} = \mu \frac{v}{L} \tag{3.30}$$

फिर

$$F_v = \mu \frac{v}{L} \times A \tag{3.31}$$

जहाँ, m द्रव्यमान है, a प्रवाहित द्रव का त्वरण है, V आयतन है, v वेग है, A क्षेत्रफल है, t समय है, τ अपरूपण प्रतिबल है और L लंबाई है।

समीकरण 3.29 और 3.31 को 3.27 में प्रतिस्थापित करने पर.

इस प्रकार,

$$Re = \frac{\rho A v^2}{\mu \frac{v}{L} \times A} \tag{3.32}$$

$$Re = \frac{\rho v L}{\mu} \tag{3.33}$$

पाइप प्रवाह के लिए, रेनॉल्ड संख्या को इस प्रकार लिखा जा सकता है:

$$Re = \frac{\rho v D}{\mu} \tag{3.34}$$

जहाँ, D पाइप का व्यास है।

फ्राउड संख्या (Fr):

फ्राउड संख्या को जड़त्व बल (F_i) और गुरुत्व बल (F_g) के अनुपात के वर्गमूल के रूप में परिभाषित किया जा सकता है। इसे इस प्रकार प्राप्त किया जा सकता है।

$$Fr = \sqrt{\frac{F_i}{F_g}} \tag{3.35}$$

जहां, समीकरण 3.29 से, $F_i = \rho A V^2$

F_g = गुरुत्व के कारण बल = m × गुरुत्व के कारण त्वरण

$$F_g = \rho \times v \times g$$

$$F_g = \rho \times L^3 \times g$$

$$F_g = \rho \times A \times L \times g \tag{3.36}$$

समीकरण 3.29 और समीकरण 3.36 को समीकरण 3.30 में रखने पर

फ्राउड संख्या के लिए अंतिम व्यंजक इस प्रकार हैं

$$Fr = \frac{v}{\sqrt{Lg}} \tag{3.37}$$

यूलर संख्या (Eu):

यूलर संख्या को प्रवाहित द्रव के दबाव बल (F_P) के लिए की जड़त्व बल (F_i) के अनुपात के वर्गमूल के रूप में परिभाषित किया जा सकता है।

गणितीय रूप से, इसे इस रूप में लिखा जा सकता है:

$$Eu = \sqrt{\frac{F_i}{F_P}} \tag{3.38}$$

$$F_i = \rho A v^2 \tag{3.39}$$

$$F_P = p \times A \tag{3.40}$$

समीकरण 3.39 और समीकरण 3.40 को समीकरण 3.38 में रखने पर

$$Eu = \sqrt{\frac{\rho A v^2}{p \times A}}$$

$$Eu = \frac{v}{\sqrt{p/\rho}} \tag{3.41}$$

वेबर संख्या (We):

वेबर संख्या को प्रवाहित द्रव के जड़त्व बल (F_i) और पृष्ठ तनाव बल (F_s) के अनुपात के वर्गमूल के रूप में परिभाषित किया जाता है। गणितीय रूप से, इसे इस रूप में लिखा जा सकता है:

$$We = \sqrt{\frac{F_i}{F_s}} \tag{3.42}$$

$$F_i = \text{जड़त्व बल} = \rho A v^2 = \rho \times L^2 \times v^2 \tag{3.43}$$

$$F_s = \sigma \times L \tag{3.44}$$

जहाँ, σ प्रति इकाई लंबाई पृष्ठ तनाव है और L लंबाई है।

समीकरण 3.43 और समीकरण 3.44 को समीकरण 3.42 में रखने पर

$$We = \sqrt{\frac{\rho \times L^2 \times v^2}{\sigma \times L}}$$

$$We = \frac{v}{\sqrt{\sigma/\rho L}} \tag{3.45}$$

मैक संख्या (M):

मैक संख्या को प्रवाहित द्रव के जड़त्व बल (F_i) और प्रत्यास्थ बल (F_e) के अनुपात के वर्गमूल के रूप में परिभाषित किया जा सकता है।

गणितीय रूप से, इसे इस प्रकार लिखा जा सकता है:

$$M = \sqrt{\frac{F_i}{F_e}} \tag{3.46}$$

$$F_i = \rho A v^2 \tag{3.47}$$

F_e = प्रत्यास्थ प्रतिबल × क्षेत्रफल

$$F_e = K \times A = K \times L^2 \tag{3.48}$$

समीकरण 3.47 और समीकरण 3.48 को समीकरण 3.46 में रखने पर

$$M = \sqrt{\frac{\rho A v^2}{K \times L^2}}$$

$$M = \frac{v}{\sqrt{K/\rho}} \tag{3.49}$$

या,

$$M = \frac{v}{C} \tag{3.50}$$

लेकिन

$$\sqrt{\frac{K}{\rho}} = C = \text{द्रव में ध्वनि की गति} \tag{3.51}$$

विमाहीन मापदंडो के अनुप्रयोगों की समझने में अधिक स्पष्टता प्रदान करने के लिए, हल किए गए उदाहरण 3.8 से 3.14 अनुभाग 3.5 के बाद दिए गए हैं।

3.5 मॉडल विश्लेषण (Model Analysis)

जैसा कि पहले चर्चा की गई है, एक प्रोटोटाइप(prototype) के प्रदर्शन की भविष्यवाणी एक मॉडल (समानता नियम के आधार पर आकार) के प्रदर्शन से की जा सकती है जिसे प्रयोगशाला में आसानी से निर्धारित किया जा सकता है। समानता के नियम के अनुसार, एक प्रोटोटाइप और इसके मॉडल(model) को समान कहा जाता है यदि वे ज्यामितीय, गतिकीय और गतिशील रूप से समान हैं। इसके अतिरिक्त, गतिशील समानता के लिए आवश्यक है कि प्रोटोटाइप और उसका मॉडल ज्यामितीय और गतिकीय समानता के नियमों का अनुसरण करें। गतिशील समानता के नियम के आधार पर, मॉडल अभिकल्पित किए जाते हैं जिसमें कई नियम जैसे रेनॉल्ड्स मॉडल नियम, फ्रॉउड मॉडल नियम, यूलर मॉडल नियम, वेबर मॉडल नियम और मैक मॉडल निगम समाविष्ट होते हैं। इन निगमों पर निम्न प्रकार से चर्चा की जाती है;

रेनॉल्ड्स मॉडल नियम (Reynolds Model Law):

यह मॉडल नियम रेनॉल्ड्स संख्या के आधार पर विकसित किया गया है। रेनॉल्ड्स संख्या को इस प्रकार व्यक्त किया जा सकता है।

$$Re = \frac{\rho v D}{\mu} \tag{3.52}$$

रेनॉल्ड्स मॉडल नियम के अनुसार, मॉडल और प्रोटोटाइप के लिए रेनॉल्ड्स संख्या समान होनी चाहिए।

गणितीय रूप से, इसे इस प्रकार व्यक्त किया जा सकता है:

$$[Re]_m = [\mathrm{Re}]_a \tag{3.53}$$

यह नियम उन सभी द्रव प्रवाह समस्याओं पर लागू होता है जहाँ श्यान बल प्रभावी बल होता है, जैसे पाइप प्रवाह, पनडुब्बी, विमान आदि। उदाहरण के लिए, रेनॉल्ड्स मॉडल नियम के आधार पर, मॉडल और प्रोटोटाइप के पाइप के माध्यम से एक अंसपीड्य श्यान द्रव का प्रवाह इस प्रकार लिखा जा सकता है:

$$\frac{\rho_m v_m D_m}{\mu_m} = \frac{\rho_a v_a D_a}{\mu_a} \tag{3.54}$$

फ्रॉउड मॉडल नियम (Froude Model Law):

यह मॉडल नियम फ्रॉउड संख्या के आधार पर विकसित किया गया है। फ्रॉउड संख्या को इस प्रकार व्यक्त किया जा सकता है:

$$Fr = \frac{v}{\sqrt{gL}} \tag{3.55}$$

फ्रॉउड मॉडल नियम के अनुसार, मॉडल और प्रोटोटाइप के लिए फ्रॉउड संख्या समान होनी चाहिए।

गणितीय रूप से, इसे इस रूप में व्यक्त किया जा सकता है:

$$[Fr]_m = [Fr]_a \tag{3.56}$$

यह नियम उन सभी द्रव प्रवाह समस्याओं के लिए लागू होता है जहाँ गुरुत्वाकर्षण बल हावी होता है जैसे स्पिलवे(spillway), वीयर्स(weirs) और चैनलों(channels) के माध्यम से मुक्त प्रवाह।

एक उदाहरण के रूप में, फ्रॉउड मॉडल नियम के आधार पर, मॉडल और प्रोटोटाइप के अतिप्रवाह के माध्यम से मुक्त प्रवाह को इस प्रकार लिखा जा सकता है:

$$\frac{v_m}{\sqrt{g_m L_m}} = \frac{v_a}{\sqrt{g_a L_a}} \tag{3.57}$$

एक ऐसे मामले के लिए जहाँ मॉडल और पोरोटाइप समान स्तर पर उपस्थित हैं तो गुरुत्वाकर्षण बल समान होता हैं (g_m = g_P) और उपरोक्त समीकरण को इस प्रकार लिखा जा सकता है:

$$\frac{v_m}{\sqrt{L_m}} = \frac{v_P}{\sqrt{L_a}} \quad (3.58)$$

या,

$$v_r = \frac{v_m}{v_a} = \sqrt{l_r} \quad (3.59)$$

फ्रॉउड मॉडल नियम को विभिन्न भौतिक मात्राओं के लिए पैमाने अनुपातों का उपयोग करके इस प्रकार लिखा जा सकता है:

(a) समय (T)

$$\text{समय} = \frac{\text{लंबाई}}{\text{वेग}} \quad (3.60)$$

$$T_r = \frac{T_a}{T_m} \quad (3.61)$$

या,

$$T_r = \frac{\left(\frac{L}{v}\right)_a}{\left(\frac{L}{v}\right)_m} \quad (3.62)$$

अंतिम व्यंजक को इस प्रकार लिखा जा सकता है

$$T_r = \sqrt{l_r} \quad (3.63)$$

(b) त्वरण (A)

$$A = \frac{v}{T} \quad (3.64)$$

$$a_r = \frac{a_a}{a_m} \quad (3.65)$$

$$a_r = \frac{\left(\frac{v}{T}\right)_a}{\left(\frac{v}{T}\right)_m} \quad (3.66)$$

$$a_r = \sqrt{l_r} \times \frac{1}{\sqrt{l_r}} = 1 \quad (3.67)$$

$$a_r = 1 \quad (3.68)$$

(c) निर्वहन (Q)

$$Q = A \times v \quad (3.69)$$

$$Q = \frac{L^3}{T} \quad (3.70)$$

$$Q_r = \frac{Q_a}{Q_m} \quad (3.71)$$

$$Q_r = l_r^3 \times \frac{1}{\sqrt{l_r}} = l_r^{2.5} \quad (3.72)$$

(d) बल (F)

$$F = M \times a \quad (3.73)$$

$$F = \rho L^3 \times \frac{v}{T} = \rho L^2 \quad (3.74)$$

$$F_r = \frac{F_a}{F_m} \quad (3.75)$$

$$F_r = \frac{\rho_a}{\rho_m} \times \left(\frac{L_a}{L_m}\right)^2 \times \left(\frac{v_a}{v_m}\right)^2 \quad (3.76)$$

यदि मॉडल और प्रोटोटाइप में उपयोग किया जाने वाला द्रव समान है, तो

$$\frac{\rho_a}{\rho_m} = 1 \text{ or } \rho_a = \rho_m \quad (3.77)$$

और फिर

$$F_r = \left(\frac{L_a}{L_m}\right)^2 \times \left(\frac{v_a}{v_m}\right)^2 = l_r^2 \cdot l_r = l_r^3 \quad (3.78)$$

(e) दबाव (p) की तीव्रता

$$p = \frac{\text{बल}}{\text{क्षेत्रफल}} = \frac{F}{A} \tag{3.79}$$

$$p = \frac{\rho L^2 V^2}{L^2} = \rho v^2 \tag{3.80}$$

$$p_r = \frac{p_a}{p_m} \tag{3.81}$$

या,

$$p_r = \frac{\rho_a v_a^2}{\rho_m v_m^2} \tag{3.82}$$

यदि द्रव समान है

$$\rho_a = \rho_m$$

तो फिर

$$p_r = l_r. \tag{3.83}$$

(f) टॉर्क(Torque) (T)

$$\text{टॉर्क } (T) = \text{बल } (F) \times \text{दूरी } (L) = F \times L$$

टॉर्क अनुपात,

$$T_r^* = \frac{T_a^*}{T_m^*} \tag{3.84}$$

$$T_r^* = \frac{(F \times L)_a}{(F \times L)_m} \tag{3.85}$$

$$T_r^* = F_r \times l_r \tag{3.86}$$

$$T_r^* = l_r^3 \times l_r = l_r^4. \tag{3.87}$$

(g) शक्ति

शक्ति = समय की प्रति इकाई किया गया कार्य

$$= \frac{F \times L}{T} \tag{3.88}$$

शक्ति अनुपात

$$P_r = \frac{P_a}{P_m} \tag{3.89}$$

$$P_r = \frac{\frac{F_a \times L_a}{T_a}}{\frac{F_m \times L_m}{T_m}}$$

$$P_r = \frac{F_a}{F_m} \times \frac{L_a}{L_m} \times \frac{1}{\frac{T_a}{T_m}}$$

$$P_r = F_r \cdot l_r \cdot \frac{1}{T_r}$$

$$P_r = l_r^3 \cdot l_r \cdot \frac{1}{\sqrt{l_r}}$$

$$P_r = l^{3.5} \tag{3.90}$$

यूलर मॉडल नियम (Euler Model Law):

यह मॉडल नियम यूलर संख्या के आधार पर विकसित किया गया है। यूलर संख्या निम्न प्रकार से व्यक्त की जा सकती है:

$$Eu = \frac{v}{\sqrt{p/\rho}} \tag{3.91}$$

यूलर मॉडल नियम के अनुसार, मॉडल और प्रोटोटाइप के लिए यूलर संख्या समान होनी चाहिए।

गणितीय रूप से, इसे इस रूप में व्यक्त किया जा सकता है:

$$[Eu]_m = [\mathrm{Eu}]_a$$

यह नियम उन सभी द्रव प्रवाह समस्याओं के लिए लागू होता है जहाँ दबाव बल हावी होता है जैसे कि बंद पाइप के माध्यम से प्रवाह जहाँ केवल प्रक्षोभ विकसित होता है और अन्य बल अनिवार्य रूप से नगण्य होते हैं। यह नियम वहां भी लागू होता है जहाँ कैविटेशन की घटना होती है। उदाहरण के लिए, यूलर मॉडल नियम के आधार पर, मॉडल और प्रोटोटाइप के बंद पाइप के माध्यम से द्रव प्रवाह को इस रूप में लिखा जा सकता है:

$$\frac{v_m}{\sqrt{p_m/\rho_m}} = \frac{v_a}{\sqrt{p_a/\rho_a}} \tag{3.92}$$

यदि मॉडल और प्रोटोटाइप में द्रव समान है ($\rho_m = \rho_a$)।

$$\frac{v_m}{\sqrt{p_m}} = \frac{v_a}{\sqrt{p_a}} \tag{3.93}$$

वेबर मॉडल नियम(Weber Model Law):

यह मॉडल नियम वेबर संख्या के आधार पर विकसित किया गया है। वेबर संख्या को निम्न प्रकार से व्यक्त किया जा सकता है:

$$We = \frac{v}{\sqrt{\sigma/\rho L}} \tag{3.94}$$

वेबर मॉडल नियम के अनुसार, मॉडल और प्रोटोटाइप के लिए वेबर संख्या समान होनी चाहिए।

गणिंतीय रूप से, इसे इस रूप में व्यक्त किया जा सकता है:

$$[We]_m = [\mathrm{We}]_a \tag{3.95}$$

यह नियम उन सभी द्रव प्रवाह समस्याओं के लिए लागू होता है जहाँ पृष्ठ तनाव बल हावी होता है जैसे संकीर्ण मार्गों में केशिका वृद्धि, चैनलों में विकसित केशिका तरंगें और वेयर्स(weirs) पर कम शीर्ष का प्रवाह।

उदाहरण के लिए, वेबर मॉडल नियम के आधार पर, मॉडल और प्रोटोटाइप के संकीर्ण मार्गों में केशिका वृद्धि को इस प्रकार से लिखा जा सकता है:

$$\frac{v_m}{\sqrt{\sigma_m/\rho_m L_m}} = \frac{va}{\sqrt{\sigma_a/\rho_a L_a}} \tag{3.96}$$

मैक मॉडल नियम(Mach Model Law):

यह मॉडल नियम मैक संख्या के आधार पर विकसित किया गया है। मैक संख्या निम्न प्रकार से व्यक्त की जा सकती है:

$$M = \frac{v}{\sqrt{\frac{K}{\rho}}} \tag{3.97}$$

मैक मॉडल नियम के अनुसार, मॉडल और प्रोटोटाइप के लिए मैक संख्या समान होनी चाहिए।

गणितीय रूप से, इसे इस रूप में व्यक्त किया जा सकता है:

$$[M]_m = [\mathrm{M}]_a \tag{3.98}$$

यह नियम उन सभी द्रव प्रवाह समस्याओं के लिए लागू होता है जहाँ प्रत्यास्था संपीड़न बल हावी होता हैं जैसे कि विमान के शरीर पर प्रवाह और पाइपों में प्रक्षेप्य और जल-हथौड़ा।। उदाहरण के लिए, मैक मॉडल नियम के आधार पर, मॉडल और प्रोटोटाइप के वायु के माध्यम से विमान के प्रवाह को इस प्रकार से लिखा जा सकता है:

$$\frac{v_m}{\sqrt{K_m/\rho_m}} = \frac{v}{\sqrt{K_a/\rho_a}} \tag{3.99}$$

उदाहरण 3.8 दो पाइप में प्रवाह की गतिशील समानता के अनुसार, जब जल 40 cm व्यास वाले दूसरे पाइप से 3.5 m/s के वेग से प्रवाहित हो रहा है तो 15 cm व्यास के एक पाइप में प्रवाहित होने वाले तेल (तेल का विशिष्ट गुरुत्व = 0.7) का वेग ज्ञात करें। जल और तेल के लिए श्यानता मान क्रमशः 0.01 poise और 0.25 poise लें।

समाधान

दिए गये आंकडें: दो पाइपो में विभिन्न द्रव हैं,

पाइप 1 के लिए द्रव जल है:

व्यास d_1 = 40 cm = 0.40 m

वेग,v_1 = 3.5 m/s

श्यानता, μ_1 = 0.01 poise = 0.001 N-sec/m^2

घनत्व, ρ_1 = 1000 kg/m^3

पाइप 2 के लिए द्रव तेल है:

व्यास d_2 = 40 cm = 0.40 m

श्यानता, μ_2 = 0.025 poise = 0.0025 N-sec/m^2

घनत्व, ρ_2 = तेल का विशिष्ट गुरुत्व ×1000 = 700 kg/m^3

यदि पाइप गतिशील रूप से समान है,तो दोनों पाइपो की रेनोल्ड्स संख्या समान है,तब

$$\frac{\rho_1 v_1 d_1}{\mu_1} = \frac{\rho_2 v_2 d_2}{\mu_2}$$

इसलिए, तेल का वेग(v_2) द्वारा दी गई है

$$v_2 = v_1 . \frac{\rho_1}{\rho_2} . \frac{d_1}{d_2} . \frac{\mu_2}{\mu_1}$$

$$v_2 = 3.5 \times \frac{1000}{700} \times \frac{0.40}{0.15} \times \frac{0.025}{0.001} \times 3.5$$

$v_2 = 33.33$ m/s. **उत्तर**

उदाहरण 3.9 5.5 m/s के वेग से जल में घूम रही एक ठोस 80 mm D व्यास के गोले द्वारा अनुभव किए गए 20 N परिमाण के कर्षण(drag) पर विचार करें। समानता के नियम का उपयोग करते हुए वायु में गतिमान 4.5 m व्यास वाले गोले का वेग ज्ञात कीजिए। गोले द्वारा अनुभव किए गए कर्षण को भी ज्ञात कीजिए। ($\rho_{जल}$ = 997 kg/m^3; $\rho_{वायु}$ = 1.2 kg/m^3; $\nu_{वायु}$ = 13$\nu_{जल}$)

समाधान:

दिया गया

मॉडल आंकडें:

व्यास, D_m = 80 mm = 0.08 m,

गतिक श्यानता, ν_m = 1

कर्षण बल, F_m = 20 N

प्रोटोटाइप आंकडें:

व्यास, D_p = 4.5 m,

गतिक श्यानता, ν_p = 13

वेग v_p = 5.5 m/sec

रेनॉल्ड्स मॉडल नियम की समानता का उपयोग किया जा सकता है क्योंकि गोले जलमग्न अवस्था में हैं।

$$\left(\frac{vL}{\nu}\right)_m = \left(\frac{vL}{\nu}\right)_p$$

गोले का वेग इस प्रकार दिया गया है

$$v_m = v_p \times \frac{L_p}{L_m} \times \frac{\nu_m}{\nu_p}$$

$$= 5.5 \times \frac{4.5}{0.08} \times \frac{1}{13}$$

$$= 23.79 \text{ m/s}$$

अब, मॉडल और प्रोटोटाइप के लिए कर्षण(drag) का अनुपात का उपयोग किया जाता है:

$$\frac{F_m}{F_p} = \frac{\rho_m}{\rho_p} \times \left(\frac{L_m}{L_p}\right)^2 \times \left(\frac{v_m}{v_p}\right)^2$$

$$= \frac{1000}{1.2} \times \left(\frac{100}{4.5 \times 1000}\right)^2 \times \left(\frac{5}{23.79}\right)^2$$

$$\frac{F_m}{F_p} = 0.0181$$

गोले द्वारा अनुभव किया गया कर्षण बल इसके द्वारा दिया जाता है:

$$F_p = \frac{20}{0.0181} = 1100 \text{ N.}$$ **उत्तर**

उदाहरण 3.10 एक स्पिलवे(spillway) मॉडल का परीक्षण 1.25 m/sec के वेग के साथ 1.8 m^3/sec के निर्वहन के लिए किया गया था। समानता का उपयोग करते हुए 35:1 के आकार के अनुपात के साथ विकसित किये गये प्रोटोटाइप स्पिलवे के लिए वेग और विसर्जन निर्धारित करें।

समाधान

दिया गया

मॉडल आंकड़ें:

निर्वहन, Q_m =1.8 m^3/sec

वेग, v_m = 1.25 m/sec

आकार अनुपात, l_r = 35:1

गतिशील समानता के लिए फ्राउड मॉडल नियम का उपयोग किया जा सकता है।

$$\frac{v_a}{v_m} = \sqrt{l_r} = \sqrt{35}$$

$$= 5.916$$

प्रोटोटाइप पर वेग, v_a

$$v_a = v_m \times 5.916 = 1.25 \times 5.916$$

$$= 7.39 \text{ m/s}$$ **उत्तर**

अब,प्रोटोटाइप पर निर्वहन के लिए(Q_p)

$$\frac{Q_a}{Q_m} = l_r^{2.5} = (35)^{2.5}$$

$$Q_a = 1.8 \times 35^{2.5}$$

$$= 13044.95 \text{ m3/sec}$$ **उत्तर.**

उदाहरण 3.11 स्पिलवे(spillway) मॉडल का पैमाना इसके प्रोटोटाइप का 1:10 माना गया है। श्यान बल और पृष्ठ तनाव को नगण्य मानते हुए मॉडल के माध्यम से प्रवाह दर ज्ञात करें यदि प्रोटोटाइप के माध्यम से प्रवाह दर 1100 m^3/s है। प्रोटोटाइप में बिजली अपव्यय का निर्धारण करें यदि मॉडल में ऊर्जा अपव्यय 300 watts के रूप में होता है।

समाधान

दिया गया हैं

आकार अनुपात, l_r = 1:10

प्रोटोटाइप से प्रवाह दर, Q_a = 1100 m^3/s

मॉडल में ऊर्जा अपव्यय, P_m = 300 W

क्योंकि गुरुत्वाकर्षण मुख्य बल है, फ्रॉउड मॉडल नियम का उपयोग किया जा सकता है।

$$Q_r = l_r^{5/2} g_r^{1/2}$$

$$Q_r = \frac{Q_m}{Q_a} = \left(\frac{1}{10}\right)^{5/2} \times 1 \qquad (g_r = 1)$$

मॉडल से प्रवाह दर, Q_m

$$Q_m = 1100 \times \left(\frac{1}{10}\right)^{5/2}$$

$$= 3.478 \quad m^3/s$$

अब, फ्रॉउड मॉडल नियम के आधार पर, शक्ति के लिए पैमाना अनुपात दिया गया है।

$$P_r = \rho_r l_r^{7/2} g_r^{3/2}$$

$$\frac{P_m}{P_a} = 1 \times \left(\frac{1}{10}\right)^{7/2} \times 1 \;\; (\rho_r = 1)$$

प्रोटोटाइप में ऊर्जा अपव्यय (P_a) द्वारा दिया गया है

$$P_a = 300 \times (10)^{7/2}$$

= 948.68 kW **उत्तर.**

उदाहरण 3.12 अतिप्रवाह संरचना का प्रोटोटाइप और मॉडल के मापदंड को इस प्रकार दिया गया है: प्रोटोटाइप की लंबाई 600 m है, प्रोटोटाइप के माध्यम से निर्वहन 4500 m^3/s है, प्रयोगशाला में चैनल लंबाई 0.6 m चौड़ी है और मॉडल से प्रोटोटाइप आकार का अनुपात 1:18 है। श्यानता और पृष्ठ तनाव के प्रभाव को अनदेखा करते हुए मॉडल के माध्यम से प्रवाह दर का पता लगाएं।

समाधान

दिया गया हैं

मॉडल आंकड़ा:

लम्बाई, L_m = 0.6 m

प्रोटोटाइप आंकड़ा:

लम्बाई, L_a = 600 m

निर्वहन, Q_a = 4500 m^3/s

आकार अनुपात, lr = 1:18

फ्राउड मॉडल नियम के आधार पर,

$$v_r = (l_r)^{1/2}$$

$$v_r = \left(\frac{1}{18}\right)^{1/2}$$

अब, निर्वहन इस प्रकार दिया जाता है

$$Q_r = A_r v_r$$

$$\frac{Q_m}{Q_a} = (v_r l_r) \times v_r$$

$$Q_m = 4500 \times \left(\frac{0.6}{600} \times \frac{1}{18}\right) \times \left(\frac{1}{18}\right)^{1/2} \qquad \left(l_r = \frac{L_m}{L_a}\right)$$

$$Q_m = 0.0589\ \text{m}^3/\text{s}.$$ **उत्तर.**

उदाहरण 3.13 1:40 के आयाम आकार वाले एक विमान के मॉडल के जल में परीक्षण के दौरान 75 N/cm² दबाव कम हुआ। वायु में प्रोटोटाइप का दबाव में गिरावट को निर्धारित करें ($\rho_{वायु}$ = 1.2 kg/m³, $\mu_{जल}$ = 0.01 poise और $\mu_{वायु}$ = 0.00018 poise)

समाधान

दिए गए हैं

मॉडल आंकड़ें (जल):

दबाव, p_m =75 N/cm² =75 × 10^4

श्यानता, μ_m = 0.01 poise = 0.001 Ns/m²

घनत्व, ρ_m = 1000 kg/m³

प्रोटोटाइप आंकड़ें (वायु):

श्यानता, μ_a = 0.00018 poise = 0.000018 Ns/m²

घनत्व, ρ_a = 1.2 kg/m³

आयाम आकार, l_r = 40

रेनॉल्ड संख्या मॉडल नियम के आधार पर, हमें मिलता है

या,

$$\frac{\rho_m v_m L_m}{\mu_m} = \frac{\rho_a v_a L_a}{\mu_a}$$

या,

$$\frac{v_m}{v_a} = \frac{\rho_a}{\rho_m} \times \frac{L_a}{L_m} \times \frac{\mu_m}{\mu_a}$$

$$\frac{v_m}{v_a} = \frac{1.2}{1000} \times \frac{40}{1} \times \frac{0.0001}{0.000018}$$

$$\frac{v_m}{v_p} = 2.667$$

अब, यूलर संख्या मॉडल नियम के आधार पर, हमें मिलता है

$$\frac{v_m}{\sqrt{\frac{p_m}{\rho_m}}} = \frac{v_a}{\sqrt{\frac{p_a}{\rho_a}}}$$

$$\frac{v_m}{v_a} = \sqrt{\frac{p_m}{p_a}} \times \sqrt{\frac{\rho_a}{\rho_m}}$$

$$2.667 = \sqrt{\frac{75\times10^4}{p_a}} \times \sqrt{\frac{1.2}{1000}}$$

वायु में प्रोटोटाइप के दबाव में गिरावट दी जाती है।

$$p_a = 0.01265\ \text{N/cm}^2.$$ **उत्तर**

उदाहरण 3.14 निम्नलिखित आंकड़ें के लिए एक प्रोटोटाइप स्पिलवे(spillway) के माध्यम से वेग और विसर्जन क्या होगा: (i) मॉडल-प्रोटोटाइप आयाम 1:35 के रूप में (ii) (ii) मॉडल वेग 1.8 m/sec से अधिक (iii) मॉडल के माध्यम से निर्वहन 2.35 m^3/s हैं।

समाधान

दिया गया है:

मॉडल आंकड़ें:

वेग, v_m = 1.8 m/sec

निर्वहन, Q_m = 2.35 m^3/s

आयाम अनुपात, l_r = 1:35

वेग अनुपात दिया जाता है

$$\frac{v_a}{v_m} = \sqrt{l_r} = \sqrt{35}$$

$$v_a = v_m \times \sqrt{35}$$

$$= 1.8 \times \sqrt{35}$$

v_a = 10.648 m/sec. **उत्तर**

अब, निर्वहन अनुपात इसके द्वारा दिया जाता है

$$\frac{Q_a}{Q_m} = l_r^{2.5}$$

$$Q_a = Q_m \times L_r^{2.5}$$

$$Q_a = 2.35 \times 35^{2.5}$$

Q_a= 17030.9 m^3/ s. **उत्तर**

यूनिट सारांश (Unit Summary)

- विमीय विश्लेषण उन भौतिक राशियों के बीच संबंध से संबंधित है जिनका विश्लेषण विमाओं और मापन की इकाइयों की सहायता से किया जाता है।
- कई द्रव यांत्रिकी समस्याओं में, भौतिक प्रणाली के आयाम चरों के बीच संबंध दो पद्धतियों से स्थापित किया जा सकता है:

  रैले की विधि

  बकिंघम π-प्रमेय विधि

  गणितीय रूप से, रैले की विधि को निम्न प्रकार से व्यक्त किया जा सकता है:

$$X = CX_1^a \cdot X_2^b \cdot X_3{}^c$$

  जहाँ, C स्थिरांक है और a, b और c विवेकाधीन घातें हैं।

  बकिंघम π-प्रमेय रैले की विधि में सामना की जाने वाली चार संख्या में चरों की सीमा की कमी को कम करता है।

- मॉडल और प्रोटोटाइप को समान कहा जा सकता है यदि वे ज्यामितीय रूप से समान, गतिकीय रूप से समान और गतिशील रूप से समान हैं।
- ज्यामितीय समानता

ज्यामितीय समानता के मामले में, वास्तविक (प्रोटोटाइप) के दो भौतिक विमाओं का अनुपात मॉडल के संबंधित विमाओं के अनुपात के बराबर होता है।

लंबाई स्केल(scale) अनुपात:

$$l_r = \frac{L_m}{L_a} = \frac{B_m}{B_a} = \frac{D_m}{D_a}$$

क्षेत्रफल स्केल अनुपात:

$$A_r = l_r^2$$

आयतन स्केल अनुपात:

$$V_r = l_r^3$$

- गतिकीय समानता

यह कहा जाता है कि वास्तविक (प्रोटोटाइप) प्रणाली के माध्यम से द्रव प्रवाह के दो वेगों का अनुपात मॉडल के माध्यम से संबंधित वेग के अनुपात के बराबर होता है।

वेग स्केल अनुपात:

$$v_r = l_r/T_r$$

त्वरण स्केल अनुपात:

$$a_r = \frac{a_m}{a_a} = \frac{l_r}{T_r^2}$$

निर्वहन स्केल अनुपात:

$$Q_r = \frac{Q_m}{Q_a} = \frac{l_{r^3}}{T_r}$$

- गतिशील समानता

यदि मॉडल और प्रोटोटाइप के सजातीय बिंदुओं पर कार्यरत बल का अनुपात समान हैं, तो मॉडल और प्रोटोटाइप के बीच गतिशील समानता है।

(i) रेनॉल्ड्स संख्या(Reynolds Number)

$$Re = \frac{\rho v D}{\mu}$$

(ii) फ्रॉउड संख्या(Froude Number)

$$Fr = \frac{v}{\sqrt{Lg}}$$

(iii).यूलर संख्या(Euler Number)

$$Eu = \frac{v}{\sqrt{p/\rho}}$$

(iv) मैक संख्या(Mach Number)

$$M = \frac{v}{\sqrt{K/\rho}}$$

(v) वेबर संख्या(Weber Number)

$$\text{We} = \frac{v}{\sqrt{\sigma/\rho l}}$$

- विभिन्न घटनाओं में प्रत्येक बल के महत्व के आधार पर विभिन्न प्रकार के मॉडल नियमों को विकसित किया गया है, जो नीचे सूचीबद्ध हैं।

  (i) रेनॉल्ड्स मॉडल नियम(Reynold Model Law)

$$\frac{\rho_m v_m l_m}{\mu_m} = \frac{\rho_a v_a l_a}{\mu_a}$$

  (ii) फ्रॉउड मॉडल नियम(Froude Model Law)

$$\frac{v_m}{\sqrt{g_m l_m}} = \frac{v_a}{\sqrt{g_a l_a}}$$

  (iii) यूलर मॉडल नियम(Euler Model Law)

$$\frac{v_m}{\sqrt{p_m/\rho_m}} = \frac{v_a}{\sqrt{p_a/\rho_a}}$$

  (iv) मैक मॉडल नियम(Mach Model Law)

$$\frac{v_m}{\sqrt{K_m/\rho_m}} = \frac{v_a}{\sqrt{K_a/\rho_a}}$$

  (v) वेबर मॉडल नियम(Weber Model Law)

$$\frac{v_m}{\sqrt{\sigma_m/\rho_m l_m}} = \frac{v_a}{\sqrt{\sigma_a/\rho_a L_a}}$$

अभ्यास (Exercise)

बहु विकल्पीय प्रश्न(Multiple Choice Questions)

3.1 जो समीकरण विमाहीन रूप से सजातीय होते हैं, उन पर लागू होते हैं।

(a) केवल सी. जी. एस. प्रणाली
(b) केवल एफपीएस प्रणाली
(c) एम. के. एस और एसआई प्रणालियाँ
(d) इकाइयों की सभी प्रणालियाँ

3.2 निम्नलिखित में से कौन सी प्राथमिक मात्रा है?

(a) आयतन (b) गति (c) घनत्व (d) द्रव्यमान

3.3 विमायें जिनकी इकाई किसी भी अन्य विमा से स्वतंत्र होती है, उन्हें

(a) निरपेक्ष विमा
(b) स्वतंत्र विमा
(c) निर्भर विमा
(d) मूल विमा

3.4 मापदंड के आधार पर कार्यात्मक संबंध को निर्धारित करने के लिए निम्नलिखित में से किस विधि का उपयोग किया जाता है?

(a) डॉप्लर प्रभाव(Doppler effect)
(b) न्यूटन के नियम(Newton's laws)
(c) रदरफोर्ड की विधि(Rutherford's method)
(d) रैले की विधि(Rayleigh's method)

3.5.क्या रैले की विधि को निम्नलिखित प्रारूपों में प्रस्तुत किया जाना चाहिए?

(a) D = f(Lpv)
(b) D = f
(c) D = (l,ρ,μ,v,g)
(d) D = f(l,ρ,μ,v,g)

3.6 निम्नलिखित में से कौन सी विधि रेले की विधि के समान है?

(a) आयनीकरण विधि
(b) संवहन विधि
(c) निर्गम भार विधि
(d) बकिंघम विधि

3.7 छह भौतिक राशियों और तीन मूल मात्रक पर आधारित π-पदों की संख्या क्या है?

(a) 4 (b) 3 (c) 2 (d) 1

3.8 निम्नलिखित में से, किसे एक मुख्य समूह नहीं माना जाता है?

(a) प्रवाह विशेषताएँ
(b) द्रव गुण
(c) ज्यामितीय गुणधर्म
(d) समय

3.9 एक मॉडल विश्लेषण के निम्नलिखित लाभ हैं:

(a) वैकल्पिक अभिकल्पों की भविष्यवाणी करना संभव है।
(b) चर के बीच संबंधों को निर्धारित करना संभव नहीं है।
(c) तापीय प्रसार के लिए अपरूपण प्रतिबल
(d) प्रदर्शन की भविष्यवाणी करना असंभव है।

3.10 समरूपता की संकल्पना को _ _ _ _ _ _ के परीक्षण पर लागू किया जा सकता है

(a) रासायनिक मॉडल
(b) अभियांत्रिकी मॉडल
(c) भौतिक मॉडल
(d) गणितीय मॉडल

3.11 प्रोटोटाइप और मॉडल के बीच गतिशील समानता है

(a) बलों की समानता
(b) लंबाई की समानता
(c) गति की समानता
(d) उपरोक्त में से कोई नहीं

3.12 प्रोटोटाइप की गति और मॉडल की गति के बीच समानता है।

(a) अभिकल्प(design) समानता
(b) गतिकीय समानता
(c) संभावित समानता
(d) गतिशील समानता

3.13 प्रोटोटाइप और मॉडल के बीच गतिकीय समानता है

(a) सुव्यवस्थित पैटर्न की समानता
(b) आकार की समानता
(c) निर्वहन की समानता
(d) उपरोक्त में से कोई नहीं

3.14 निम्नलिखित एक समरूपता का मानदंड नहीं बनता है?

(a) सशर्त समानता
(b) गतिशील समानता
(c) गतिकीय समानता
(d) ज्यामितीय समानता

3.15 निम्नलिखित में से कौन सा कथन एक मानक समरूपता स्केल है?

(a) 1: 100 (b) 1: 25 (c) 1: 50 (d) 1: 250

3.16 निम्नलिखित में से कौन विमाहीन संख्या से संबंधित नहीं है?

(a) कार्टेसियन (Cartesian) (b) मैक (Mach) (c) फ्राउड (Froude) (d) रेनॉल्ड्स (Reynolds)

3.17 प्रत्यास्थ(elastic) बल के लिए सूत्र इस प्रकार है:

(a) प्रत्यास्थ प्रतिबल × प्रत्यास्थ (b) प्रत्यास्थ प्रतिबल × क्षेत्रफल

(c) प्रत्यास्थ विकृति/क्षेत्रफल (d) प्रत्यास्थ प्रतिबल/ विकृति क्षेत्रफल

3.18 _ _ _ _ _ _ _ _ _ जड़त्व बल और श्यान बल के अनुपात को संदर्भित करता है।

(a) मैक संख्या (b) रेनॉल्ड्स संख्या

(c) वेबर संख्या (घ) फ्रॉउड संख्या

3.19 निम्नलिखित में से कौन सा पद जड़त्व और दबाव बल के बीच अनुपात के वर्गमूल का प्रतिनिधित्व करता है?

(a) फ्रॉउड संख्या (b) यूलर संख्या

(c) मैक संख्या (d) रेनॉल्ड्स संख्या।

3.20 मैक संख्या अनुपात के वर्गमूल के बराबर है।

(a) जड़त्व से प्रत्यास्थ बल (b) जड़त्व से पृष्ठ तनाव बल

(c) दबाव बल की जड़ता (d) उपरोक्त में से कोई नहीं

बहु विकल्प प्रश्नों के उत्तर (Answers of Multiple Choice Questions)

3.1 (d), 3.2 (d), 3.3 (d), 3.4 (d), 3.5 (d), 3.6 (d), 3.7 (b), 3.8 (b), 3.9 (a), 3.10 (b), 3.11 (a),3.12 (b), 3.13 (a), 3.14 (a), 3.15 (b), 3.16 (a), 3.17 (b), 3.18 (b), 3.19 (b), 3.20 (a)

लघु और दीर्घ उत्तरीय प्रश्न (Short and Long Answer Type Questions)

3.3.1 विमीय विश्लेषण और मॉडल विश्लेषण में पदों के अर्थ को स्पष्ट करें।

3.2 विमीय सजातीय समीकरणों की अवधारणा का वर्णन करें।

3.3 विमीय विश्लेषण के तीन प्राथमिक उद्देश्यों का वर्णन करें।

3.4 (i) बल (ii) श्यानता (iii) शक्ति और (iv) गतिज श्यानता के लिए विमायें दें।

3.5 अपने कार्य को प्रदर्शित करने के लिए, निम्नलिखित ऊष्मागतिकी चरों में से प्रत्येक के मूल विमाओं को सूचीबद्ध करें

(a) ऊर्जा, E (b) विशिष्ट ऊर्जा, e = E/m (ग) शक्ति, W

3.6 विभिन्न मापदंड़ो के बीच कार्यात्मक संबंध स्थापित करने के लिए, भौतिक घटनाओंके विमीय विश्लेषण के लिए कौन सी विभिन्न विधियाँ उपलब्ध हैं?

3.7 विमीय विश्लेषण के लिए उपयोग की जाने वाली रैले विधि की व्याख्या कीजिए।

3.8 दोहराने वाले चरों को कैसे परिभाषित करें? विमीय विश्लेषण का उपयोग करके यह चयन कैसे किया जाता है?

3.9 मॉडल परीक्षण के विभिन्न अनुप्रयोगों को परिभाषित करें?

3.10 मॉडल परीक्षण के विभिन्न लाभों का वर्णन करें?

3.11 आप ज्यामितीय, गतिज और गतिशील समानताओं को कैसे परिभाषित करते हैं? क्या इन समानताओं को हासिल करना संभव है? यदि नहीं, तो क्यों?

3.12 विमाहीन संख्याओं को परिभाषित करें?

3.13 दिखाएँ कि जड़त्व बल और श्यान बल का अनुपात रेनॉल्ड्स संख्या देता है।

3.14 निम्नलिखित विमाहीन संख्याओं की व्याख्या करें और द्रव प्रवाह समस्याओं के लिए उनके निहितार्थों को बताएं। (i) रेनॉल्ड्स संख्या, (ii) फ्राउड संख्या और (iii) मैक संख्या।

3.15 पदों को परिभाषित करें: मॉडल, प्रोटोटाइप, मॉडल विश्लेषण, द्रवचालित समरूपता ।

संख्यात्मक समस्याएं (Numerical Problems)

3.16 दिखाएँ कि केशिका वृद्धि h द्रव के पृष्ठ तनाव, विशिष्ट भार ω, और नलिका त्रिज्या r पर निर्भर करती है।

$$\frac{h}{r} = \emptyset\left(\frac{\sigma}{\omega r^2}\right)$$

3.17 दिखाएं कि पाइप के माध्यम से प्रवाहित होने वाले द्रव पदार्थ में अपरूपण प्रतिबल(τ) को व्यक्त करने के लिए समीकरणों का उपयोग किया जा सकता हैः

$$\tau = \rho V^2 \emptyset\left[\frac{\mu}{\rho D v}, \frac{k}{D}\right]$$

जहाँ, D पाइप का व्यास हैं, ρ द्रव्यमान घनत्व हैं, V वेग हैं, μ श्यानता हैं, और k खुरदरापन प्रक्षेपण की ऊंचाई हैं।

3.18 विमीय विश्लेषण का उपयोग करते हुए एक स्थिर पिंड पर प्रवाहित द्रव पदार्थ द्वारा लगाए गए बल के लिए एक व्यंजक प्राप्त करें जो द्रव के वेग (v), द्रव की श्यानता (μ), पिंड की लंबाई (L), द्रव के घनत्व (ρ) और गुरुत्व के कारण त्वरण (g) पर निर्भर करता है।

3.19 0.8 के विशिष्ट गुरत्व के साथ तेल के परिवहन के लिए 2 m व्यास वाले एक प्रोटोटाइप पाइप की आवश्यकता होती है जिसमे श्यानता 0.04 poise, 4 m^3/s की दर से बढ़ती है। 20^0C पर जल का उपयोग करके 20 cm व्यास वाले पाइप पर परीक्षण किए गए। मॉडल में वेग और प्रवाह दर ज्ञात कीजिए। 20°C पर जल की श्यानता = .01 poise।

3.20 विभिन्न समानता मापदंडो के लिए बल अनुपात, F, क्या है, (a) फ्रॉउड संख्या, (b) रेनॉल्ड्स संख्या, (c) वेबर संख्या, और (d) मैक संख्या, यह मानते हुए कि समान द्रव एक ही तापमान पर हैं और मॉडल में प्रोटोटाइप के रूप में उपयोग किया जायेगा?

3.21 8.2m ऊंचा और 160m लंबा एक स्पिलवे 5m के शीर्ष के नीचे 2250 m/s निर्वहन करता है। यदि स्पिलवे(spillway) के 1:16 मॉडल का निर्माण किया जाना है, तो मॉडल विमाओं, मॉडल के शीर्ष और मॉडल निर्वहन का पता लगाएं।

3.22 1:20 के पैमाने पर एक उड़ने वाली नाव का मॉडल पानी के माध्यम से खींचा जाता है। प्रोटोटाइप 1024 kg/m^3 के घनत्व के साथ समुद्री जल में 16 मीटर/सेकंड की गति से चलता है। मॉडल की गति ज्ञात कीजिए। यदि प्रोटोटाइप का तरंग प्रतिरोध 500 N है, तो मॉडल के तरंग प्रतिरोध की गणना करें।

3.23 दिखाएं कि स्पिलवे की प्रति इकाई चौड़ाई के निर्वहन का अनुपात 1:75 के प्रोटोटाइप मॉडल अनुपात के साथ अनुपात $(1/75)^{3/2}$ द्वारा निर्धारित किया जाता है।

3.24 एक वायु वाहिनी को 1:20 के स्केल अनुपात में मॉडल किया जाना है और जल के साथ परीक्षण किया जाना है जो वायु से 800 गुना सघन और 50 गुना श्यान है। जब गतिशील रूप से समान परिस्थितियों में परीक्षण किया जाता है, तो मॉडल में दो अनुभागों के बीच दबाव में गिरावट 240 kPa होता है। प्रोटोटाइप में संबंधित दबाव में गिरावट क्या है?

3.25 स्पिलवे के 1:30 मॉडल में वेग और निर्वहन क्रमशः 1.5 m/sec और 2.0 m^3/sec हैं। प्रोटोटाइप में, संबंधित वेग और निर्वहन का निर्धारण करें।

संदर्भ और सुझाए गए पाठ (References And Suggested Readings)

कुछ पुस्तकों की सूची नीचे दी गई है जिनका उपयोग विषय का आगे अध्ययन करने के लिए किया जा सकता है:

1. ई. मोसोनियाई, जल शक्ति विकास, वॉल्यूम I और II, नेम चंद और ब्रदर्स, 2009।
2. जे. लाल, द्रवचालित मशीनें, तीसरा संस्करण (पुनर्मुद्रण), मेट्रोपॉलिटन बुक कंपनी प्राइवेट लिमिटेड, 2002।
3. जी. ब्राउन, हाइड्रो विद्युत अभियांत्रिकी अभ्यास, वॉल्यूम। द्वितीय, सीबीएस प्रकाशन, 1984।
4. यूनुस ए. सेन्गेल, द्रव यांत्रिकी: मूल रूप से और अनुप्रयोग, मैकग्रा-हिल प्रकाशन, 2006।
5. पी.एन.मोदी, द्रव यांत्रिकी मशीनों सहित द्रवचालित और द्रव यांत्रिकी, राजसंस पब्लिकेशन्स प्रा. लिमिटेड, 2014।
6. व्हाइट, फ्रैंक एम, द्रव यांत्रिकी, सातवां संस्करण, मैकग्रा-हिल 2009।
7. फिलिप जे. प्रिचर्ड, फॉक्स और मैकडोनाल्ड द्रव यांत्रिकी का परिचय, 8वां संस्करण, जॉन विली एंड संस 2011।
8. रोबर्ट डब्ल्यू. फॉक्स, एलन टी. मैकडोनॉल्ड और फिलिप जे. प्रिचर्ड, द्रव यांत्रिकी का परिचय, 6वां संस्करण 2004।

4 द्रव मशीनें – पंप (Fluid Machines – Pumps)

यूनिट विशिष्टता (Unit Specifics)

इस यूनिट के माध्यम से हमने निम्नलिखित पहलुओं पर चर्चा की है:

- *पंपों की परिभाषा और उनका वर्गीकरण;*
- *यूलर का समीकरण और रोटोडायनामिक (rotodynamic) मशीनों का सिद्धांत;*
- *पंपों की विभिन्न कार्यक्षमता और वेग घटक;*
- *अपकेंद्री पंपों का कार्य सिद्धांत और इम्पेलर द्वारा किया गया कार्य*
- *पंपों में निष्पादन वक्र और गुहिकायन*
- *पंपों का चयन और टर्बाइन के रूप में पंप की अवधारणा*
- *सकारात्मक विस्थापन(displacement) पंप के कार्य सिद्धांत*

अधिक जिज्ञासा और रचनात्मकता उत्पन्न करने के साथ साथ समस्या समाधान क्षमता में सुधार के लिए विषयों के व्यावहारिक अनुप्रयोगों पर चर्चा की जाती है।
बड़ी संख्या(number) में बहु विकल्पीय प्रश्नों के साथ साथ लघु और दीर्घ उत्तरीय प्रकार के प्रश्न उपलब्ध कराये गए हैं। इन्हें ब्लूम के वर्गीकरण के निचले और उच्च क्रम का उपयोग करके दो श्रेणियों में चिह्नित किया गया हैं। अभ्यास के लिए, अध्याय में कई संख्यात्मक समस्याओं के माध्यम से गृह कार्य, संदर्भो की एक सूची और महत्वपूर्ण साहित्य के सुझाव दिए गए हैं। यह ध्यान रखना महत्वपूर्ण है कि अनुभागों में विभिन्न क्यूआर कोड जोड़े गए हैं। रूचि(interest) के विषयों पर अतिरिक्त जानकारी प्राप्त करने के लिए इन्हें स्कैन किया जा सकता हैं।

औचित्य (Rationale)

पंपों पर यह मूल इकाई छात्रों को विभिन्न परिचालन स्थितियों के तहत क्षेत्र में अनुप्रयोग के लिए पंपों के कार्य सिद्धांत, विशेषताओं और चयन के बारे में एक बुनियादी समझ प्राप्त करने में मदद करती है। यह अपकेंद्री पंपों के माध्यम से द्रव की गति को जानने के लिए यूलर समीकरण की व्याख्या करता है। तब यह इम्पेलर द्वारा किए गए कार्य को निर्धारित करने की प्रक्रिया(procedure) को समझने के लिए रोटर (इम्पेलर) के प्रवेश और निकास पर विभिन्न वेग घटकों की व्याख्या करता है। विशिष्ट परिस्थितियों में पंपों के व्यवहार को समझने के लिए, निष्पादन वक्रों पर चर्चा की जाती है। टर्बाइन के रूप में उपयोग किए जाने वाले पंप की अवधारणा को भी *यूनिट में शामिल किया गया है और विभिन्न साइट स्थितियों के लिए पंपों का चरणबद्ध चयन दिया गया है।*

पंप द्रव मशीनों के अंतर्गत(included) एक महत्वपूर्ण इकाई है जो अनिवार्य रूप से यांत्रिक ऊर्जा अवशोषित करके द्रव पदार्थों को एक स्थान से दूसरे स्थान पर स्थानांतरित करने का कार्य करता है। पंपों के कार्य सिद्धांत, वर्गीकरण, विशेषताओं और चयन के सिद्धांतों की समझ प्रदान करता है और छात्रों को उन्नत पाठ्यक्रमों के तहत और उद्योगों में इन मशीनों का अध्ययन करने में मदद करने में मदद करता है।

आवश्यक-शर्ते (Pre-Requisites)

विज्ञान: द्रव पदार्थों के गुणधर्म विशेष रूप से जल जैसे घनत्व, विशिष्ट गुरुत्व, श्यानता, प्रवाह वेग आदि। (वर्ग XII)

भौतिकी: ऊर्जा रूपांतरण प्रक्रम के मूल तत्व जैसे द्रव्यमान संरक्षण (निरंतरता समीकरण) और ऊर्जा (बर्नौली समीकरण) (वर्ग XII)

गणित: सदिश(vector) विश्लेषण जैसे वेग आरेख और विभिन्न बल (वर्ग XII)

यूनिट आउटकम (Unit Outcomes)

इस यूनिट के परिणामों की सूची इस प्रकार है:

U4-O1: अपकेंद्री(centrifugal) पंपों के कार्य सिद्धांत और वर्गीकरण का वर्णन।

U4-O2: वेग त्रिकोण(triangle) खींचें और इम्पेलर(impeller) द्वारा किए गए कार्य का मूल्यांकन करें।

U4-O3: पंपों में विभिन्न क्षमताओं(efficiencies) और गुहिकायन(cavitation) को परिभाषित करना।

U4-O4: पंपों के निष्पादन(performace)वक्रों(curves),पंपों की चयन प्रक्रिया और टरबाइन(turbine) के रूप में पंप की अवधारणा का वर्णन करें।

U4-O5: सकारात्मक (positive) विस्थापन (displacement) पंप के कार्य सिद्धांत का वर्णन करना और पंपों से संबंधित समस्याओं का समाधान करना।

यूनिट- 4 परिणाम	पाठ्यक्रम के परिणामों के साथ अपेक्षित मानचित्रण (1- दुर्बल सहसंबंध; 2-मध्यम सहसंबंध; 3-मजबूत सहसंबंध)					
	CO-1	**CO-2**	**CO-3**	**CO-4**	**CO-5**	**CO-6**
U4-O1	3	2	3	1	-	2
U4-O2	3	1	2	2	3	1
U4-O3	2	3	-	3	2	1
U4-O4	-	2	3	1	3	2
U4-O5	1	3	3	-	2	1

4.1 रोटोडायनामिक मशीनें (Rotodynamic Machines)

व्यावहारिक अनुप्रयोगों में, हमें ऐसी मशीनों को विकसित करने की आवश्यकता है जो पंपों के मामले में यांत्रिक(mechanical) शक्ति को दबाव ऊर्जा और गतिज (kinetic) ऊर्जा को द्रव (द्रव या गैस) में परिवर्तित करने के लिए तंत्र का उपयोग करती हैं, जबकि, टरबाईन (turbine) के मामले में दबाव ऊर्जा(संभावित ऊर्जा) और द्रव की गतिज ऊर्जा को यांत्रिक शक्ति में परिवर्तित करती है। इन मशीनों को रोटोडायनामिक मशीनों के रूप में जाना जाता है जिनमें एक द्रव या गैस का उपयोग कार्यशील द्रव पदार्थ के रूप में किया जाता हैं। इस अनुभाग में, रोटोडायनामिक मशीनों के वर्गीकरण और सिद्धांत के बारे में संक्षिप्त चर्चा की गयी हैं जो तरल पदार्थ के रूप में द्रव पदार्थ से संबंधित है।

4.1.1 रोटोडायनामिक मशीनों का सिद्धांत (Theory of Rotodynamic Machines)

रोटोडायनामिक मशीन के सिद्धांत पर "न्यूटन के गति के दूसरे नियम"के आधार पर चर्चा की जा सकती है। रोटोडायनामिक मशीनों में, रोटर(इम्पेलर(impeller) या धावक(runner)) सबसे महत्वपूर्ण घटक(component) है, जिसकी द्रव प्रवाह के संबंध में गति को मशीन के संचालन के दौरान समझने की आवश्यकता होती है। वेग में परिवर्तन के कारण, संवेग में परिवर्तन होगा, तदनुसार, बल रोटर की स्पर्शीय(tangential) दिशा में एक कार्य करेगा। टरबाइन में, द्रव का स्पर्शीय बल गतिमान रोटर द्वारा कार्य करने के लिए उत्तरदायी है। हालांकि, पंपों और कंप्रेशर्स (compressors) के मामले में स्पर्शीय बल बढ़ जाता है, जहाँ ऊर्जा का स्थानांतरण करके दबाव शीर्ष(head) बनाया जाता है। चित्र 4.1 में रोटोडायनामिक मशीनों के सिद्धांत पर चर्चा करने के लिए, द्रव और रोटर के बीच अन्योन्यक्रिया(interaction) के दौरान देखे गए विभिन्न वेग घटक (रोटर पर विभिन्न स्थानों को '1' और '2' के रूप में संदर्भित) दर्शाता हैं।

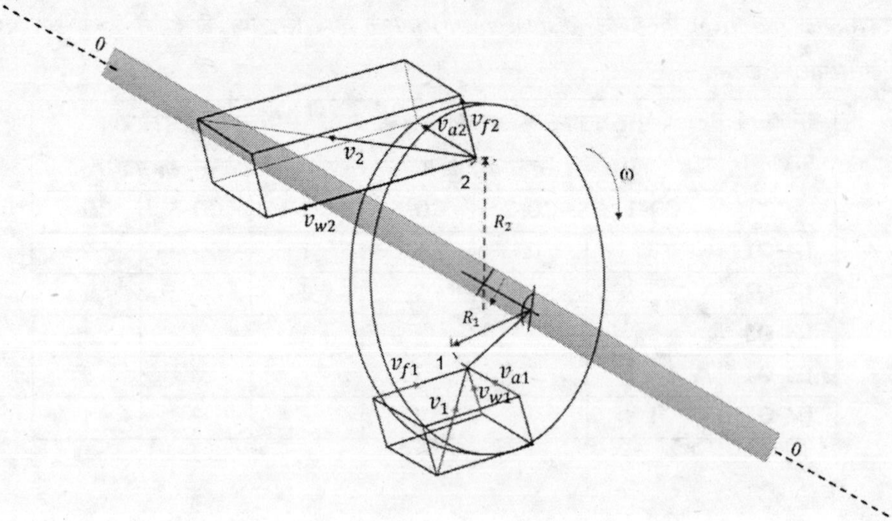

चित्र 4.1: एक सामान्यीकृत द्रव मशीन में प्रवाह वेग घटक।

ध्यान में रखते हुए कि R_1 और R_2 1 (प्रवेश) और 2 (निकास) के अनुरूप रोटर त्रिज्या हैं और 0-0 अक्ष(axis) के सापेक्ष इन बिंदुओं के अनुरूप हैं,ω रोटर का कोणीय (anular) वेग है। ऊर्जा हस्तांतरण का विश्लेषण करने के लिए की गई धारणाएँ हैं (i) प्रवाह स्थिर अवस्था में है, (ii) ऊष्मा और कार्य हस्तांतरण की दर स्थिर हैं, और (iii) किसी परिमित(finite) क्षेत्र के माने गये द्रव्यमान प्रवाह पर वेग समान है।

किसी भी बिंदु पर वेग को तीन परस्पर लंबवत(perpendicular) घटकों में हल किया जाता है; अक्षीय (v_a), त्रिज्य(radial) (v_f) और स्पर्शीय (v_w)। घटक v_a के परिमाण को बदलने से, रोटर की अक्षीय दिशा में संवेग में परिवर्तन होगा, जिसके परिणामस्वरूप अक्षीय(axial) बल स्थिर रोटर आवरण पर अक्षीय प्रणोद(thrust) के संदर्भ में उत्पन्न होगा। दूसरी ओर, v_f घटक का परिमाण बदलने से त्रिज्य दिशा में संवेग(momentum) में परिवर्तन हो जाता है।

पंपों और कंप्रेशर्स(compressors) में, द्रव के स्पर्शीय संवेग में वृद्धि होती है और इसलिए कार्य को गतिमान रोटर से द्रव द्वारा अवशोषित किया जाता है, टर्बाइनों के विपरीत,जहाँ , द्रव गतिमान रोटर पर काम करता है। इस मामले में, मशीनों के घूर्णन घटकों के कारण द्रव पदार्थों के कोणीय संवेग में परिवर्तन द्रव पदार्थ या उससे शक्ति का स्थानांतरण होता है। इस घटना पर यूलर की गति के समीकरण का उपयोग करके चर्चा की जा सकती है।

4.1.1.1 यूलर का गति समीकरण (Euler's Equation of Motion)

द्रव गतिशीलता में, यूलर का समीकरण एक संपीड्य(compressible), अश्यान(inviscid) द्रव की गति को नियंत्रित करता है। जब कोई द्रव गति में होता है, तो उस पर नीचे सूचीबद्ध विभिन्न बल कार्य करेंगे।

(i) दबाव बल, F_p

(ii) गुरुत्व बल, F_g

(iii) श्यानता के कारण घर्षण बल, F_v

(iv) प्रक्षोभ(turbulence) बल के कारण बल, F_t

(v) संपीड्यता(compressibility) के कारण बल, F_c

(vi) प्रत्यास्थता(elasticity) के कारण बल, F_e

SCAN ME

For better understanding euler's equation

न्यूटन के गति के दूसरे नियम के अनुसार,और उपरोक्त सभी बलों को एक निश्चित दिशा 's' में मानते हुए, गति के समीकरण को निम्न प्रकार से व्यक्त किया जा सकता है:

$$F_{ps} + F_{gs} + F_{vs} + F_{ts} + F_{cs} + F_{es} = \rho \, dA \, ds \, a_s \quad (4.1)$$

जहाँ, ρ द्रव पदार्थ का घनत्व है और a_s त्वरण है।

सामान्य रूप से, कम वेग वाले श्यान द्रव पदार्थ के लिए श्यानता, प्रक्षोभ, संपीड्यता और प्रत्यास्थता के कारण बल बहुत कम होते हैं और उन्हें निम्नानुसार व्यक्त करने के लिए यूलर समीकरण को उपेक्षित किया जाएगा।

$$F_{ps} + F_{gs} = \rho \, dA \, ds \, a_s \quad (4.2)$$

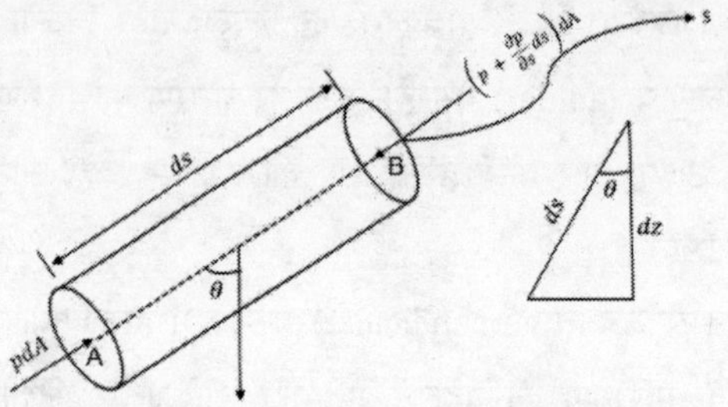

चित्र 4.2: द्रव प्रवाह का बेलनाकार (cylindrical) तत्व

इसलिए, यूलर समीकरण एक सुव्यवस्थित रेखा के साथ एक स्थिर अवस्था द्रव (आदर्श) प्रवाह के वेग, दबाव और घनत्व के बीच संबंध का प्रतिनिधित्व करता है।

समीकरण को सामान्यीकृत रूप में व्युत्पन्न करने के लिए, एक धारा रेखा(streamline) के साथ बिंदु A से बिंदु B तक प्रवाह के चरण में एक द्रव पर विचार करें जैसा कि चित्र 4.2. में दिखाया गया है। एक बेलनाकार द्रव के तिर्यक(cross) अनुभाग में, प्रवाह की दिशा में दबाव बल pdA हैं, लंबाई ds के तिर्यक् अनुभागीय क्षेत्रफल dA का एक छोटा अनुभाग दिया गया हैं।

इसलिए, द्रव प्रवाह के बेलनाकार तत्व पर कार्य करने वाले बल इस प्रकार होंगे; दबाव बल प्रवाह दिशा में $(p+\partial p/\partial s ds)dA$ हैं, जबकि द्रव प्रवाह की विपरीत दिशा में, द्रव तत्व का भार ($\rho gdAdS$) हैं।

यदि θ द्रव प्रवाह की दिशा और द्रव तत्व के भार की क्रिया की रेखा के बीच का कोण है, तो द्रव प्रवाह तत्व विचारित दिशा S में शुद्ध बल का अनुभव करेगा जिसे इस प्रकार व्यक्त किया जा सकता है

$$p\,dA - \left(p + \frac{\partial p}{\partial s} ds\right) dA - \rho g dA \cos\theta = \rho\, dA\, ds\, a_s \quad (4.3)$$

जहाँ, S दिशा में त्वरण a_s है।

$$a_s = \frac{dv}{dt} = \frac{\partial v}{\partial s}\frac{ds}{dt} + v\frac{\partial v}{\partial s} + \frac{\partial v}{\partial t} \quad (4.4)$$

जहाँ, v, s और t का फलन है।

यदि प्रवाह स्थिर अवस्था में है, तो

$$\frac{\partial v}{\partial t} = 0 \quad (4.5)$$

इसलिए,समीकरण (4.4) बन जाता है।

$$a_s = v\frac{\partial v}{\partial s} \quad (4.6)$$

$$\cos\theta = \frac{dz}{ds} \quad (4.7)$$

उपरोक्त अभिव्यक्तियों (expressions) को सरल रूप में इस प्रकार लिखा जा सकता है और समीकरण 4.8 द्वारा व्यक्त किया जा सकता है जिसे यूलर(Euler) के गति के समीकरण रूप में जाना जाता है।

$$\partial p/\rho + vdv + gdz = 0 \quad (4.8)$$

4.1.2 पंप (Pump)

एक पंप को एक प्राइम मूवर (prime mover) के रूप में परिभाषित किया जा सकता है जिसका उपयोग चालक(driver) या विद्युत मोटर(motor) से प्राप्त यांत्रिक ऊर्जा को किसी द्रव का दबाव शीर्ष या गतिज ऊर्जा या दोनों में परिवर्तित करने के लिए किया जाता हैं। पंपों का उपयोग प्रायः प्रवेश पर कम दबाव से पंप के निकास पर द्रव पदार्थ को उच्च दबाव में उठाने के लिए किया जाता है। पंपों को संचालन के सिद्धांत या उनके द्वारा यांत्रिक ऊर्जा को द्रव में परिवर्तित करने के तरीके के अनुसार वर्गीकृत किया जाता है। (i) गैर सकारात्मक विस्थापन या रोटोडायनामिक पंप और (बी) सकारात्मक विस्थापन पंप। पंपों का वर्गीकरण चित्र 4.3 में दिखाया गया है।

4.1.2.1 रोटोडायनामिक पंप(Rotodynamic Pump)

गैर विस्थापन या रोटोडायनामिक पंपों के मामले में, गतिज ऊर्जा, दबाव ऊर्जा और अपकेंद्री (centrifugal) क्रिया के कारण द्रव पदार्थों की ऊर्जा बढ़ जाती है। ये पंप मुख्य रूप से द्रव की गतिज ऊर्जा को बढ़ाकर चालक से प्राप्त यांत्रिक ऊर्जा को द्रव में स्थानांतरित करते हैं और फिर इसे पंप के माध्यम से प्रवाहित होने वाले द्रव के दबाव शीर्ष में परिवर्तित करते हैं। इसलिए, रोटोडायनामिक पंपों को द्रव मशीन के रूप में भी परिभाषित किया जा सकता है जहाँ गतिज ऊर्जा घूर्णी इम्पेलर(impeller), प्रणोदक(propeller) या रोटर(rotor) द्वारा दबाव शीर्ष में परिवर्तित किया जाता है।

सामान्य तौर पर, रोटोडायनामिक पंपों को इस प्रकार वर्गीकृत किया जाता है (i) त्रिज्य(radial) प्रवाह, (ii) मिश्रित(mixed) प्रवाह और (iii) अक्षीय(axial) प्रवाह पंप। विभिन्न प्रकार के पंपों में इम्पेलर(impeller) पर प्रवाह दिशा चित्र 4.4. में दिखाई गई है।

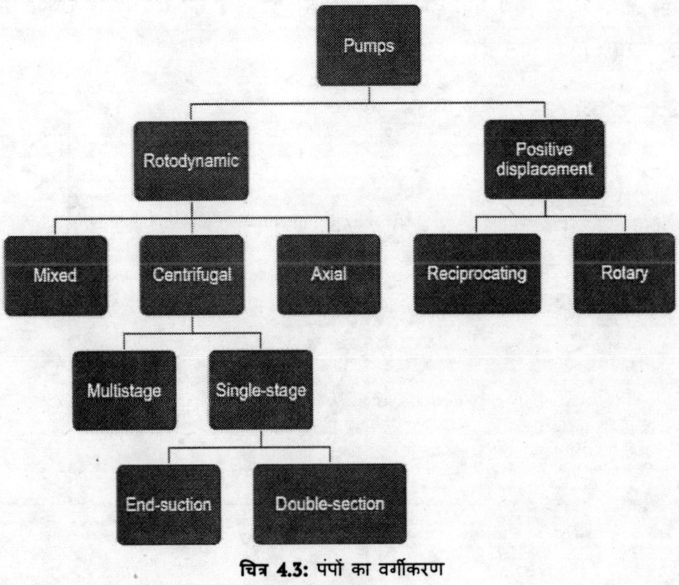

चित्र 4.3: पंपों का वर्गीकरण

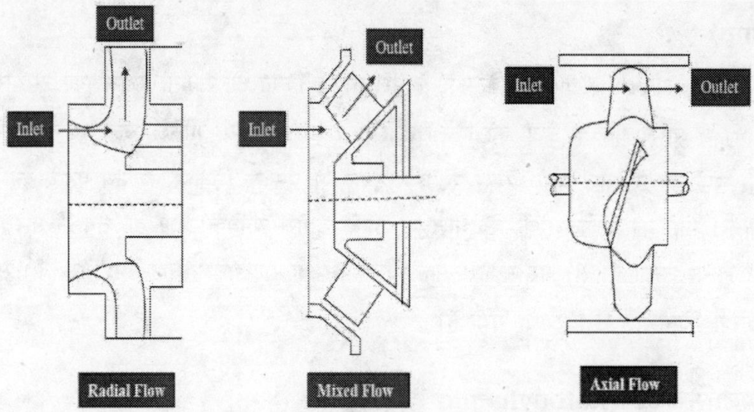

चित्र **4.4:** त्रिज्य, मिश्रित और अक्षीय प्रवाह इम्पेलर

4.1.2.2 अपकेंद्री पंप (Centrifugal Pump)

व्यवहार में, सभी रोटोडायनामिक पंपों में, अपकेंद्री पंपों का उपयोग अधिकांश द्रव के परिवहन के लिए किया जाता है। अपकेंद्री पंपों को द्रव मशीन के रूप में परिभाषित किया जा सकता है जिसका उपयोग चालक की यांत्रिक शक्ति को द्रव में दबाव शीर्ष में बदलने के लिए किया जाता है। इस दबाव शीर्ष का उपयोग द्रव संचालन प्रणाली में सभी हानियों पर विचार करते हुए आवश्यक दबाव के तहत द्रव को एक स्थान से दूसरे स्थान पर ले जाने के लिए किया जाता है। अपकेंद्री पंपों के मामले में, द्रव इम्पेलर वाले शाफ्ट (समानांतर दिशा) के साथ प्रवेशिका में प्रवेश करता है और उच्च दबाव के साथ त्रिज्य दिशा में निकल जाता है, जैसा कि चित्र 4.5 में दिखाया गया है। अपकेंद्री पंप में मूल रूप से शाफ्ट (shaft) और बेयरिंग(bearing) और एक वोल्यूट(volute) आवरण के साथ एक इम्पेलर होता है। इम्पेलर को सबसे महत्वपूर्ण घटक माना जाता है जिसमें दो डिस्क(disc) के बीच वेन्स(vanes) होते हैं।

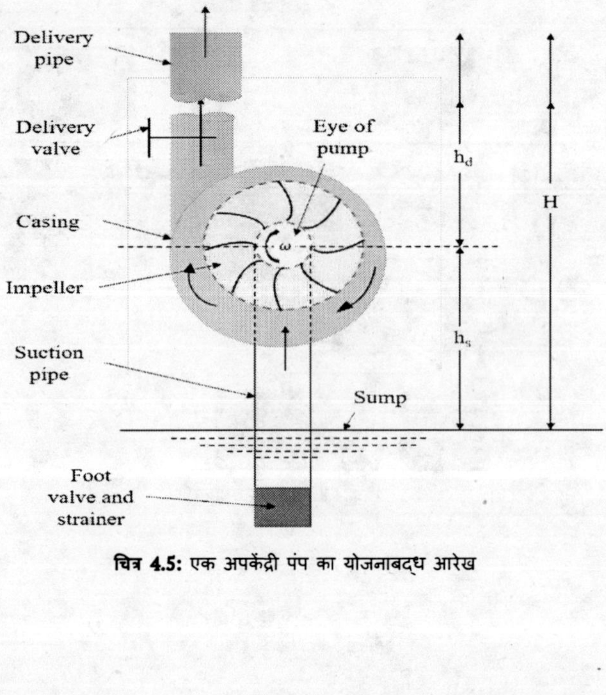

चित्र **4.5:** एक अपकेंद्री पंप का योजनाबद्ध आरेख

इन दो डिस्कों में से, एक डिस्क केंद्र में खुली होती है (पंप की 'आंख' के रूप में जानी जाती है) जिसके माध्यम से इम्पेलर के ऊपर द्रव वेन्स(vanes) पर चूसा जाता है। ये घूर्णन वेन्स द्रव में अपकेंद्री बल का निर्माण करते हैं और इसे इम्पेलर की परिधि के निकास पर छोड़ देती हैं। बाहर निकास जिसे पंप के वितरण के रूप में जाना जाता है, दबावयुक्त द्रव को वांछित स्थान पर परिवहन के लिए वितरण पाइप से जुड़ा है। इम्पेलरो के प्रकार के आधार पर, अपकेंद्री पंपों को तीन प्रकारों में वर्गीकृत किया जाता है (चित्र 4.6) इस प्रकार है; (i) पश्चगामी झुकाव वाले ब्लेड, जो सबसे अधिक कुशल और आमतौर पर उपयोग किए जाते हैं, (ii) सीधे या त्रिज्य ब्लेड, जो सबसे सरल होते हैं और आयतन प्रवाह दरों की एक विस्तृत श्रृंखला के लिए सबसे बड़ा दबाव वृद्धि का उत्पन्न करते हैं, और (iii) आगे की ओर झुकाव वाले ब्लेड, सामान्य रूप से उच्च कार्यक्षमता के साथ कम मात्रा को नियंत्रित करते हैं।

4.2 कार्य सिद्धांत और अपकेन्द्री पम्प का संचालन (Working Principle and Operation of Centrifugal Pump)

अपकेंद्री पंप का कार्य सिद्धांत अन्य रोटोडायनामिक(rotodynamic) मशीनों के समान होता है जहाँ द्रव को उठाने के लिए एक आवरण में घूर्णन इम्पेलर(impeller) द्वारा दबाव उत्पन्न किया जाता है। दबाव का निर्माण तभी संभव हो सकता है जब आवरण के अंदर इम्पेलर पूरी प्रकार से द्रव में डूबा हो। अन्यथा, पंप के अंदर एक वायु जेब की उपस्थिति द्रव को इम्पेलर के संपर्क से दूर रख सकती है। इम्पेलर द्वारा विकसित दबाव द्रव के घनत्व के सीधे आनुपातिक होता है। यदि वायु इम्पेलर के संपर्क में आती है, तो परिणामी दबाव बहुत कम होता हैं। इस प्रक्रिया को पंप के 'प्राइमिंग(priming)' के रूप में जाना जाता है। प्राइमिंग को पूरा करने के बाद, चालक या विद्युत मोटर शुरू होती हैं जो पंप के इम्पेलर को घुमाती है। प्रारंभ में, वितरण(distribution) वाल्व(valve) को बंद रखा जाता है और एक बार आवश्यक पंप की गति प्राप्त हो जाने के बाद, वाल्व को आवश्यक निर्वहन(discharge) और शीर्ष(head) के लिए खोल दिया जाता है। चित्र 4.7 एक अपकेंद्री पंप के वाल्यूट आवरण के अनुभागीय दृश्य को दिखाता है।

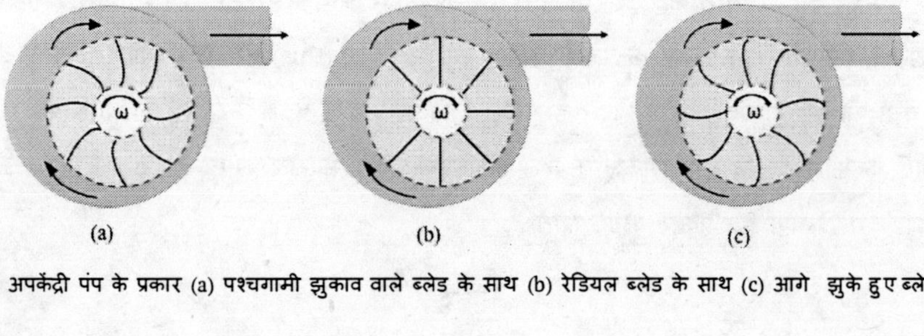

चित्र 4.6: अपकेंद्री पंप के प्रकार (a) पश्चगामी झुकाव वाले ब्लेड के साथ (b) रेडियल ब्लेड के साथ (c) आगे झुके हुए ब्लेड के साथ

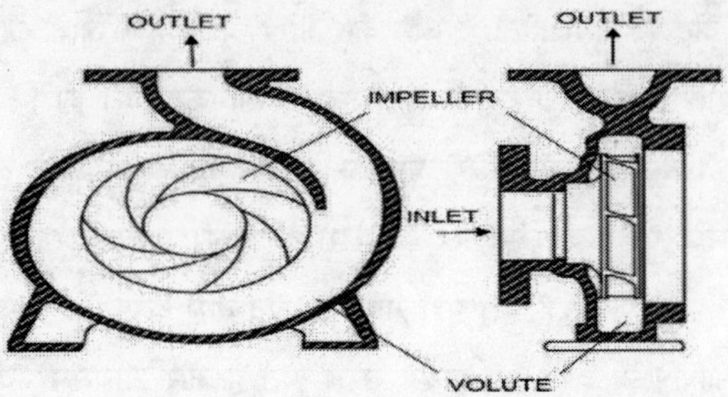

चित्र 4.7: *अपकेंद्री पंप के वोल्यूट आवरण और इम्पेलर का तिर्यक् अनुभागीय दृश्य*

4.2.1 इम्पेलर द्वारा द्रव पर किया गया कार्य (Work Done by the Impeller on Liquid)

अपकेंद्री पंप द्वारा किए गए कार्य को निर्धारित करने के लिए, विभिन्न वेगों के घटकों को निर्धारित करने की आवश्यकता होती है। इन वेगों का परिणामी वेग आरेख(diagram) या वेग त्रिकोण(triangle) को बनाकर प्राप्त किया जा सकता है। इम्पेलर द्वारा किए गए कार्य पर एक व्यंजक द्वारा चर्चा की जा सकती है जिसे विभिन्न वेगों पर विचार करते हुए वेग त्रिकोण बनाकर प्राप्त किया जा सकता है। किए गए कार्य का व्यंजक निकालने के लिए निम्नलिखित वेगों पर विचार किया जाता है।

(i) u_1 और u_2 क्रमशः प्रवेशिका(inlet) और निर्गम(outlet) पर इम्पेलर के वेन टिप(tip)कोण के परिधीय(peripheral) वेग हैं।

(ii) v_1 और v_2 क्रमशः प्रवेशिका और निर्गम पर जल के निरपेक्ष(absolute) वेग हैं।

(iii) w_1 और w_2 क्रमशः प्रवेशिका और निर्गम पर जल के सापेक्ष(relative) वेग हैं।

(iv) v_{u1} और v_{u2} क्रमशः प्रवेशिका और निर्गम पर घूर्णी(whirl) वेग हैं।

(v) v_{f1} और v_{f2} क्रमशः प्रवेशिका और निर्गम पर प्रवाह(flow) वेग हैं।

(vi) α_1 और α_2 क्रमशः वेन(vane) की गति की दिशा के साथ प्रवेशिका और निर्गम पर पूर्ण वेग द्वारा बनाए गए कोण हैं।

(vii) β_1 और β_2 क्रमशः वेन की गति की दिशा के साथ प्रवेशिका और निर्गम पर सापेक्ष वेग द्वारा बनाए गए कोण हैं।

चित्र 4.8. इम्पेलर के लिए निश्चित वेन्स के प्रवेशिका और निर्गम नोकों (tips) पर वेग त्रिकोण दिखाता है।

जैसा कि पहले चर्चा की गई है, प्रवेशिका पर जल इम्पेलर में त्रिज्य रूप से प्रवेश करता है,जो प्रवेशिका पर इम्पेलर की गति की दिशा में, 90° के कोण के साथ प्रवेशिका पर जल के निरपेक्ष वेग से मेल खाता हैं। α को 90° और V_{w1} को 0, के बराबर मानते हुए, वेग त्रिकोण इस प्रकार बनाए जाते हैं:

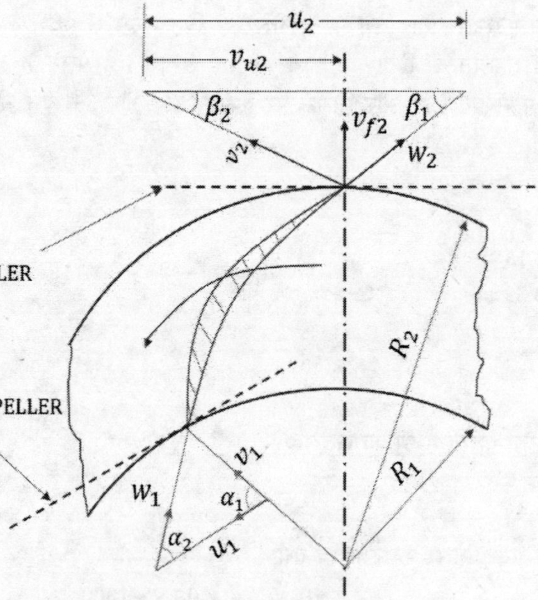

चित्र 4.8: प्रवेशिका और निर्गम पर वेग त्रिकोण

माना, N = r.p.m में इम्पेलर की गति,

D_1 = प्रवेशिका(inlet) पर इम्पेलर का व्यास

$$u_1 = \frac{\pi D_1 N}{60} \tag{4.9}$$

D_2 = निर्गम(outlet) पर इम्पेलर का व्यास,

u_2 = निर्गम पर इम्पेलर का स्पर्शीय वेग

$$u_2 = \frac{\pi D_2 N}{60} \tag{4.10}$$

इम्पेलर द्वारा जल पर प्रति सेकंड जल के प्रति इकाई भार पर किया गया कार्य निम्नलिखित द्वारा दिया जाता है

$$= \frac{1}{g}\left(v_{u_2}u_2 - v_{u_1}u_1\right) \tag{4.11}$$

उन स्थितियों के लिए, जब जल एक निरपेक्ष वेग के साथ प्रवेश करता है, $v_{u1} = 0$ त्रिज्य दिशा में तब $\alpha = 90^0$

$$= \frac{1}{g} v_{u_2}u_2 \tag{4.12}$$

इम्पेलर(impeller) द्वारा प्रति सेकंड जल पर किया गया कार्य निम्नलिखित द्वारा दिया जाता है:

$$= \frac{W}{g} v_{u_2}u_2 \tag{4.13}$$

जहाँ,

W = जल का भार = $\rho \times g \times Q$

Q = जल की मात्रा प्रति सेकंड

$$Q = \text{क्षेत्रफल} \times \text{प्रवाह वेग} = \pi D_1 B_1 \times v_{f_1} \tag{4.14}$$

$$Q = \pi D_2 B_2 \times v_{f_2} \tag{4.15}$$

उपरोक्त व्यंजक में, B_1 और B_2 क्रमशः प्रवेशिका और निर्गम पर इम्पेलर की चौड़ाई हैं। जबकि, v_{f1} और v_{f2} संबंधित प्रवाह वेग हैं।

उदाहरण 4.1 यदि जल स्थिर प्रवाह वेग पर इम्पेलर में त्रिज्य रूप से प्रवेश करता है तो इम्पेलर द्वारा इकाई निर्वहन के लिए वेग त्रिकोणों की सहायता से किए गए कार्य का पता लगाएं । इम्पेलर के आंतरिक और बाहरी व्यास क्रमशः 150 mm और 350 mm के रूप में प्रवेशिका और निर्गम पर क्रमशः 25^0 और 35^0 वेन नोंक कोण के साथ विचार करें। पंप की गति 1500 r.p.m मानें।

समाधान

दिए गये आंकड़े,

D_1 = 150 mm = 0.15 m

D_2 = 350 mm = 0.35 m

N = 1500 r.p.m.

$\alpha_2 = 25°$

$\alpha_1 = 35°$

जल त्रिज्य रूप से प्रवेश करता है इसका मतलब है,

$\alpha_1 = 90°$ and $v_{u1} = 0$

$v_{f1} = v_{f2}$

प्रवेशिका और निर्गम पर इम्पेलर का स्पर्शीय वेग,

$$u_1 = \frac{\pi D_1 N}{60} = \frac{\pi \times 0.15 \times 1500}{60} = 11.78 \text{ m/s}$$

$$u_2 = \frac{\pi D_2 N}{60} = \frac{\pi \times 0.35 \times 1500}{60} = 27.49 \text{ m/s}$$

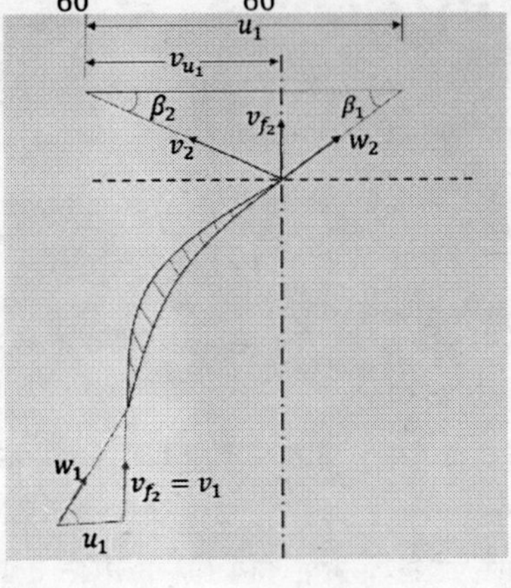

प्रवेशिका वेग त्रिकोण से,

$$\tan(\alpha_2) = \frac{v_{f1}}{u_1} = \frac{v_{f1}}{11.78}$$

$$v_{f1} = 11.78\tan(\alpha_2) = 11.78 \times \tan(25) = 5.493 \text{ m/s}$$

$$v_{f2} = v_{f1} = 5.493 \text{ m/s}$$

निर्गम वेग त्रिकोण से,

$$\tan(\beta_1) = \frac{v_{f2}}{u_2 - v_{u2}} = \frac{5.493}{27.49 - v_{u2}}$$

$$\tan(35^0) = \frac{5.493}{27.49 - v_{u2}}$$

$$v_{u2} = 19.645 \text{ m/s}$$

इम्पेलर द्वारा प्रति किलोग्राम प्रति सेकंड जल किया गया कार्य दिया जाता है

$$= \frac{1}{g} v_{u2} u_2$$

$$= \frac{1}{9.81} \times 19.645 \times 27.49$$

$$= 55.05 \frac{\text{Nm}}{\text{N}}.$$ **उत्तर**

4.3 अपकेन्द्री पम्पों की कार्यक्षमता (Efficiency of Centrifugal Pumps)

एक पंप की कार्यक्षमता को तीन तरीकों से व्यक्त किया जा सकता है:

(i) यांत्रिक कार्यक्षमता

(ii) द्रवचालित कार्यक्षमता

(iii) आयतनिक कार्यक्षमता

4.3.1 यांत्रिक कार्यक्षमता (Mechanical Efficiency)

जैसा कि पहले चर्चा की गई हैं कि पंप यांत्रिक शक्ति को द्रवचालित शक्ति में परिवर्तित करता है। मोटर या अन्य चालक की यांत्रिक शक्ति को युग्मन(coupling) या संचरण(transmission) तंत्र के माध्यम से पंप के शाफ्ट में स्थानांतरित किया जाता है। चालक और पंप के बीच कुछ हानियाँ होती हैं जिनमें बियरिंग(bearing) हानियाँ(losses),सीलिंग(sealing) हानियाँ और चालक शाफ्ट(shaft) से पंप शाफ्ट तक शक्ति संचरण हानियाँ समाविष्ट होती हैं। इसलिए, पंप इम्पेलर द्वारा अवशोषित शक्ति मोटर या चालक द्वारा प्रेषित शक्ति से कम होती है। इन यांत्रिक हानियों को ध्यान में रखते हुए पंप कार्यक्षमता को निम्नलिखित सूत्र का उपयोग करके यांत्रिक कार्यक्षमता के संदर्भ में व्यक्त किया जाता है :

$$\eta_{\text{यांत्रिक}} = \frac{P_{\text{इम्पेलर}}}{P_{\text{शाफ़्ट}}} \tag{4.16}$$

4.3.2 द्रवचालित कार्यक्षमता (Hydraulic Efficiency)

स्तिथिज ऊर्जा के रूप में द्रव दबाव बनाने के लिए, पंप चालक द्वारा प्रदान की गई यांत्रिक शक्ति का उपभोग करता है। इस प्रक्रिया के दौरान, द्रवचालित हानियों के रूप में इम्पेलर पर कुछ हानियाँ होती हैं और संबंधित कार्यक्षमता को द्रवचालित कार्यक्षमता के रूप में व्यक्त किया जाता है।

$$\eta_{\text{द्रवचालित}} = \frac{\rho g Q H}{P_{\text{इम्पेलर}}} \tag{4.17}$$

जहाँ ρ जल का घनत्व है, g गुरुत्व के कारण त्वरण है, Q जल का निर्वहन है और H शीर्ष है।

4.3.3 आयतनिक कार्यक्षमता (Volumetric Efficiency)

पंप के संचालन के दौरान, यह अपेक्षा की जाती है कि पंप के चूषण(suction) पक्ष पर प्राप्त द्रव की समान मात्रा को वितरण(delivery) पक्ष पर भी वितरित किया जाये। हालांकि, वास्तविक व्यवहार में पंप के अंदर रिसाव के कारण हमेशा द्रव की हानि होती है। इसका मतलब है कि $Q_{\text{प्रवेशिका}} > Q_{\text{निर्गम}}$ और द्रव मात्रा में इस हानि(loss) के कारण, पंप कार्यक्षमता को आयतनिक कार्यक्षमता के रूप में व्यक्त किया जाता है।

$$\eta_{\text{आयतनिक}} = \frac{Q_{\text{कुल}} - Q_{\text{रिसाव}}}{Q_{\text{कुल}}} \tag{4.18}$$

जहाँ, $Q_{\text{रिसाव}}$ पंप के अंदर निर्वहन हानियाँ हैं और $Q_{\text{कुल}}$ कुल निर्वहन है। यदि तीनों कार्यक्षमताओं पर एक साथ विचार किया जाये, पंप कार्यक्षमता को समग्र(overall) या कुल कार्यक्षमता के रूप में इस प्रकार व्यक्त किया जाता है।

$$\eta_{कुल} = \eta_{यांत्रिक} \times \eta_{द्रवचालित} \times \eta_{आयतनिक} \quad (4.19)$$

अंत में, कुल कार्यक्षमता को के रूप में व्यक्त किया जा सकता है।

$$\eta_{कुल} = \frac{\rho g Q H}{P_{शाफ़्ट}} \quad (4.20)$$

उदाहरण 4.2 एक पंप को 12 m के शीर्ष के खिलाफ 1.10 m^3/h के पानी के निर्वहन को पंप करने के लिए 100 W की शक्ति की आवश्यकता होती है। पंप की समग्र कार्यक्षमता निर्धारित करें।

SCAN ME

For better understanding pump efficiency

समाधान

दिया गया है,

शक्ति, P = 100 W

निर्वहन, Q = 1.10 m^3/h = 3.05×10^{-4} m^3/sec

शीर्ष, H = 12 m

समग्र कार्यक्षमता,

$$\eta_{कुल} = \frac{\rho g H Q_{नेट}}{P_{शाफ़्ट}}$$

$$= \frac{1000 \times 9.81 \times 12 \times 3.05 \times 10^{-4}}{100}$$

$$= 0.8677 \times 100$$

$$\eta_{total} = 86.77\ \%.$$ **उत्तर**

उदाहरण 4.3 एक अपकेंद्री पंप इम्पेलर के लिए प्रवेशिका नोक कोण(angle) निर्धारित करें जिसका बाहरी व्यास आंतरिक व्यास से दोगुना है और गति 1500 rpm है। पंप के कुल शीर्ष को 45m और इम्पेलर पर स्थिर प्रवाह वेग को 2.25 m/s के रूप में माना जाता है। अन्य विमाएं 525 mm के रूप में बाहरी व्यास, 45mm की बाहरी चौड़ाई और वेन निर्गम नोक कोण 40° हैं। इकाई निर्वहन के लिए इम्पेलर द्वारा की गई मैनोमेट्रिक कार्यक्षमता और कार्य का भी पता लगाएं।

समाधान

दिए गए आंकडें

N = 1500 rpm

H_m = 45 mm

$v_{f1} = v_{f2}$ = 2.25 m/s

β_1 = 40°

D_2 = 525 mm = 0.525 m

B_2 = 45 mm = 0.045 m

इम्पेलर का आंतरिक व्यास, निम्नलिखित द्वारा दिया जाता है,

$$D_1 = \frac{D_2}{2} = \frac{0.525}{2} = 0.2625\ m$$

प्रवेशिका और निर्गम पर इम्पेलर का स्पर्शीय वेग

$$u_1 = \frac{\pi D_1 N}{60} = \frac{\pi \times 0.2625 \times 1500}{60} = 20.61\ m/s$$

और

$u_2 = \frac{\pi D_2 N}{60} = \frac{\pi \times 0.525 \times 1500}{60} = 41.23 \text{ m/s}$

निर्वहन इस प्रकार दिया जाता है,

$Q = \pi D_2 B_2 \times V_{f_2} = \pi \times 0.525 \times .045 \times 2.25 = 0.167 \text{ m}^3/\text{s}.$

प्रवेशिका वेग त्रिकोण से,

$$tan\,\alpha_1 = \frac{v_{f_1}}{u_1} = \frac{2.25}{20.61} = 0.109$$

$\therefore\ \alpha_1 = tan^{-1}\,0.109 = 6.23°$ **उत्तर**

लेकिन निर्गम वेग त्रिकोण से, हमारे पास है

$$\tan\beta_1 = \frac{v_{f_2}}{u_2 - v_{u_2}} = \frac{2.25}{(41.23 - v_{u_2})}$$

$$\tan 40^o = \frac{v_{f_2}}{u_2 - v_{u_2}} = \frac{2.25}{(41.23 - v_{u_2})}$$

$$v_{u2} = 38.54 \text{ m/s}$$

इम्पेलर द्वारा किया गया कार्य निम्नलिखित द्वारा दिया जाता है

$$= \frac{W}{g} \times v_{u_2} u_2 = \frac{\rho \times g \times Q}{g} \times v_{u_2} \times u_2$$

$$= \frac{1000 \times 9.81 \times 0.167}{9.81} \times 38.54 \times 41.23$$

$$= 265363.70 \text{ Nm/s.}$$ **उत्तर**

मैनोमेट्रिक(manometric) कार्यक्षमता ($\eta_{मैन}$) द्वारा दी जाती है

$$\eta_{मैन} = \frac{gH_m}{v_{u2}u_2}$$

$$\eta_{मैन} = \frac{9.81 \times 45}{38.54 \times 41.23}$$

$$\eta_{मैन} = 0.2778 = 27.78\%.$$ **उत्तर**

उदाहरण 4.4 एक पंप निम्नलिखित मापदंडों के साथ स्थापित किया जाता है: (i) इम्पेलर व्यास: 410 mm (ii) गति: 750 r.p.m (iii) शीर्ष: 12 m (iv) वेन कोण: 42° (v) चौड़ाई: 50 mm और (vi) मैनोमेट्रिक(manometric) कार्यक्षमता: 80%। निर्गम(outlet) प्रवाह वेग, वेन(vane) से बाहर निकलने पर जल का वेग,निर्गम पर पूर्ण वेग का कोण और निर्वहन ज्ञात करें।

समाधान

दिया गया है:

D_2 = 410 mm = 0.41 m

B_2 = 50 mm = 0.05 m

N = 750 r.p.m

H_m = 12 m

$\eta_{मैन}$ = 80%

β_1 = 42°

इम्पेलर का स्पर्शीय (tangential) वेग दिया जाता है

$$u_2 = \frac{\pi D_2 N}{60} = \frac{\pi \times 0.41 \times 750}{60} = 16.10 \text{ m/sec}$$

मैनोमेट्रिक कार्यक्षमता द्वारा दी जाती है

$$\eta_{\text{मैन}} = \frac{gH_m}{v_{u_2} u_2}$$

$$0.80 = \frac{9.81 \times 12}{v_{u_2} \times 16.10}$$

$$v_{u_2} = \frac{9.81 \times 12}{0.8 \times 16.10} = 9.139 \text{ m/s.}$$

निर्गम वेग त्रिकोण से, हमारे पास है

$$\tan \beta_2 = \frac{v_{f_2}}{u_2 - v_{u_2}} = \frac{v_{f_2}}{(16.10 - 9.139)} = \frac{v_{f_2}}{6.961}$$

$\therefore \quad v_{f_2} = 6.961 \tan \beta_2 = 6.961 \times \tan 42° = 4.267 \text{ m/s.}$**उत्तर**

वेन छोड़ने वाले जल का वेग (v_2) द्वारा दिया जाता है

$$v_2 = \sqrt{v_{f_2}^2 + v_{u_2}^2} = \sqrt{4.267^2 + 9.139^2}$$

$$= \sqrt{18.2 + 83.52} = 10.08 \text{ m/s.}$$ **उत्तर**

निर्गम (β_2) पर निरपेक्ष(absolute) वेग द्वारा बनाया गया कोण, निम्नलिखित द्वारा दिया जाता है:

$$\tan \beta_2 = \frac{v_{f_2}}{v_{u_2}} = \frac{4.267}{9.139} = 0.467$$

$\therefore \quad \beta_2 = \tan^{-1} 0.467 = 25.02°.$ **उत्तर**

पंप द्वारा निर्वहन निम्न द्वारा दिया जाता है,

$$Q = \pi D_2 B_2 \times v_{f_2} = \pi \times 0.41 \times 0.05 \times 4.267 = 0.274 \text{ m}^3\text{/s.}$$ **उत्तर**

उदाहरण 4.5 एक अपकेंद्री पंप को चलाने के लिए आवश्यक शक्ति का निर्धारण करें जो 16 cm के व्यास और 150 m की लम्बाई वाले पाइप के माध्यम से 25 m के शीर्ष के विरुद्ध 0.035 m^3/s जल वितरित करता हैं। पंप की समग्र कार्यक्षमता 75% है। सूत्र(formula) $h_f = (4fLV^2)/2gd$ का उपयोग करके, 0.15 के बराबर घर्षण गुणांक 'f' वाले पाइप में घर्षण(friction) हानि को निर्धारित करें।

समाधान:

दिए गए आंकड़ें:

$Q = 0.035 \text{ m}^3/s$

$H_m = h_s + h_d = 25 \text{ m}$

$D_s = D_d = 16 \text{ cm} = 0.16 \text{ m}$

$L = L_s + L_d = 150 \text{ m}$

$\eta_o = 75\% = 0.75$

$f = 0.15$

पाइप में जल का वेग निम्नलिखित द्वारा दिया जाता है,

$$v_s = v_d = v = \frac{\text{निर्वहन}}{\text{पाइप का क्षेत्रफल}}$$

$$v_s = \frac{0.035}{\frac{\pi}{4} \times 0.16^2} = 1.74\frac{\text{m}}{\text{s}}$$

पाइप में घर्षणी शीर्ष हानि निम्नलिखित द्वारा दी जाती है:

$$\left(h_{f_s} + h_{f_d}\right) = \frac{4fLV^2}{d \times 2g} = \frac{4 \times 0.015 \times 150 \times 1.74^2}{0.16 \times 2 \times 9.81} = 8.68 \text{ m.}$$ **उत्तर**

मैनोमेट्रिक शीर्ष निम्न द्वारा दिया जाता है:

$$H_m = (h_s + h_d) + \left(h_{f_s} + h_{f_d}\right) + \frac{v_d^2}{2g}$$

$$= 25 + 8.68 + \frac{1.74^2}{2 \times 9.81}$$

$$= 33.83 \text{ m}$$

समग्र कार्यक्षमता निम्नलिखित द्वारा दी जाती है –

$$\eta_o = \frac{\rho g \times Q \times H_m}{1000 \times \text{एस.पी.}}$$

शाफ्ट(shaft) शक्ति इस प्रकार दी जाती है।

$$\text{शाफ़्ट शक्ति} = \frac{\rho g \times Q \times H_m}{1000 \times \eta_o}$$

$$P = \frac{1000 \times 9.81 \times .035 \times 33.83}{1000 \times 0.75}$$

P= 15.487 kW. **उत्तर**

उदाहरण4.6 इम्पेलर व्यास, चौड़ाई और गति क्रमशः 350 mm, 25 mm और 750 r.p.m वाले तीन-चरण अपकेंद्री पंप द्वारा 60 lps का निर्वहन देने के लिए विकसित शीर्ष और शक्ति का पता लगाएं।। वेन्स जिनका कोण 45° है और यह परिधीय क्षेत्रफल के 10% पर कब्जा करते है। मान लें कि मैनोमेट्रिक कार्यक्षमता और समग्र कार्यक्षमता क्रमशः 90% और 80% हैं।

समाधान

दिए गए आंकडें,

n = 3

$Q = 0.06 \text{ m}^3/\text{s}$

$D_2 = 35 \text{ cm} = 0.35 \text{ m}$

$B_2 = 25 \text{ mm} = 0.025 \text{ m}$

N = 750 rpm

$\beta_1 = 45^0$

$\eta_o = 80\% = 0.8$

$\eta_m = 90\% = 0.9$

निर्गम पर क्षेत्रफल में कमी = 10% = 0.1

निर्गम पर प्रवाह क्षेत्रफल = $0.9 \times \pi \times D_2 \times B_2$

$= 0.9 \times \pi \times 0.35 \times 0.025$

$= 0.0247 \text{ m}^2$

निर्गम पर प्रवाह का वेग निम्नलिखित द्वारा दिया जाता है,

$$v_{f_2} = \frac{\text{निर्वहन}}{\text{प्रवाह क्षेत्रफल}} = \frac{0.06}{0.0247} = 2.43 \text{ m/s}$$

निर्गम पर इम्पेलर का स्पर्शीय वेग निम्न प्रकार दिया जाता है:

$$u_2 = \frac{\pi D_2 N}{60} = \frac{\pi \times 0.35 \times 750}{60} = 13.744 \text{ m/s}$$

चित्र को संदर्भित करता है, निर्गम पर वेग त्रिकोण से,

$$\tan\beta_1 = \frac{v_{f_2}}{u_2 - v_{u_2}}$$

$$u_2 - v_{u_2} = \frac{v_{f_2}}{\tan\beta_1} = \frac{2.43}{\tan 45^\circ} = 2.43 \text{ m/s}$$

$$v_{u_2} = u_2 - 2.43 = 13.744 - 2.43 = 11.314 \text{ m/s}$$

मैनोमेट्रिक कार्यक्षमता द्वारा दी जाती है -

$$\eta_{\text{man}} = \frac{gH_m}{V_{u_2}u_2}$$

$$0.90 = \frac{9.81 \times H_m}{11.314 \times 13.744}$$

$$H_m = \frac{0.90 \times 11.534 \times 13.744}{9.81} = 14.54 \text{ m}$$

पंप द्वारा उत्पन्न कुल शीर्ष निम्नलिखित द्वारा दिया जाता है:

$n \times \text{Hm} = 3 \times 14.54 = 43.63$ m **उत्तर**

पंप का शक्ति आउटपुट निम्न प्रकार दिया जाता है:

$$\text{P} = \frac{\text{पानी का उठाया गया भार} \times \text{कुल शीर्ष}}{1000}$$

$$\text{P} = \frac{\rho g \times Q \times 43.63}{1000}$$

$$\text{P} = \frac{1000 \times 9.81 \times 0.06 \times 43.63}{1000}$$

$$= 25.68 \text{ kW}$$

समग्र कार्यक्षमता निम्नलिखित द्वारा दी जाती है –

$$\eta_o = \frac{\text{पंप की आउटपुट शक्ति}}{\text{पंप की इनपुट शक्ति}} = \frac{25.68}{\text{शाफ़्ट शक्ति}}$$

$$\text{शाफ्ट(shaft) शक्ति} = \frac{25.68}{\eta_o} = \frac{25.68}{0.80} = 32.1 \text{kW.उत्तर.}$$

4.4 केन्द्रापसारक पंपों की श्रृंखला और समानांतर संचालन (Series and Parallel Operation of Centrifugal Pumps)

4.4.1 श्रृंखला में पंप (Pumps in Series)

जैसा कि हम जानते हैं कि अपकेंद्री पंप द्रव को शीर्ष और निर्वहन करने के लिए यांत्रिक शक्ति को संभावित शक्ति में परिवर्तित करते हैं। पंप द्वारा विकसित शीर्ष (दबाव) पंप की गति और इम्पेलर के व्यास पर निर्भर करता है। विशिष्ट आवश्यकताओ (शीर्ष और निर्वहन) के लिए, पंप मापदंड (पंप गति, इम्पेलर व्यास और चौड़ाई) सर्वोत्तम कार्यक्षमता बिंदु के लिए अभिकल्पित किए गए हैं। अभिकल्प(design) के दृष्टिकोण से, एक पंप द्वारा अपने अभिकल्प शीर्ष से आगे विकसित शीर्ष बढ़ाने की सीमाएं हैं। यदि किसी दिए गए निर्वहन के लिए अधिक शीर्ष की आवश्यकता होती है, तो दो या दो से अधिक पंपों को श्रृंखला में जोड़ा जा सकता है। बहु चरणी पंपों का उपयोग करके उच्च शीर्षों का उत्पादन भी किया जा सकता है, जहाँ, दो या अधिक इम्पेलर द्विचरणी पंप के लिए चित्र 4.9 में दिखाए गए अनुसार एक आवरण में श्रृंखला में एक ही शाफ्ट पर लगाए जाते हैं। बहु चरणी पंपों के मामले में, द्रव की दी गई मात्रा के लिए एक पंप का दबाव(शीर्ष) अगले पंप द्वारा विकसित

शीर्ष में जोड़ा जाता है। आवरण में लगाए गए इम्पेलरों की संख्या के अनुसार एक बहु चरणी(multistage) पंप को दो चरण, तीन चरण आदि के रूप में नामित किया जाता है।

यदि दो चरण वाले पंप के दो पंप या इम्पेलर में शीर्ष H_1 और H_2 हैं,तो किसी दिए गए निर्वहन के लिए श्रृंखला में जुड़े पंपों द्वारा विकसित कुल शीर्ष $H_m = (H_1 + H_2)$ हैं। यदि संबंधित शीर्ष वाले n पंप है; $H_1, H_2, H_3,\ldots Hn$, तो कुल शीर्ष इस प्रकार होगा:

$$H_t = H_1 + H_2 + H_3 + \cdots + H_n \quad (4.19)$$

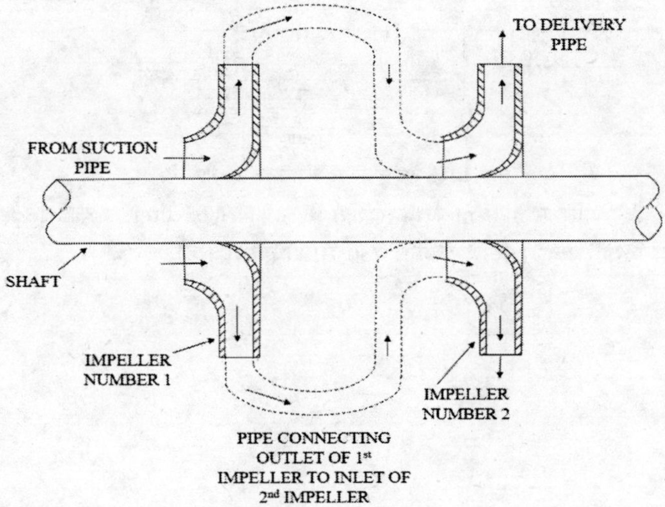

चित्र **4.9:** दो चरणी अपकेंद्री पंप

4.4.2 समानांतर में पंप (Pumps in Parallel)

जैसा कि ऊपर चर्चा की गई है, अधिक शीर्ष बनाने के लिए, पंपों को श्रृंखला में जोड़ा जा सकता है। पंप द्वारा अधिक निर्वहन की आवश्यकता के मामले में, जब एक पंप आवश्यक निर्वहन प्रदान करने में सक्षम नहीं होता है, तो कई पंपों को समानांतर में जोड़ा जा सकता है, जैसा कि चित्र 4.10 में दिखाया गया है।

जैसा कि समान शीर्ष वाले पंप और समानांतर में जुड़े हुए हैं, कुल शीर्ष एकल पंप के समान होगा। हालांकि, कुल निर्वहन को जोड़ा जाएगा और निम्न प्रकार व्यक्त किया जा सकता है:

$$Q_t = Q_1 + Q_2 + Q_3 \ldots\ldots\ldots\ldots Q_n \quad (4.20)$$

समीकरण 4.20 को इस प्रकार से लिखा जा सकता है यदि समान निर्वहन Q वाले n पंप समानांतर में जुड़े हुए हैं।

$$Q_t = nQ \quad (4.21)$$

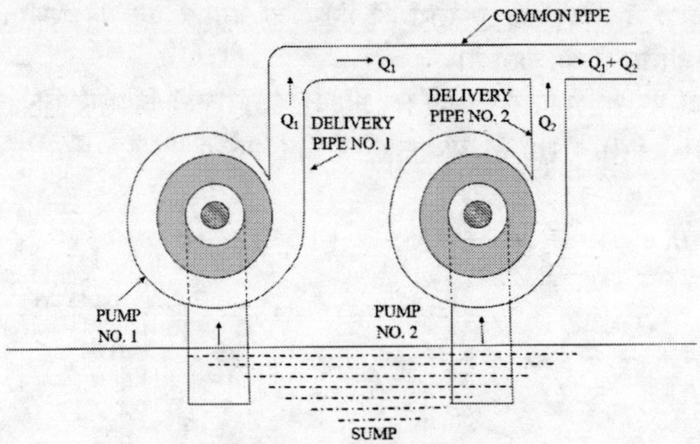

चित्र 4.10: समानांतर में व्यवस्थित दो अपकेंद्री पंप

उदाहरण 4.7 1000 rpm की गति से 180 m के कुल शीर्ष के मुकाबले 65 liters/s का निर्वहन देने के लिए श्रृंखला में आवश्यक पंपों की संख्या निर्धारित करें। विशिष्ट गति 750 से अधिक नहीं है।

समाधान

दिए गए आंकड़ें:

N_s = 750

Q = 65 l/s

H = 180 m

N = 1000 rpm

विशिष्ट गति दी गई है

$$N_s = \frac{N\sqrt{Q}}{H_m^{3/4}}$$

$$750 = \frac{1000(65)^{1/2}}{H_m^{3/4}}$$

$$H_m = 23.72 \text{ m}$$

$$\text{प्रति चरण शीर्ष} = H_m = 23.72 \text{ m}$$

चरणों की संख्या = $\frac{180}{23.72}$ = 7.58 = 8. **उत्तर**

उदाहरण 4.8 100 m के शीर्ष के विरुद्ध इस निर्वहन को पूरा करने के लिए प्रत्येक 120 liters/s की निर्वहन क्षमता वाले पंपों की संख्या निर्धारित करें। 1000 rpm के रूप में दिए गए पंप की गति के लिए पंप की विशिष्ट गति 850 से अधिक नहीं होनी चाहिए।

समाधान

दिए गए आंकड़ें:

N_s = 850

Q = 120 l/s

H = 100 m

N = 1000 rpm

विशिष्ट गति निम्न द्वारा दी जाती है –

$$N_s = \frac{N\sqrt{Q}}{H_m^{3/4}}$$

$$850 = \frac{1000(120)^{1/2}}{H_m^{3/4}}$$

$$H_m = 30.21 \text{ m}$$

आवश्यक पंप की संख्या $= \frac{100}{30.21} = 3.30 = 4.$ उत्तर

चूंकि आवश्यक कुल शीर्ष प्रत्येक पंप द्वारा विकसित शीर्ष से अधिक है, इसलिए पंपों को श्रृंखला में जोड़ा जाना चाहिए।

उदाहरण 4.9 500 rpm पर चलने वाले और 0.15 m^3/s के जल का निर्वहन करने के लिए कुल 45 m का शीर्ष बनाने वाले एक चार चरण वाले अपकेंद्री पंप की कार्यक्षमता निर्धारित करें। यदि निर्गम पर प्रत्येक इम्पेलर की चौड़ाई और व्यास क्रमशः 6 cm और 70 cm और वेन का टिप कोण 40° है। मैनोमेट्रिक कार्यक्षमता ज्ञात कीजिए।

समाधान

दिए गए आंकडें:

$n = 4$

$N = 500$ rpm

$H_m = 45$ m

$Q = 0.15\ m^3/s$

$\beta_1 = 40^0$

$B_2 = 6$ cm $= 0.06$ m

$D_2 = 70$ cm $= 0.7$ m

प्रति चरण शीर्ष निम्न द्वारा दिया जाता है -

$$= \frac{45}{4} = 11.25 \text{ m}$$

निर्गम पर इम्पेलर का स्पर्शीय वेग निम्न प्रकार दिया जाता है:

$$u_2 = \frac{\pi D_2 N}{60} = \frac{\pi \times 0.7 \times 500}{60} = 18.32\ m/s$$

निर्गम पर प्रवाह का वेग दिया जाता है

$$v_{f2} = \frac{\text{निर्वहन}}{\text{प्रवाह क्षेत्रफल}} = \frac{0.15}{\pi D_2 B_2} = \frac{0.20}{\pi \times 0.7 \times 0.06} = 1.515\ m/s$$

निर्गम पर वेग त्रिकोण से,

$$\tan \beta_1 = \frac{v_{f_2}}{u_2 - v_{u_2}}$$

$$u_2 - v_{u_2} = \frac{v_{f_2}}{\tan \beta_1} = \frac{1.515}{\tan 40^o} = 1.806 \text{ m/sec}$$

$$v_{u_2} = u_2 - 1.806 = 18.32 - 1.806 = 16.514 \text{ m/s}$$

मैनोमेट्रिक कार्यदक्षता दी जाती है

$$\eta_{man} = \frac{gH_m}{V_{u_2}\, u_2} = \frac{9.81 \times 11.25}{16.514 \times 18.32}$$

$$\eta_{man} = 0.364 \text{ or } 36.4\ \%.$$ उत्तर

4.5 पंप का प्रदर्शन परीक्षण (Performance Testing of Pump)

क्योंकि अपकेंद्री पंपों को शीर्ष(H) और निर्वहन (Q) की एक वांछित परिचालन रेंज के लिए अभिकल्पित किया जाता है जो स्वाभाविक रूप से निचली सीमा पर है। इसलिए, एक पंप का परिचालन प्रदर्शन प्रयोगशाला परीक्षणों द्वारा निर्धारित किया जाना चाहिए। परीक्षण परिणामों का उपयोग पंप के प्रदर्शन को प्रदर्शन विशेषता वक्रों के रूप में व्यक्त करने के लिए किया जाता है। पंप के परीक्षणों के लिए परीक्षण रिग का एक योजनाबद्ध आरेख चित्र 4.11 में दिखाया गया है।

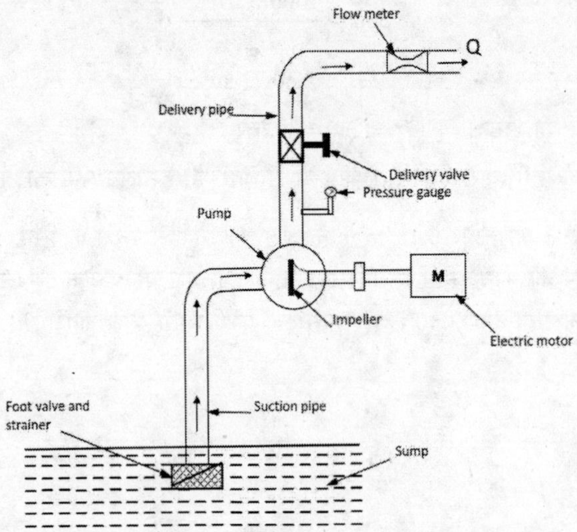

चित्र 4.11: पंप के परीक्षण करने के लिए परीक्षण रिग

एक पंप के प्रदर्शन परीक्षण के लिए विशिष्ट परीक्षण रिग में (i) परीक्षण पंप (ii) जल संप(sump) (iii) चालक (विद्युत मोटर) (iv) नियंत्रण वाल्व (v) प्रवाह मीटर (v) दबाव गैज (vii) टैकोमीटर(techometer) (viii) मोटर की इनपुट शक्ति के लिए शक्ति मापन उपकरण समाविष्ट होते हैं।

4.5.1 प्रक्रम (Procedure)

पंपों का प्रदर्शन परीक्षण नीचे दिए गए चरणों का उपयोग करके किया जाता हैं।

चरण-1: पंप को प्राइमिंग करने के बाद वितरण वाल्व पूरी प्रकार से बंद कर दिया जाता है और चालक (विद्युत मोटर) को निर्धारित गति से प्रारंभ किया जाता है।

चरण-2: इस स्थिति में शीर्ष के लिए दबाव गेज(gauge) रीडिंग ली जाती है। हालांकि, निर्वहन शून्य होगा। विकसित दबाव शीर्ष को पंप के 'बंद शीर्ष' के रूप में जाना जाता है।

चरण-3: अब वितरण वाल्व आंशिक रूप से खोला जाता है और सभी पैरामीटर जैसे दबाव गेज रीडिंग, प्रवाह मीटर, टॉर्क मीटर (T) और गति (N) के लिए रीडिंग ली जाती हैं।

चरण-4: चरण-3 को अलग-अलग वितरण वाल्व के खोलने (बंद स्थिति से पूर्ण रूप से खुली स्थिति तक) के लिए परीक्षण की संख्या को कई बार दोहराया जाता है।

चरण-5: विभिन्न परिचालन बिंदुओं पर पंप की कार्यक्षमता (η) की गणना निम्नलिखित सूत्र का उपयोग करके की गई रीडिंग से की जाती है।

$$\eta = \frac{\text{द्रवचालित शक्ति}}{\text{इनपुट शक्ति}}$$

$$\eta = \frac{\rho g Q H}{T\omega} \tag{4.22}$$

जहाँ, ρ जल का घनत्व (kg/m^3) है, g गुरुत्व के कारण त्वरण(m/sec^2)है, Q निर्वहन (m^3/sec), H शीर्ष(m) है, T टॉर्क (N-m) है, ω शाफ्ट की कोणीय गति(rad/sec) है।

$$\omega = \frac{2\pi N}{60} \tag{4.23}$$

जहाँ, N गति (rpm) है।

विभिन्न मापदंडो के परिकलित मान तालिका 4.1 में दिए गए है।

तालिका: 4.1: परीक्षण पंप के विभिन्न मापदंडो के लिए निर्धारित मान

मापदंड	नियंत्रण वाल्व का खुलना				
	0%	**25%**	**50%**	**75%**	**100%**
निर्वहन, Q.					
शीर्ष, H.					
इनपुट शक्ति					
द्रवचालित शक्ति					
कार्यक्षमता					

तालिका 4.1 में सूचीबद्ध मानों का उपयोग करते हुए पंप के प्रदर्शन को दिखाने के लिए निम्नलिखित वक्रों का निर्माण किया गया है।

(i) शीर्ष (H) बनाम निर्वहन (Q)

(ii) इनपुट शक्ति (P) बनाम निर्वहन (Q)

(iii) कार्यक्षमता (η) बनाम निर्वहन (Q)

चित्र 4.12 एक विशिष्ट अपकेंद्री पंप के लिए प्रदर्शन वक्र को दर्शाता है।

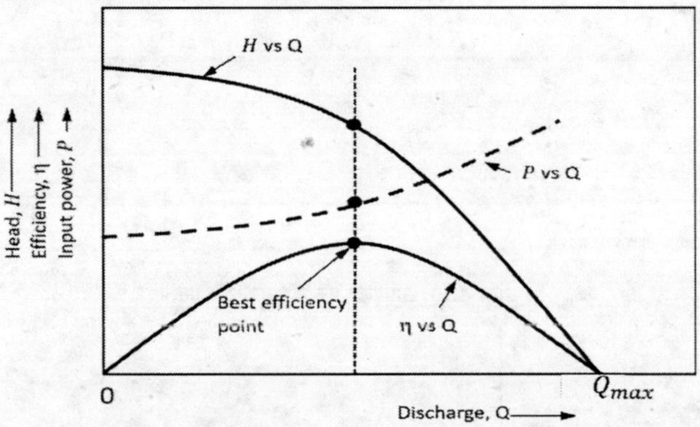

चित्र 4.12: एक विशिष्ट अपकेंद्री पंप के लिए प्रदर्शन वक्र

4.6 प्रदर्शन वक्र (Performance Curves)

मूल रूप से, पंपों को शीर्ष H और निर्वहन Q के लिए दिए गए आवश्यकता के लिए अभिकल्पित किया जाता है, तदनुसार उनकी कार्यक्षमता किसी दिए गए परिचालन के एकल बिंदु के अनुसार निर्धारित की जाती है। हालांकि, वास्तविक अभ्यास में पंप को विभिन्न बिंदुओं पर संचालित किया जा सकता है। पंप के परिचालन व्यवहार को विभिन्न बिंदुओं पर जाना जाना चाहिए, जिसे तीन प्रकार के विशेषता वक्रों द्वारा दर्शाया जा सकता है।

निम्नलिखित विशेषता वक्र हैं जो एक पंप के प्रदर्शन व्यवहार का प्रतिनिधित्व करते हैं:

(i) मुख्य विशेषताएं वक्र

(ii) परिचालन विशेषताएं वक्र

(iii) स्थिर कार्यक्षमता वक्र

4.6.1 मुख्य विशेषताएं वक्र (Main Characteristics Curves)

एक पंप अभिकल्प(design) करते समय, अभिकल्पक(designer) यह जानना चाहता है कि पंप कुछ मापदंड़ो के अनुसार कैसा व्यवहार करेगा । ऐसी स्थितियों में पंप का व्यवहार मुख्य विशेषता वक्रों द्वारा दर्शाया जाता है। जैसा कि चित्र 4.13 में दिखाया गया है,कि किसी दिए गए गति के लिए निर्वहन बढ़ने पर शीर्ष कम हो जाता है। विभिन्न गतियों के लिए समान प्रवृत्ति जारी रहती हैं जैसा कि निर्वहन Q बनाम शीर्ष H वक्रों में दिखाया गया है। निर्वहन के संबंध में इनपुट शक्ति के लिए यह निर्वहन के साथ बढ़ता है। हालांकि, किसी दिए गए गति के लिए पंप की कार्यक्षमता प्रारंभ में निर्वहन के साथ बढ़ती है, अधिकतम कार्यक्षमता तक पहु चती है और फिर घट जाती है जैसा कि निर्वहन, Q बनाम कार्यक्षमता,η वक्रता में दिखाया गया हैं।

कुछ पंपिंग प्रणाली में, पंप को स्थापित करने के लिए निर्वहन और शीर्ष को भिन्न करना आवश्यकता होता है जिसे पंप की गति को भिन्न करके किया जा सकता है। पंप की विशेषताओं के आधार पर, निर्वहन गति के समानुपाती होता है, शीर्ष गति के वर्ग के समानुपाती(proportional) होता है और शक्ति गति के घन के समानुपाती होती है। ऐसे मामलों के लिए, अभिलक्षणिक वक्र तैयार किए जाते हैं, जैसा कि चित्र 4.14 में दिखाया गया हैं।

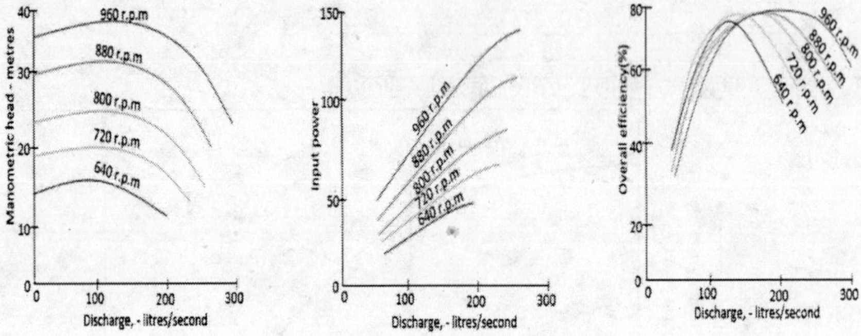

चित्र 4.13: अपकेंद्री पंप की मुख्य विशेषताएं

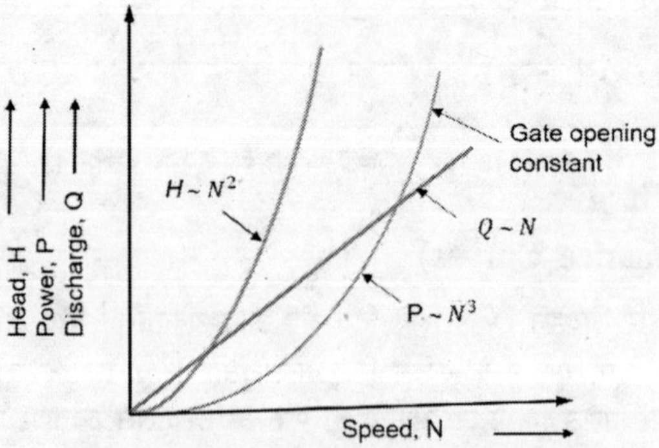

SCAN ME

For better understanding performance curves

चित्र 4.14: अपकेंद्री पंप के Q, P, H बनाम N वक्र

4.6.2 परिचालन विशेषताएं वक्र (Operating Characteristics Curves)

इसके अतिरिक्त, व्यावहारिक अनुप्रयोगों में एक पंप को सामान्य रूप से उसके अभिकल्प(design) शीर्ष और निर्वहन के लिए स्थिर गति से संचालित किया जाता है। हालांकि, पंप निर्वहन उपयोगकर्ता की आवश्यकता के अनुसार भिन्न हो सकता है। पंप परिचालन की इस स्थिति में, पाइपिंग(piping) प्रणाली में घर्षणी हानियों में परिवर्तन के कारण शीर्ष भी बदल जाता हैं। इन स्थितियों में पंप की विशेषताओ को चित्र 4.15 में दिखाए गए परिचालन विशेषता वक्रों द्वारा दर्शाया जाता है।

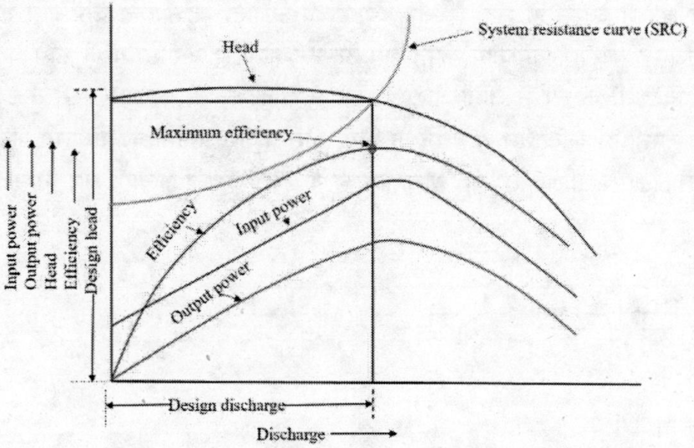

चित्र 4.15: अपकेंद्री पंप की परिचालन विशेषताएं वक्र

4.6.3 स्थिर कार्यक्षमता वक्र (Constant Efficiency Curves)

स्थिर कार्यक्षमता वक्रों को समदक्षता या मशेल वक्र के रूप में भी जाना जाता है। कुछ मामलों में, ऑपरेटर पंप के अभिकल्प(design) परिचालन बिंदु के अतिरिक्त किसी अन्य परिचालन बिंदु पर कार्यक्षमता जानना चाहता है। ऐसे मामलों के लिए, स्थिर कार्यक्षमता वक्र उपयोगी होते हैं जिनका निर्माण विभिन्न शीर्षों और निर्वहन स्थितियों के तहत दिए गए कार्यक्षमता मान को आरेखित करके किया जाता हैं, जैसा कि चित्र 4.16 में दिखाया गया है। ये वक्र कार्यक्षमता के आवश्यक मान पर पंप के लिए परिचालन बिंदुओं की संख्या निर्धारित करने की सुविधा प्रदान करते हैं।

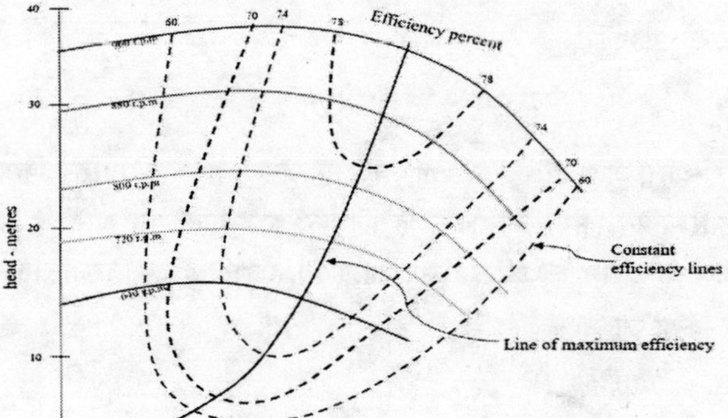

चित्र 4.16: एक अपकेंद्री पंप की स्थिर कार्यक्षमता

4.7 पंपों में कैविटेशन (Cavitation In Pumps)

अपकेंद्री पंप परिचालन में कैविटेशन एक अवांछित स्थिति है जिससे बचा जाना चाहिए। एक पंप वितरण पक्ष पर सकारात्मक दबाव और चूषण(suction) पक्ष पर नकारात्मक दाब में संचालित किया जाता है। यदि चूषण पक्ष पर दबाव द्रव के वाष्प दबाव से कम हो जाता है, तो द्रव के सामान्य तापमान पर वाष्प का निर्माण होता है। बुलबुले के रूप में वाष्प को कम दबाव क्षेत्र से उच्च दबाव क्षेत्र तक पंप के अंदर जल के प्रवाह के साथ ले जाया जाता है।

ये बुलबुले उच्च दबाव क्षेत्र में ध्वस्त हो जाते हैं और बहुत उच्च आवृत्ति, बहुत उच्च वेग वाला जेट पंप घटक(factor) की सतह से टकराता हैं। जिसके कारण अवांछनीय कंपन शोर उत्पन्न होता है और समय के साथ घटक पदार्थ का क्षरण होता है। इस घटना को "कैविटेशन" के रूप में जाना जाता है। पंप में कैविटेशन से कार्यक्षमता में तेजी से गिरावट आती है और पंप के जीवन को कम करती है। कैविटेशन से बचने के लिए, थोमा द्वारा प्रयोगों का संचालन करके एक कारक पाया गया जिसे "थोमा गुणांक(Thoma coefficient)" या "थोमा कारक" के रूप में जाना जाता है और निम्न प्रकार व्यक्त किया जाता है:

थोमा कैविटेशन गुणांक (σ)

$$\sigma = \frac{\left[\frac{p_a - p_v}{w}\right] - (h_s + h_{fs})}{H_m} \tag{4.24}$$

जहाँ,

SCAN ME

For better understanding cavitation in pumps

p_a वायु मंडलीय दबाव है।

p_v जल वाष्प दबाव है।

w विशिष्ट भार है।

h_s चूषण शीर्ष है

h_{fs} घर्षण हानियों के कारण शीर्ष

H_m मैनोमेट्रिक शीर्ष है।

कैविटेशन गुणांक को शुद्ध सकारात्मक चूषण शीर्ष (NPSH) के संदर्भ में भी व्यक्त किया जा सकता है, जिसे निम्न प्रकार परिभाषित किया जा सकता है: इम्पेलर के लिए चूषण पाइप के माध्यम से द्रव को प्रवाहित करने के लिए शीर्ष की आवश्यकता होती है।

$$\sigma = \frac{\text{NPSH}}{H_m} \tag{4.25}$$

कैविटेशन से बचने के लिए, थोमा गुणांक(coefficient) का महत्वपूर्ण मूल्य निर्धारित किया जाना चाहिए। इसे कैविटेशन कारक के मान के रूप में परिभाषित किया जा सकता है जिसके नीचे कैविटेशन होने की संभावना होगी। यह आमतौर पर प्रयोगशाला में पंप के परीक्षण के दौरान निर्धारित किया जाता है। हालांकि, यह निम्नलिखित अनुभवजन्य संबंध(relation) का उपयोग करके निर्धारित किया जा सकता है:

$$\sigma_c = 0.103\left(\frac{N_s}{1000}\right)^{\frac{4}{3}} \tag{4.26}$$

जहाँ, N_s विशिष्ट गति है।

उदाहरण 4.10 750 rpm की गति वाले एक अपकेंद्री पंप की शुद्ध सकारात्मक चूषण शीर्ष (NPSH) की गणना करें जो 25 m के शीर्ष के खिलाफ 0.15 cumec जल पहुंचाता है। वायुमंडलीय दबाव को 1×10^5 Pa(ab.) और जल वाष्प दबाव 3 kPa (ab.) लें। पाइप में घर्षण हानियों को 0.15m मानें।

समाधान

दिए आंकड़ें:

N = 750 r.p.m

Q = 0.15 m^3/s

H_m = 25 m

$P_a = 1\times10^5$ Pa = 1×10^5 N/m²

P_v = 3 kPa = 3×10^5 N/m²

σ का महत्वपूर्ण मान अर्थात, σ_c द्वारा दिया जाता है

$$\sigma_c = 1.03\times 10^{-3}\times N_s^{4/3}$$

$$N_s = \text{पंप की विशिष्ट गति} = \frac{N\sqrt{Q}}{H_m^{\frac{3}{4}}}$$

$$N_s = \frac{750\times\sqrt{0.15}}{25^{3/4}} = 25.98$$

$$\sigma_c = 1.03\times 10^{-3}\times 25.98^{4/3} = 0.07925$$

थोमा कैविटेशन गुणांक (σ), निम्नलिखित द्वारा दिया जाता है:

$$\sigma = \frac{NPSH}{H_m}$$

उपरोक्त समीकरण से, NPSH थोमा कैविटेशन गुणांक (σ) सीधे आनुपातिक होता है। σ न्यूनतम होने पर NPSH न्यूनतम होगा। लेकिन बिना कैविटेशन के लिए σ का न्यूनतम मान σ_c है। इसलिए जब σ = σ_c तो NPSH न्यूनतम है।

$$\therefore \quad \sigma_c = \frac{(NPSH)_{min}}{H_m}$$

or, $$(NPSH)_{min} = H_m\times\sigma_c$$

$(NPSH)_{min}$ = 0.07925 × 25 = 1.98 m. **उत्तर**

उदाहरण 4.11 दिए गए मापदंडो पर कैविटेशन से बचने के लिए स्थापित एक अपकेंद्री पंप के लिए चूषण शीर्ष का निर्धारण करें; वायुमंडलीय दबाव 100 kPa; वाष्प दबाव 2.30 kPa; चूषण पाइप में प्रवेशिका और अन्य हानियाँ 1.50 m; पंप का प्रभावी शीर्ष 52.0 m है और कैविटेशन मापदंड σ = 0.117।

समाधान

दिए आंकड़ें:

P_a = 100 kPa = 100000 N/m²

P_v = 2.30 kPa = 2300 N/m²

H_m = 52 m

h_{fs} = 1.5 m

σ = 0.117

कैविटेशन गुणांक द्वारा दिया जाता है

$$\sigma = \frac{[(p_a - p_v)/w] - (h_s + h_{fs})}{H_m}$$

इस प्रकार, प्रतिस्थापन से, हमे मिलता है

$$0.117 = \frac{[(100000 - 2300)/9810] - (h_s + 1.5)}{52}$$

$$0.117 \times 52 = \frac{(100000 - 2300)}{9810} - \ h_s - 1.55$$

$$\therefore \qquad h_s = 2.325 \text{ m } \textbf{उत्तर}$$

यानी, पंप को आपूर्ति टैंक में जल की सतह से 2.325 m की ऊंचाई पर स्थापित किया जा सकता है।

4.8 अपकेंद्री पंपों का मॉडल परीक्षण (Model Testing of Centrifugal Pumps)

एक पंप प्रोटोटाइप की कार्यक्षमता को सत्यापित करने के लिए, प्रयोगशाला में उच्च क्षमता वाले पंप के प्रोटोटाइप का परीक्षण करना संभव नहीं है, इसलिए, मॉडल परीक्षण समानता नियम के आधार पर किया जाता है। समानता का नियम कहता है कि विभिन्न क्षमता की दो मशीनों को समान कहा जा सकता है यदि वे ज्यामितीय, गतिज और गतिशील रूप से समान हैं। समानता के नियम के आधार पर, विशिष्ट गति N_s नामक एक शब्द व्युत्पन्न किया गया है। टरबाइन के मामले में, विशिष्ट गति को शक्ति के संदर्भ में व्यक्त किया जाता है, जबकि पंपों के मामले में इसे निर्वहन(discharge) के संदर्भ में व्यक्त किया जाता है।

4.8.1 पंपों की विशिष्ट गति (Specific Speed of Pumps)

एक पंप की विशिष्ट गति (N_s) को उस पंप की गति के रूप में परिभाषित किया जा सकता है जिस पर इकाई शीर्ष के विरुद्ध इकाई निर्वहन प्रदान किया जाता है।

विशिष्ट गति के लिए व्युत्पत्ति(derivation) इस प्रकार प्राप्त की जाती है:

अपकेंद्री पंप के लिए निर्वहन, Q संबंध(relation) द्वारा निर्धारित की जाती है।

$$Q = \text{क्षेत्रफल} \times \text{ प्रवाह वेग}$$
$$= \pi D \times B \times v_f$$
$$Q \propto D \times B \times v_f \tag{4.27}$$

जहाँ, D पंप इम्पेलर का व्यास है और B इम्पेलर की चौड़ाई है।

हम जानते हैं कि $B \propto D$

∴ समीकरण (4.27) से, हमें मिलता है

$$Q \propto D^2 \times v_f \tag{4.28}$$

स्पर्शीय(tangential) वेग द्वारा दिया जाता है।

$$u = \frac{\pi DN}{60} \propto DN \tag{4.29}$$

अब स्पर्शीय वेग (u) और प्रवाह(flow) वेग (v_f) के रूप में मैनोमेट्रिक शीर्ष (H_m) से संबंधित हैं।

$$u \propto v_f \propto \sqrt{H_m} \tag{4.30}$$

समीकरण 4.29 और समीकरण 4.30 की तुलना करने पर ,हम पाते हैं –

$$\sqrt{H_m} \propto DN$$
$$\text{or } D \propto \frac{\sqrt{H_m}}{N}$$

समीकरण (4.28) में D का मान प्रतिस्थापित करने पर

$$Q \propto \frac{H_m}{N^2} \times v_f$$
$$\propto \frac{H_m}{N^2} \times \sqrt{H_m} \ \ [\text{जहां}, v_f \propto \sqrt{H_m}]$$

$$\propto \frac{H_m^{3/2}}{N^2}$$

$$Q = K\frac{H_m^{3/2}}{N^2} \tag{4.31}$$

जहाँ, K आनुपातिक स्थिरांक है।

यदि $H_m = 1$ m और $Q = 1$ m³/s, N, N_s बन जाता है।

इन मानों को समीकरण (4.31) में प्रतिस्थापित करने पर, हमें मिलता है

$$1 = K\frac{1^{3/2}}{N_s^2} = \frac{K}{N_s^2}$$

$$K = N_s^2$$

$$Q = N_s{}^2\frac{H_m^{3/2}}{N^2}$$

$$N_s^2 = \frac{N^2 Q}{H_m^{3/2}}$$

$$N_s = \frac{N\sqrt{Q}}{H_m^{3/4}} \tag{4.32}$$

निम्नलिखित शर्तें पूरी होने पर मॉडल और वास्तविक पंप (प्रोटोटाइप) के बीच पूर्ण समानता होती है :

(i) मॉडल की विशिष्ट गति = प्रोटोटाइप की विशिष्ट गति

$$(N_s)_m = (N_s)_p$$

$$\left(\frac{N\sqrt{Q}}{H_m^{3/4}}\right)_m = \left(\frac{N\sqrt{Q}}{H_m^{3/4}}\right)_p \tag{4.33}$$

(ii) स्पर्शीय(tangential) वेग(u) $u = \frac{\pi DN}{60}$ या $u \propto \sqrt{H_m}$ द्वारा दिया जाता है

$$\sqrt{H_m} \propto DN$$

$$\frac{\sqrt{H_m}}{DN} = \text{नियतांक}$$

$$\left(\frac{\sqrt{H_m}}{DN}\right)_m = \left(\frac{\sqrt{H_m}}{DN}\right)_p \tag{4.34}$$

(iii) निर्वहन (discharge)

$$Q \propto D^2 \times V_f$$
$$\propto D^2 \times D \times N$$
$$\propto D^3 \times N$$

जहाँ,

$$v_f \propto u \propto DN$$

$$\frac{Q}{D^3 N} = \text{नियतांक}$$

$$\text{or } \left(\frac{Q}{D^3 N}\right)_m = \left(\frac{Q}{D^3 N}\right)_p \tag{4.35}$$

(iv) पंप की शक्ति

$$P = \frac{\rho g Q H_m}{75}$$

$$P \propto Q \times H_m$$
$$\propto D^3 \times N \times H_m \left(\because\ Q \propto D^3 N \text{ और } \sqrt{H_m} \propto DN\right)$$
$$\propto D^3 N \times D^2 N^2$$

$$\propto D^5N^3$$

$$\frac{P}{D^5N^3} = \text{नियतांक}$$

$$\left(\frac{P}{D^5N^3}\right)_m = \left(\frac{P}{D^5N^3}\right)_p \quad (4.36)$$

उदाहरण 4.12 3000 rpm की पंप गति पर, 2 m^3/sec के दिए गए निर्वहन(discharge) और 20 m के शीर्ष के लिए पंप की विशिष्ट गति ज्ञात करें। उपयुक्त धारणाओं के साथ, पंप की कार्यक्षमता को 80% मानते हुए 2400 rpm पर पंप निर्वहन, इनपुट शक्ति और शीर्ष निर्धारित करें।

समाधान

दिए आकड़े,

N = 3000 r.p.m

Q = 2 m^3/s

H =20 m

η_o = 80% = 0.8

शक्ति दी जाती है।

$$P = \frac{wQH}{\eta_0}$$

$$P = \frac{9810 \times 2 \times 20}{0.8}$$

$$P = 490500W = 490.5 \text{ kW}$$

विशिष्ट गति निम्न द्वारा दी जाती है,

$$N_s = \frac{N\sqrt{Q}}{H_m^{3/4}}$$

$$Q = 2\frac{m^3}{s} = 2 \times 10^3 \text{ l/s}$$

हालांकि, यदि निर्वहन Q लिया जाता है, तो

$$N_s = \frac{3000\sqrt{2}}{20^{\frac{3}{4}}} = 448.6$$

चूँकि Q, N के समानुपाती है; H, N^2 के लिए समानुपाती है और P, N^2 के लिए समानुपाती है, हमारे पास है

$$\frac{Q}{N} = \frac{Q_1}{N_1}$$

$$Q_1 = \left(\frac{N_1}{N}\right)Q$$

$$Q_1 = \frac{2400}{3000} \times 2 = 1.6\text{m}^3/\text{s.} \textbf{ उत्तर}$$

$$\frac{H}{N^2} = \frac{H_1}{N_1^2}$$

$$H_1 = \left(\frac{N_1^2}{N^2}\right)H$$

$$H_1 = \frac{(2400)^2}{(3600)^2} \times 18 = 8 \text{ m.} \textbf{ उत्तर}$$

$$\frac{P}{N^3} = \frac{P_1}{N_1^3}$$

$$P_1 = \left(\frac{N_1^3}{N^3}\right)P$$

$$P_1 = \frac{(2400)^3}{(3000)^3} \times 490.5 = 251.136\,\text{kW.}$$ **उत्तर**

उदाहरण 4.13 0.25 m इम्पेलर व्यास वाला एक पंप 20 m की ऊंचाई पर 30 lps निर्वहन को पहुंचाने के लिए स्थापित किया गया है। 15 lps निर्वहन के लिए एक समान पंप के शीर्ष और इम्पेलर व्यास का पता लगाएं।

समाधान:

दिए आंकडें,

पंप संख्या 1 के लिए,

D_1 = 0.25 m

Q_1 = 0.03 m^3/s

H_{m1} =20 m

पंप संख्या 2 के लिए,

Q_2 = 0.015 m^3/s

$$\frac{N_1\sqrt{Q_1}}{H_{m_1}^{3/4}} = \frac{N_2\sqrt{Q_2}}{H_{m_2}^{3/4}}$$

$$N_1 = N_2$$

$$\frac{\sqrt{Q_1}}{H_{m_1}^{3/4}} = \frac{\sqrt{Q_2}}{H_{m_2}^{3/4}}$$

$$\frac{\sqrt{.03}}{20^{3/4}} = \frac{\sqrt{.015}}{H_{m_2}^{3/4}}$$

$$H_{m_2}^{3/4} = \frac{\sqrt{.015} \times 20^{3/4}}{\sqrt{.03}} = \sqrt{\frac{.015}{.03}} \times 9.457 = 6.687$$

$$\therefore H_{m_2} = (6.687)^{\frac{4}{3}} = 12.6\text{ m.}$$ **उत्तर**

समीकरण (4.28), का उपयोग करने पर

$$\left(\frac{\sqrt{Hm}}{DN}\right)_1 = \left(\frac{\sqrt{Hm}}{DN}\right)_2$$

या $$\frac{\sqrt{H_{m_1}}}{D_1N_1} = \frac{\sqrt{H_{m_2}}}{D_2N_2}$$

$$N_1 = N_2$$

$$\frac{\sqrt{H_{m_1}}}{D_1} = \frac{\sqrt{H_{m_2}}}{D_2}$$

$$\frac{\sqrt{20}}{0.25} = \frac{\sqrt{12.6}}{D_2}$$

$$D_2 = \frac{\sqrt{12.6}\times 0.25}{\sqrt{20}} = 0.198\text{ m} = 198\text{ mm.}$$ **उत्तर**

4.9 पंपों का चयन (Selection of Pumps)

व्यावहारिक उपयोगकर्ताओं के लिए पंपों का चयन बहुत ही महत्वपूर्ण विचार है क्योंकि पंप एक विशिष्ट गति पर विशिष्ट शीर्ष और निर्वहन आवश्यकताओ के लिए अभिकल्पित किये गये है। पंपों का चयन वैज्ञानिक रूप से उनकी विशिष्ट गति (N_s) के आधार पर किया जाता है। किसी दिए गए शीर्ष, निर्वहन और गति के लिए, विशिष्ट गति समीकरण 4.30 में दी गई

अभिव्यक्ति का उपयोग करके निर्धारित की जाती है। पंपों को उनकी विशिष्ट गति के आधार पर, निम्न प्रकार वर्गीकृत किया जाता है:

(i) त्रिज्य(radial) प्रवाह पंप (N_s = 10 से 40)

(ii) मशीन(machine) अक्ष(axis) के समानांतर निर्गम किनारे के साथ मिश्रित प्रवाह पंप (N_s = 40 से 80)

(iii) वोल्यूट(volute) कक्ष प्रदान किए गए मशीन अक्ष की ओर झुके हुए निर्गम किनारे के साथ मिश्रित प्रवाह (N_s = 80 से 100)

(iv) उच्च विशिष्ट गति, अक्षीय प्रवाह और वेन के साथ अक्षीय पंप (N_s = 100 से 1000)

दिए गए स्थितियों के लिए उपयुक्त पंप का चयन करने के लिए निम्नलिखित चरण हैं:

चरण-1: दिए गए पंपिंग प्रणाली के लिए अभिकल्पित(design) किये गये निर्वहन के लिए पाइप के आर-पार और अन्य फिटिंग(fitting) में शीर्ष हानि (h_f) निर्धारित करें।

चरण-2: अभिकल्पित किए गए निर्वहन Q(m^3/sec) और दिए गए स्थिर शीर्ष, H_s (m) के लिए नेट(net) शीर्ष, H_{net} (m), निर्धारित करें।

$$H_{\text{नेट}} = H_s + h_f \tag{4.37}$$

चरण-3: अभिकल्पित किए गए निर्वहन, नेट शीर्ष और पंप गति पर विचार करते हुए वाले विशिष्ट गति निर्धारित करने के लिए समीकरण 4.32 का उपयोग करें ।

चरण-4: विशिष्ट गति के निर्धारित मान के अनुरूप पंपों के प्रकार का चयन करें।

चरण-5: यदि दिए गए मापदंडो के लिए, विशिष्ट गति 1000 से अधिक है, तो निम्नलिखित दो विकल्पों का अनुसरण करने की आवश्यकता है क्योंकि N_s 1000 से अधिक नहीं हो सकता हैं।

पहला विकल्पः पंप की चयनित गति को उस मान तक कम किया जाना चाहिए जहां दिए गए शीर्ष और निर्वहन के लिए विशिष्ट गति 1000 से कम हो।

दूसरा विकल्पः यदि न्यूनतम(minimum) संभावित पंप गति को 1000 से कम करना संभव(possible) नहीं है तो शीर्ष और निर्वहन को विभाजित करके विशिष्ट गति को नियंत्रित किया जा सकता है। इस मामले में हमें क्रमशः श्रृंखला में या समानांतर में पंपों की संख्या को जोड़ने की आवश्यकता है।

4.10 टरबाइन के रूप में प्रयुक्त अपकेन्द्री पम्प (पैट) (Centrifugal Pump Used as Turbine (PAT))

जैसा कि पहले चर्चा की गई है, टरबाइन एक द्रवचालित मशीन है जो उपलब्ध संभावित ऊर्जा को यांत्रिक ऊर्जा में परिवर्तित करती है जिसका उपयोग बिजली उत्पन्न करने के लिए किया जाता है। पंप एक द्रवचालित मशीन है जिसका उपयोग यांत्रिक ऊर्जा को संभावित ऊर्जा में बदलने के लिए किया जाता है। सिद्ध होता है कि मुख्य रूप से पंप का उपयोग टरबाइन के रूप में विपरीत मोड में इस्तेमाल किया जा सकता है। विपरीत मोड में काम करने पर यह द्रवचालित टरबाइन के समान होता है। दोनों मोडों में अपकेंद्री पंप का परिचालन चित्र 4.17 में दिखाए गए योजनाबद्ध से देखा जा सकता है।

टरबाइन मोड(mode) में पंप का उपयोग करने के निम्नलिखित फायदे हैं :

(i) बड़ी संख्या में मानक पंपों के उत्पादन के कारण, एक मानक पीएटी विशेष रूप से अभिकल्पित किए गए टरबाइन की तुलना में बहु त कम खर्चीला हो सकता है।

(ii) पंप के लिए वितरण समय प्रायःटरबाइनों की तुलना में बहु त कम होता है।

(iii) टरबाइनों की तुलना में पंपों के लिए स्पेयर पार्ट्स और रखरखाव या मरम्मत सेवाएं अधिक आसानी से उपलब्ध हैं।

(iv) ब्लेड पिच परिवर्तन की अनुपस्थिति के कारण पीएटी का नियंत्रण(control) सरल है।

(v) ये कारक लागत बचत में योगदान करते हैं।

टरबाइन के रूप में पंप के ऊपर उल्लिखित फायदों के बावजूद, इसमें शामिल मुख्य समस्या टरबाइन मोड में पंप का चयन है। टरबाइन परिचालन में, परिचालन बिंदु जैसा कि चित्र 4.18 में दिखाए गए उच्च शीर्ष और निर्वहन की ओर स्थानांतरित हो जाता है। इस समस्या को हल करने के लिए शीर्ष रूपांतरण(conversion) कारक (h) और निर्वहन रूपांतरण कारक (q) को प्रायोगिक रूप से निर्धारित किया जाता है जिसे निम्न प्रकार व्यक्त किया जा सकता है:

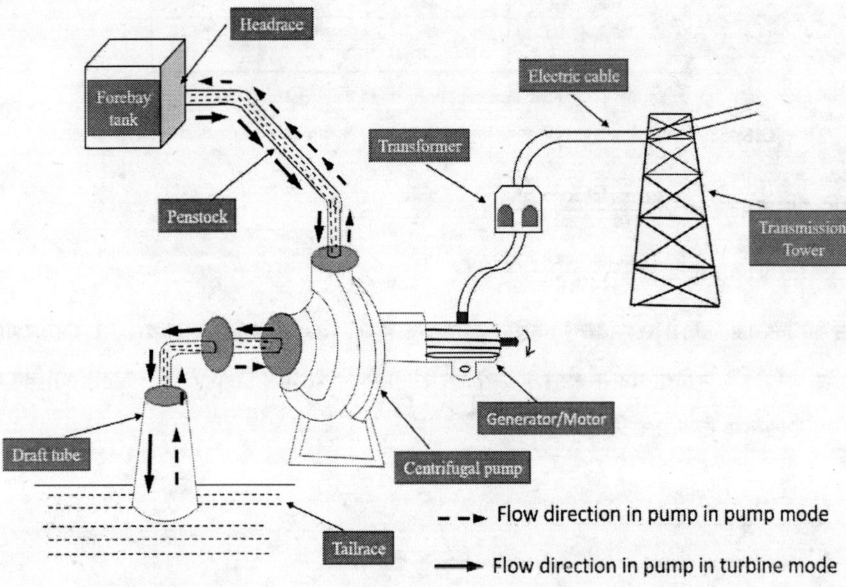

चित्र 4.17: पंप और टरबाइन मोड में अपकेंद्री परिचालन को दिखाने वाली योजना

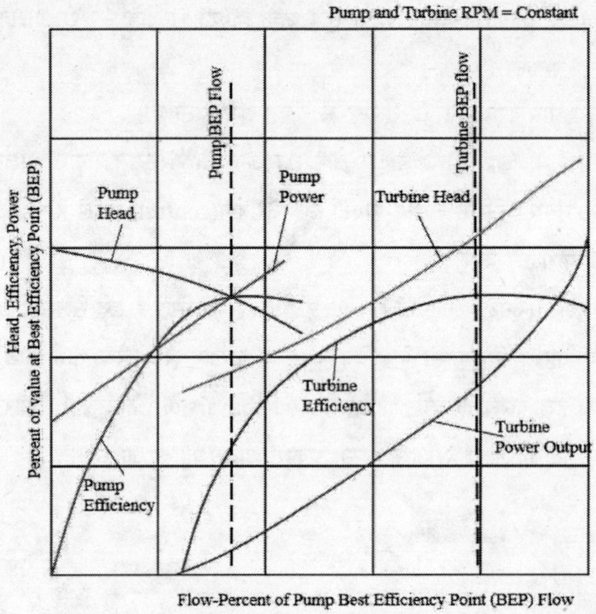

चित्र 4.18:: दोनों मोड में पंप का परिचालन विशेषता वक्र (पंप के रूप में पंप और के पंप रूप में टर्बाइन)

शीर्ष के लिए रूपांतरण कारक, $h = \frac{\text{टरबाइन मोड में शीर्ष } (H_T)}{\text{पंप मोड में शीर्ष } (H_P)}$

निर्वहन के लिए रूपांतरण कारक, $q = \frac{\text{टरबाइन मोड में निर्वहन } (Q_T)}{\text{पंप मोड में निर्वहन } (Q_P)}$

हालांकि, विभिन्न शोधकर्ताओं द्वारा सहसंबंध विकसित किए गए हैं जो विशिष्ट गति के आधार पर रूपांतरण(conversion) कारकों को निर्धारित करने की सुविधा प्रदान करते हैं जैसे कि स्टेपानॉफ पद्धति(Stepanoff's Method) का उपयोग करके इन कारकों के लिए सहसंबंध विकसित किए गए हैं।

$$h = \frac{1}{\sqrt{\eta_P}} \tag{4.38}$$

$$q = \frac{1}{\sqrt{\eta_P}} \tag{4.39}$$

उदाहरण 4.14 पम्पिंग प्रणाली के लिए, पंपों को 25 m के कुल शीर्ष के साथ 0.2 m^3/sec के जल के निर्वहन के लिए अभिकल्पित करने की आवश्यकता होती है। यदि प्रत्येक पंप की क्षमता 22.5 kW है, तो पंपों की आवश्यक संख्या निर्धारित करें।

अन्य मापदंडों को इस रूप में लें;

(i) पाइप की लम्बाई = 200 m

(ii) पाइप का व्यास = 50 cm

(iii) घर्षण गुणांक = 0.01

(iv) मोटर और पंप की संयुक्त कार्यदक्षता = 80%

समाधान

दिए गए हैं

पंप क्षमता = 22.5 kW

Q = 2.0 m^3/sec, H = 25 m, L = 200 m, D = 0.5 m, f = 0.01, η_o= 0.8

पाइप का क्षेत्रफल = $\frac{\pi}{4}(0.5)^2$ = 0.196 m^2

$$Q = A \times v$$

$$v = \frac{Q}{A} = \frac{2}{0.196} = 10.204 \text{ m/sec}$$

घर्षण के कारण शीर्षांत हानि(loss) निम्न प्रकार दी जाती है:

$$h_f = \frac{fLV^2}{2gD}$$

$$h_f = \frac{0.01 \times 200 \times 10.204^2}{2 \times 9.81 \times 0.5}$$

$$h_f = 21.227 \text{ m}$$

गतिशील शीर्ष निम्न द्वारा दिया जाता है -

$$H = h_f + H_s$$

$$H = 21.227 + 25$$

$$H = 46.227 \text{ m}$$

मोटर और पंप की संयुक्त कार्यक्षमता निम्नलिखित द्वारा दी जाती है:

$$0.8 = \frac{gQH}{\text{कुल आवश्यक पंप क्षमता}}$$

कुल आवश्यक पंप क्षमता = $\frac{9.81 \times 0.2 \times 46.227}{0.8}$

= 113. 37 kW

प्रत्येक पंप क्षमता = 22.5 kW

आवश्यक पंपों की संख्या

$= \frac{\text{कुल आवश्यक पंप क्षमता}}{\text{प्रत्येक पंप क्षमता}}$

$= \frac{113.72}{22.5}$

= 5.054

= 5 (कहें). **उत्तर**

4.11 सकारात्मक विस्थापन पंप (Positive Displacement Pumps)

4.11.1 प्रत्यागामी पंप (Reciprocating Pump)

एक प्रत्यागामी पंप सकारात्मक विस्थापन पंपों में से एक है जिसमें एक सिलेंडर के साथ एक पिस्टन होता है। पिस्टन एक कनेक्टिंग रॉड के माध्यम से एक क्रैंक से जुड़ा होता है और क्रैंक एक चालक द्वारा संचालित होता हैं जो सिलेंडर में पिस्टन की घूर्णी गति को प्रत्यागामी गति में परिवर्तित करता है, जैसा कि चित्र 4.19 में दिखाया गया है। संप चूषण पाइप और चूषण वाल्व के माध्यम से सिलेंडर से जुड़ा होता है। सिलेंडर के आउटलेट पर वितरण पाइप एक वितरण वॉल्व के जरिए सिलेंडर से जुड़ा होता है।

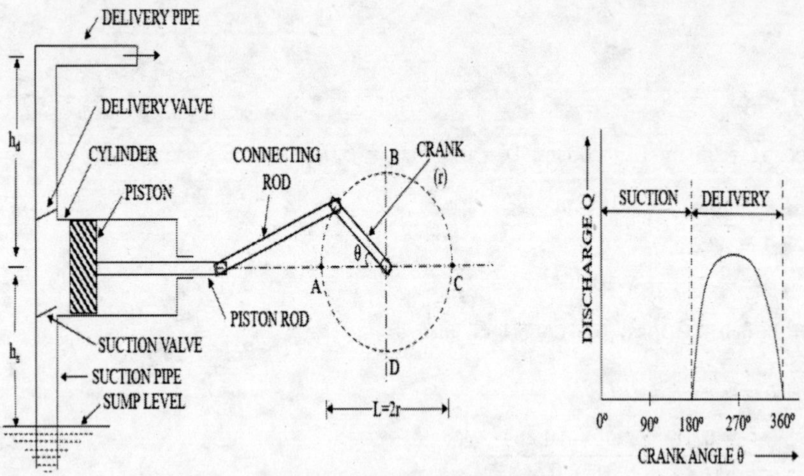

चित्र **4.19:** एकल क्रिया प्रत्यागामी पंप

प्रत्यागामी पंप संचालन के दौरान, पिस्टन पश्चगामी जाता है और चूषण वाल्व के माध्यम से सिलेंडर के अंदर जल खींचता है, जबकि वितरण वाल्व बंद रहता है। पिस्टन के अग्रिम स्ट्रोक के दौरान, सिलेंडर के अंदर का द्रव दबाव में आ जाता है और चूषण वाल्व बंद रहने पर वितरण पाइप के अंदर वितरण होता है। प्रत्यागामी पंप एकल क्रिया या दोहरी क्रिया हो सकते हैं। चूषण स्ट्रोक के दौरान क्रैंक 0° से 180° तक घूमता है, जबकि पिस्टन एकदम बाईं ओर से एकदम दाईं ओर जाता है। जब क्रैंक 180° से 360° तक घुमाया है तों पिस्टन अपनी चरम दाईं स्थिति से बाईं ओर अंदर की ओर गति करता है। जब चूषण वाल्व बंद हो जाता है और वितरण वाल्व खुल जाता है तो पिस्टन के आंतरिक गति के कारण सिलेंडर के अंदर द्रव का दबाव वायु दबाव से अधिक हो जाता है। वितरण पाइप को पंप करके द्रव को धीरे-धीरे वांछित ऊंचाई तक बढ़ाया जाता है। क्योंकि द्रव वास्तव में इस पंप क्रिया के दौरान वांछित ऊंचाई तक पहुंचाया जाता है, इसलिए इसे इसके वितरण स्ट्रोक के रूप में जाना जाता है। वितरण स्ट्रोक के पूरा होने पर क्रैंक = 0° या 360° (अर्थात, अपने आंतरिक मृत केंद्र पर) पर होता है, पिस्टन अपनी चरम बाईं स्थिति में होता है, एक पूर्ण घूर्णन(rotation) पूरा हो चूका है जबकि चूषण और वितरण वाल्व दोनों बंद हो जाते हैं। जैसे-जैसे क्रैंक घूमता है, उसी चक्र(cycle) को दोहराया जाता है। चित्र 4.20 में दिखाया गया है कि पिस्टन के दोनों ओर से द्रव एक दोहरी भूमिका पंप में प्रवेश करता है।

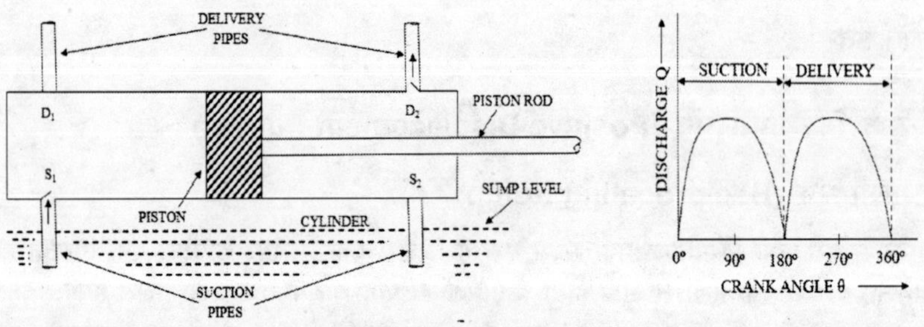

चित्र **4.20**: दोहरी क्रिया प्रत्यागामी पंप

जैसे ही पिस्टन चलता है, पिस्टन के सामने का वितरण वाल्व खुल जाता है और द्रव को वितरण पाइप में पंप कर देता है। द्रव सिलेंडर के पिछले हिस्से में प्रवेश करता है, उसी समय पीछे की ओर चूषण वाल्व खुलता है। पिस्टन की पीछे की ओर गति, द्रव को वितरण पाइप में धकेलती है, और साथ ही चूषण वाल्व खोलती है। द्वि कार्य पंप द्रव को अधिक सुसंगत प्रवाह में पंप करना संभव बनाते हैं।

4.11.2 रोटरी सकारात्मक विस्थापन पंप (Rotary Positive Displacement Pump)

एक रोटरी सकारात्मक विस्थापन पंप में, द्रव को लगातार एक दिशा में घुमाते हुए गियर के घूमने से एक सकारात्मक शीर्ष बनता है। इसे गियर पंप के रूप में भी जाना जाता है और इस श्रेणी के अन्य पंपों में आंतरिक गियर पंप, स्क्रू पंप और वेन पंप शामिल हैं। इनका उपयोग विशेष रूप से द्रवचालित प्रणालियों में स्लरी, रुकावट, तेल आदि के परिवहन के लिए किया जाता है। चित्र 4.21 बाह्य(external) गियर पंप का योजनाबद्ध आरेख दिखाता है। जब दो गियर दो अलग-अलग शाफ्टों से जुडे होते हैं। इन दो गियर में से एक शाफ्ट चालक(driver) शाफ्ट से जुड़ा होता है और अन्य निष्क्रिय के रूप में कार्य करता है। द्रव को चूषण से आवरण और गियर दांतों के बीच वितरण की ओर विस्थापित किया जाता है। पंप (Aln) द्वारा विस्थापित मात्रा को ध्यान में रखते हुए निर्वहन की गणना,निम्नलिखित व्यंजक का उपयोग करके की जा सकती है।

$$Q = \frac{A\,L\,n\,N}{60} \qquad (4.40)$$

जहाँ A दो निकटवर्ती दांतों के बीच का क्षेत्रफल है, L दातों की अक्षीय लंबाई है, n प्रत्येक गियर में दांतों की संख्या है, और N r.p.m हैं।

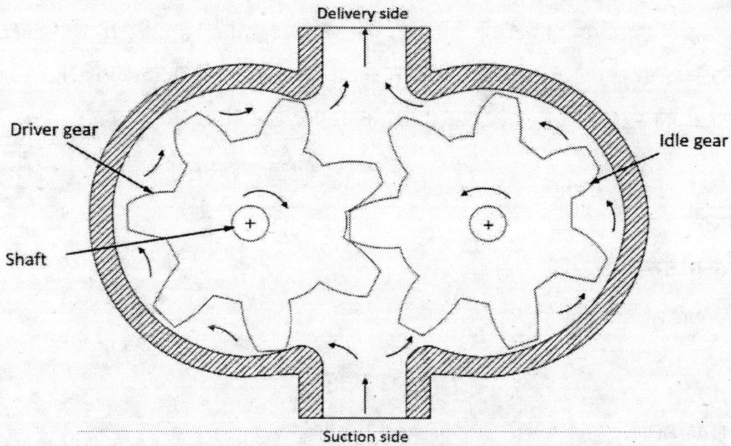

चित्र 4.21: गियर पंप का योजनाबद्ध आरेख

SCAN ME

For better understanding positive displacement pump

यूनिट सारांश (Unit Summary)

- **अपकेंद्री पंप**

अपकेंद्री पंप रोटोडायनामिक मशीने हैं जो द्रव पदार्थों को निचले स्तर से उच्च स्तर तक उठाने के लिए गतिशील दबाव उत्पन्न करते हैं।

यह परिवर्तनशील शीर्ष और परिवर्तनीय निर्वहन के लिए उपयुक्त है।

- **पंप द्वारा किए गए कार्य**

द्रव को इम्पेलर द्वारा दिया गया शीर्ष इस प्रकार दिया जाता है:

$$= \frac{1}{g} V_{u_2} u_2$$

जहाँ,

V_{u2} निर्गम पर घूर्णन वेग है और

u_2 निर्गम पर इम्पेलर का स्पर्शीय वेग है

एक अपकेंद्री पंप के शीर्ष को निम्न प्रकार व्यक्त किया जा सकता है:

(i) स्थिर शीर्ष

(ii) मैनोमेट्रिक शीर्ष

स्थिर शीर्ष (H_s)

H_s संप में द्रव की बढती सतह और जिस टैंक में द्रव पंप किया जा रहा है, उसके बीच की ऊर्ध्वाधर दूरी है। इस प्रकार,

$$H_s = h_s + h_d$$

जहाँ h_s संप में द्रव सतह के ऊपर पंप शाफ्ट की केंद्र रेखा की ऊर्ध्वाधर ऊंचाई है, और h_d पंप शाफ्ट की केंद्र रेखा के ऊपर टैंक में द्रव सतह की ऊर्ध्वाधर ऊंचाई है जहां द्रव वितरित किया जाता है। मैनोमेट्रिक शीर्ष (H_m)

H_m बाहरी आवश्यकताओं को पूरा करने के लिए पंप द्वारा आवश्यक कुल शीर्ष है। इस प्रकार,

$$H_m = \frac{1}{g} V_{u_2} u_2 - (\text{पंप में शीर्ष का नुकसान})$$

- **शीर्ष और कार्यक्षमता**

अपकेंद्री पंप की कार्यक्षमताएँ हैं -

(i) द्रवचालित कार्यक्षमता

$$\eta_{\text{द्रवचालित}} = \frac{\rho g Q H}{P_{\text{इम्पेलर}}}$$

(ii) आयतनिक कार्यक्षमता

$$\eta_{\text{आयतनिक}} = \frac{Q_{\text{कुल}} - Q_{\text{रिसाव}}}{Q_{\text{कुल}}}$$

(iii) यांत्रिक कार्यक्षमता

$$\eta_{\text{यांत्रिक}} = \frac{P_{\text{इम्पेलर}}}{P_{\text{शाफ़्ट}}}$$

(iv) समग्र कार्यक्षमता

$$\eta_0 = (\eta_{\text{द्रवचालित}}) \times (\eta_{\text{आयतनिक}}) \times (\eta_{\text{यांत्रिक}})$$

- **विशिष्ट गति**

एक पंप की विशिष्ट गति (N_s) को पंप की गति के रूप में परिभाषित किया जा सकता है जो इकाई शीर्ष के विरुद्ध इकाई निर्वहन प्रदान करता है।

विशिष्ट गति निम्नलिखित द्वारा निर्धारित की जाती है -

$$N_s = \frac{N\sqrt{Q}}{H_m^{3/4}}$$

विशिष्ट गति के आधार पर, पंपों को निम्न प्रकार वर्गीकृत किया जाता है:

(i) त्रिज्य(radial) प्रवाह पंप (N_s = 10 से 40)

(ii) मशीन(machine) अक्ष के समानांतर निर्गम किनारे के साथ मिश्रित प्रवाह पंप (N_s = 40 से 80)

(iii) वोल्यूट(volute) कक्ष प्रदान किए गए मशीन अक्ष की ओर झुके हुए निर्गम किनारे के साथ मिश्रित प्रवाह (N_s = 80 से 100)

(iv) उच्च विशिष्ट गति अक्षीय प्रवाह पंप अक्षीय रूप से वितरित करते हैं, में वेन के साथ प्रदान किया जाता है (N_s = 100 से 1000)

मॉडल और वास्तविक अपकेंद्री पंप (प्रोटोटाइप) के बीच पूर्ण समानता के लिए निम्नलिखित स्थितियों को पूरा किया जाना चाहिए:

(i) $\left(\frac{N\sqrt{Q}}{H_m^{3/4}}\right)_m = \left(\frac{N\sqrt{Q}}{H_m^{3/4}}\right)_p$

(ii) $\left(\frac{\sqrt{H_m}}{DN}\right)_m = \left(\frac{\sqrt{H_m}}{DN}\right)_p$

(iii) $\left(\frac{Q}{D^3N}\right)_m = \left(\frac{Q}{D^3N}\right)_p$

(iv) $\left(\frac{P}{D^5N^3}\right)_m = \left(\frac{P}{D^5N^3}\right)_p$

- **कैविटेशन (cavitation)**

टरबाईनों और पंपों में प्रयुक्त थोमा कैविटेशन गुणांक(σ) का उपयोग यह अनुमान लगाने के लिए किया जाता है कि कैविटेशन होगा या नहीं। कैविटेशन को रोकने के लिए, σ का मान σ_c द्वारा दिए गए महत्वपूर्ण मान से कम नहीं होना चाहिए।

$$\sigma_c = 0.103(\frac{N_s}{1000})^{\frac{4}{3}}$$

जहाँ

N_s = पंप की विशिष्ट गति।

- **अपकेंद्री पंप के लिए प्रदर्शन वक्र**

अपकेंद्री पंपों के लिए, विभिन्न स्थितियों में पंप के व्यवहार और निष्पादन का पूर्वानुमान लगाने के लिए निम्नलिखित तीन प्रकार के विशेषता वक्रों को प्रस्तुत किया जाता है।

(i) मुख्य विशेषताएँ वक्र

(ii) परिचालन विशेषताएँ वक्र

(iii) स्थिर कार्यक्षमता वक्र

- **प्रत्यागामी पंप (Reciprocating Pump)**

प्रत्यागामी पंप उच्च शीर्ष और निम्न निर्वहन के लिए उपयुक्त है जिसमें एक पिस्टन के साथ एक सिलेंडर, चूषण पाइप, वितरण पाइप, चूषण वाल्व और वितरण वाल्व होते हैं।

अभ्यास (Exercise)

बहु विकल्पीय प्रश्न(Multiple Choice Question)

4.1 यदि D अपकेंद्री पंप का इम्पेलर व्यास(diameter) है, तो पंप के माध्यम से निर्वहन .... के समानुपाती होता है।

(a) D (b) D^2

(c) D^3 (d) $D \times 1/D^3$

4.2. अपकेंद्री पंप में द्रव इम्पेलर के ऊपर प्रवेश करता है।

(a) शीर्ष पर (b) नीचे की ओर

(c) केंद्र में (d) किनारों से

4.3. उच्च शीर्ष पर कम निर्वहन(discharge) के लिए पंप की सिफारिश की जाती है।

(a) त्रिज्य(radial) प्रवाह (b) अक्षीय प्रवाह

(c) मिश्रित प्रवाह (d) प्रत्यागामी

4.4. कम विशिष्ट गति वाले पंप हैं

(a) अक्षीय प्रवाह(flow) (b) त्रिज्य प्रवाह

(c) मिश्रित प्रवाह (d) प्रत्यागामी

(e) उपरोक्त सभी

4.5.अपकेंद्री पंप के लिए चूषण (suction) शीर्ष का निर्धारण निम्न प्रकार किया जाता है:

(a) वितरण शीर्ष (b) निर्वहन

(c) गति (d) शुद्ध धनात्मक(positive) चूषण शीर्ष

4.6.अपकेंद्री पंप की अधिकतम कार्यक्षमता

(a) 30% (b) 50%

(c) 85% (d) 100%

4.7.अपकेंद्री पंप अधिकतर निम्नलिखित के लिए अभिकल्पित किए गए हैं:

(a) चर शीर्षंश् (b) चर निर्वहन

(c) स्थिर शीर्ष और स्थिर निर्वहन (d) चर शीर्ष और चर निर्वहन

4.8.कैविटेशन(cavitation) गुणांक द्वारा व्यक्त किया जाता है।

(a) η (b) β

(c) σ (d) ω

4.9.रिवर्स मोड में, एक अपकेंद्री के रूप में कार्य कर सकता है।

(a) पेल्टन टरबाइन
(b) प्रत्यागामी पंप
(c) प्रतिक्रिया टरबाइन
(d) उपरोक्त में से कोई नहीं

4.10.अपकेंद्री पंप की विशिष्ट गति निम्नलिखित द्वारा व्यक्त की जाती है:

(a) $\frac{N\sqrt{Q}}{H^{1/4}}$
(b) $\frac{N\sqrt{Q}}{H^{5/4}}$
(c) $\frac{P\sqrt{Q}}{H^{3/4}}$
(d) उपरोक्त में से कोई भी नहीं

4.11.अपकेंद्री(centrifugal) पंप की तुलना में, प्रत्यागामी(reciprocating) पंपों का उपयोग किया जाता है।

(a) उच्च निर्वहन उच्च शीर्ष
(b) कम निर्वहन कम शीर्ष
(c) कम निर्वहन उच्च शीर्ष
(d) उच्च निर्वहन कम शीर्ष

4.12.प्रत्यागामी पंप एक .... है।

(a) नकारात्मक विस्थापन(displacement) पंप
(b) सकारात्मक विस्थापन पंप
(c) डायाफ्राम पंप
(d) उत्सारण(emulsion) पंप

4.13.कैविटेशन एक घटना है जो घटित हो सकती है

(a) पेल्टन टरबाइन
(b) स्पर्शीय(tangential) प्रवाह टरबाइन
(c) प्रत्यागामी पंप
(d) अपकेंद्री पंप

4.14.पंप की गति दोगुनी करने से शक्ति में वृद्धि होती है।

(a) 2 बार
(b) 4 बार
(c) 8 बार
(d) 6 बार

4.15.घूर्णन इम्पेलर के बाहर एक अपकेंद्री पंप के वोल्यूट आवरण में प्रवाह होता है।

(a) अक्षीय प्रवाह
(b) मुक्त भंवर (vortex) प्रवाह
(c) जबरन भंवर प्रवाह
(d) त्रिज्य(radial) प्रवाह

बहु विकल्प प्रश्नों के उत्तर(answer)

4.1 (b), 4.2 (c), 4.3 (d), 4.4 (c), 4.5 (d), 4.6 (c), 4.7 (d), 4.8 (c), 4.9 (c), 4.10 (c), 4.11 (c),4.12 (b), 4.13 (d), 4.14 (c), 4.15 (b).

लघु और दीर्घ उत्तरीय प्रश्न (Short and Long Answer Type Questions)

4.1.अपकेंद्री पंप का कार्य सिद्धांत क्या है?

4.2.अपकेंद्री पंपों को परिभाषित और वर्गीकृत कीजिए।

4.3.अपकेंद्री पंपों को कैसे निर्दिष्ट किया जाता है?

4.4.एक प्रारूपिक अपकेंद्री पंप का योजनाबद्ध आरेख बनाएं इसके मुख्य घटकों को दिखायें ।

4.5.अपकेंद्री पंप के आवरण और इम्पेलर(impeller) के कार्य क्या हैं?

4.6.विभिन्न प्रकार के इम्पेलरों पर चर्चा कीजिए।

4.7.शुद्ध सकारात्मक चूषण शीर्ष (NPSH) को परिभाषित करें।

4.8.अपकेंद्री पंपों में कैविटेशन(cavitation) पर चर्चा करें।

4.9.एक अपकेंद्री पंप को आकार देने के लिए कौन से अभिकल्प(design) मापदंडो पर विचार किया जाता है।

4.10.अनुभाग(section) शीर्ष, घर्षणी शीर्ष हानियाँ और गतिशील शीर्ष को परिभाषित करें।

4.11.एक अपकेंद्री पंप के लिए परिचालन विशेषताएँ वक्र बनाएं।

4.12.विशिष्ट गति को परिभाषित करें।

4.13. पंपों का चयन किस आधार पर किया जाता है?

4.14.कौन सा पंप इकाई शीर्ष और इकाई निर्वहन और 120 rpm की गति के लिए उपयुक्त होगा?

4.15. टरबाइन के रूप में पंप का चयन करने के लिए उपयोग किए जाने वाले रूपांतरण(conversion) कारकों को परिभाषित करें।

4.16. प्रत्यागामी(reciprocating)को धनात्मक विस्थापन(displacement) पंप क्यों कहा जाता है?

4.17. एक पंप के लिए कैविटेशन(cavitation) गुणांक को परिभाषित करें।

4.18. पंपों की समानता का नियम क्या है?

संख्यात्मक समस्याएँ (Numerical Problems)

4.19. यदि जल स्थिर प्रवाह वेग के साथ इम्पेलर में त्रिज्य रूप से प्रवेश करता है तो इम्पेलर(impeller) द्वारा इकाई निर्वहन के लिए वेग त्रिकोण की मदद से किए गए कार्य का पता लगाएं। इम्पेलर के आंतरिक और बाहरी व्यास(diameter) को क्रमशः 100 mm और 300 mm के रूप में माना जाता है, प्रवेशिका और निर्गम पर वेन नोक कोण क्रमशः 25° और 35° हैं। मान लीजिए, पंप गति 1000 r.p.m हैं।

4.20. एक पंप निम्नलिखित मापदंडो के साथ स्थापित किया गया है: (i) इम्पेलर व्यास: 300 mm (ii) गतिः 1000 rpm (iii) शीर्ष: 10 m (iv) वेन कोण(angle): 40^0 और (v) मैनोमेट्रिक(manometric) कार्यक्षमता: 78%।

4.21. निर्गम(outlet) पर प्रवाह वेग, वेन को छोड़ने वाले जल का वेग, निर्गम और विसर्जन पर निरपेक्ष(absolute) वेग का कोण ज्ञात करें।

4.22. एक पंप को 25 m के शीर्ष के विरुद्ध 200 lps के जल के निर्वहन को पंप करने के लिए 58 kW की शक्ति की आवश्यकता होती है। पंप की समग्र कार्यक्षमता निर्धारित करें।

4.23. अपकेंद्री पंप इम्पेलर के लिए प्रवेशिका नोक कोण निर्धारित करें जिसका बाहरी व्यास आंतरिक व्यास का 1.5 गुना है और गति 1000 rpm है। पंप के कुल शीर्ष को 40 m और इम्पेलर पर स्थिर प्रवाह वेग को 2 m/s मानें। अन्य आयामों में बाहरी व्यास 500 mm, निर्गम चौड़ाई(width) 40 mm और वेन निर्गम नोक कोण 40° हैं। इकाई निर्वहन के लिए इम्पेलर द्वारा की गई मैनोमेट्रिक कार्यक्षमता और किए गए कार्य का भी पता लगाएं।

4.24. यदि 600 rpm पर पंप निर्वहन 40 lps है, तो 1000 rpm पर पंप द्वारा वितरित निर्वहन ज्ञात करें। यदि एक अपकेंद्री पंप इम्पेलर का व्यास 120 lps के निर्वहन के लिए अभिकल्पित किया गया था। 200 lps के निर्वहन के लिए इम्पेलर व्यास निर्धारित करें।

4.25. एक टैंक से पानी को 150 lps की प्रवाह दर पर संप(sump) से 25 m की ऊंचाई पर रखे गये जल के ऊपर वाले टैंक तक पहुंचाने के लिए एक अपकेंद्री पंप आवश्यकता होती है। पाइपों में घर्षण हानियों को नगण्य मानते हुए, पंप को संचालित करने के लिए आवश्यक शक्ति की गणना करें ।

4.26. यदि 0.2 m इम्पेलर व्यास वाले एक अपकेंद्री पंप के लिए आवश्यक शक्ति 18 kW है, तो यदि इम्पेलर व्यास को 8% तक कम होने पर कितनी शक्ति की आवश्यकता होगी?

4.27. एक जल पंपिंग प्रणाली के लिए, 50 m के शीर्ष पर 100 lps के निर्वहन के लिए एक पंप स्थापित किया गया था। मान लें कि पंप को चलाने के लिए आवश्यक मोटर की कार्यक्षमता 85% है। पंपिंग प्रणाली के विस्तार के बाद, जल की आवश्यक मात्रा 400 lps होती है। श्रृंखला या समानांतर में पंपों की संख्या और उनके संचालन का सुझाव दें। प्रत्येक पंप की दक्षता 80% होने पर आवश्यक शक्ति निर्धारित करें।

4.28. स्तंभ भट्ठी के लिए जल पंपिंग प्रणाली के लिए,विशिष्टताओं वाला एक पंप का चयन किया गया था; निर्वहन, Q = 12.5 lps, शीर्ष, H = 30 m और शक्ति, P = 6.7kW । पंप की कार्यक्षमता निर्धारित करें। स्तंभ भट्ठी निर्माता के अनुसार शीतलन के लिए 12.5 lps जल की आवश्यकता होती है, लेकिन 60 m पर। अपनी आवश्यकताओं को पूरा करने के लिए कितने पंपों की आवश्यकता है? यदि नई आवश्यकता के लिए 65% कार्यक्षमता वाला एक नया पंप लगाया जाए तो कितनी ऊर्जा की बचत की जा सकती है?

4.29. एक जलाशय से एक टैंक में जल की आपूर्ति करने के लिए 12 m की ऊर्ध्वाधर ऊंचाई के ऊपर एक अपकेंद्री पंप स्थापित किया जाता है। चूषण पाइप का व्यास 300 mm है और यह 6 m लंबा है। चूषण पाइप के अंत में, जो जलाशय में जल स्तर के नीचे फैली हुई है, एक फुट वाल्व (हानि गुणांक(coefficient), k_v = 1.5) लगाया जाता है। चूषण पक्ष पर 90^0 का मोड़ है, (हानि गुणांक), k_v = 0.8) है। निर्वहन पाइप का व्यास 250 mm और लंबाई 135 m है। यह एक गेट वाल्व और दो मध्यम त्रिज्या(radius) 90^0 मोड़ (हानि गुणांक k_v = 0.9) के साथ लगाया जाता है। पाइप फिटिंग में शीर्ष के सभी हानियों को ध्यान में रखते हुए 85 lit/sec जल निर्वहन करने के लिए पंप की शक्ति ज्ञात कीजिए। पंप की समग्र कार्यक्षमता 70% है। मोटर चलाने की क्षमता भी ज्ञात कीजिए। पाइप के लिए घर्षण गुणांक 0.014 लें।

4.30. शीर्ष हानियों को निर्धारित करें और 3 m/s के वेग वाले पंपिंग प्रणाली के लिए पंप परिचालन वक्र(curve) के साथ एक प्रणाली प्रतिरोध वक्र बनाएं और इसमें अनुवर्ती बातें शामिल हों (i) फुट वाल्व से चूषण पाइप (हानि गुणांक, k_v = 1.85) (ii) चूषण पाइप (लंबाई = 4 m; व्यास = 100 mm, घर्षण गुणांक f = 0.038) (iii) चूषण पाइप में मोड़ (k_v = 1.90) (iv) नियंत्रण वाल्व (k_v = 0.19) 90° मोड़ (k_v = 1.90) और (v) 90° मोड़ से पहले अपकेंद्री पंप के साथ वितरण पाइप (लंबाई = 5m; व्यास = 100 mm, घर्षण गुणांक f = 0.038) और (v) डिलीवरी पाइप (लंबाई = 1m; व्यास = 100 मिमी, घर्षण गुणांक f = 0.038) एक नियंत्रण वाल्व (k_v = 0.19) के साथ झुकने के बाद। 23.5 lps का निर्वहन देने के लिए 75% कार्यक्षमता वाले पंप द्वारा आवश्यक शक्ति का भी पता लगाएं। 25 m के कुल शीर्ष के खिलाफ 0.035 m^3/sec के पानी के निर्वहन कौन सा पंप को उपयुक्त होगा जिसकी गति 300 rpm है?

4.31. 7.5 kW की विद्युत मोटर द्वारा संचालित एक पंप की कार्यक्षमता का निर्धारण करें जो 35 m के शीर्ष के खिलाफ 35 lps का निर्वहन करता है।

4.32. 1000 rpm की पंप गति पर 0.1 m^3/sec की दिए गए निर्वहन और 25 m शीर्ष पर पंप की विशिष्ट गति निर्धारित करें। पंप की कार्यक्षमता को 85% मानते हुए 1500 rpm पर पंप के निर्वहन, इनपुट(input) शक्ति और शीर्ष का पता लगाएं।

4.33. एक पंप जिसमें 0.30 m का इम्पेलर(impeller) व्यास, 50 lps की निर्वहन क्षमता और 25m का शीर्ष होता है। 25 lps के निर्वहन के लिए एक समान पंप के शीर्ष और इम्पेलर व्यास का पता लगाएं।

4.34. 20 cm के रनर व्यास और 1000 rpm की कार्यशील चौड़ाई वाला एक अपकेंद्री पंप मॉडल 4.8 m शीर्ष के खिलाफ 150 lps के निर्वहन के साथ सर्वोत्तम दक्षता बिंदु पर काम करता है और इसके लिए 7.5 kW बिजली की आवश्यकता होती है।

4.35. इस मॉडल के आधार पर (i) इम्पेलर व्यास (ii) प्रोटोटाइप की गति निर्धारित करें, जो 5.5 m के शीर्ष के विरुद्ध 9.5 cm^3/sec निर्वहन प्रदान करता है।

4.36. 600 rpm पर चलने वाले तीन चरणी अपकेंद्री पंप की कार्यक्षमता निर्धारित करें। निर्गम द्वार पर प्रत्येक आवेजक की चौड़ाई और व्यास क्रमशः 5 cm और 60 cm है, जिसमें 40° का वेन टिप कोण(angle) है। पंप की मैनोमेट्रिक(manometric) कार्यक्षमता का पता लगाएं।

4.37. 1000 rpm की गति वाले अपकेंद्री पंप के लिए शुद्ध शक्ति चूषण शीर्ष (NPSH) की गणना करें। यह 30 m के शीर्ष के विरुद्ध 0.20 cumec जल का वितरण करता है। पाइप में घर्षणी हानियों को 0.2 m मानें। अन्य मापदंडो के लिए उपयुक्त मान पर विचार करें।

4.38. 100 rpm पर 9 m के शुद्ध शीर्ष के विरुद्ध 50 m^3/s निर्वहन प्रदान करने के लिए पंप के सर्वोत्तम अभिकल्प(design) को निर्धारित करने के लिए 1/10 के पैमाने वाला एक मॉडल(model) का निर्माण किया जाता है। यदि प्रयोगशाला में उपलब्ध शीर्ष 6 m है और कार्यक्षमता 85% है, तो निर्धारित करें (i) मॉडल के चलने की गति (ii) प्रयोगशाला में आवश्यक प्रवाह (iii) मॉडल के लिए आवश्यक शक्ति (iv) प्रत्येक मामले में विशिष्ट गति।

4.39. 5 m के चूषण शीर्ष, 0.5 m के घर्षण के कारण शीर्ष हानि और 25 m के मैनोमेट्रिक हेड के रूप में एक स्थान पर स्थापित पंप के लिए कैविटेशन(cavitation) गुणांक का पता लगाएं। अन्य आवश्यक मापदंडो के लिए उपयुक्त पर विचार करें।

4.40. कैविटेशन से बचने के लिए, एक पंप के लिए महत्वपूर्ण थोमा(Thoma) गुणांक का मान ज्ञात करें जो 5 m के कुल शीर्ष के मुकाबले 500 lps का निर्वहन करने के लिए आवश्यक है। पंप की गति 1500 rpm लें।

अनुप्रयोग (Applications)

पंपों के उपयोग कृषि, उद्योग और आवासीय जल आपूर्ति सहित विभिन्न अनुप्रयोगों में किया जाता हैं।यूनिट-4 छात्रों को उनकी विशिष्ट आवश्यकताओं के अनुसार पंप अभिकल्प(design), निर्माण, परिचालन और चयन के मूल सिद्धांतों को समझने में मदद करती है। इसके अतिरिक्त, यह इकाई उदयोगों और कृषि अनुप्रयोगों के लिए अपकेंद्री पंपों के इष्टतम चयन के लिए लाभदायक होगी।

संदर्भ और सुझाए गए पाठ (References and Suggested Readings)

कुछ पुस्तकों की सूची नीचे दी गई है जिनका उपयोग विषय का आगे अध्ययन करने के लिए किया जा सकता है:

1. ई. मोसोनियाई, जल शक्ति विकास, वॉल्यूम I और II, नेम चंद और ब्रदर्स, 2009।
2. पी.एस. निगम, जलविद्युत अभियांत्रिकी की हैंडबुक, नेम चंद एंड ब्रदर्स, 2001।
2. जे. लाल, द्रवचालित मशीनें, तीसरा संस्करण (पुनर्मुद्रण), मेट्रोपॉलिटन बुक कंपनी प्राइवेट लिमिटेड, 2002।
4. राष्ट्रीय और अंतर्राष्ट्रीय मानक
5. जी. ब्राउन, हाइड्रो विद्युत अभियांत्रिकी अभ्यास, वॉल्यूम। द्वितीय, सीबीएस प्रकाशन, 1984।

6. यूनुस ए. सेन्गेल, द्रव यांत्रिकी: मूल रूप से और अनुप्रयोग, मैकग्रा-हिल प्रकाशन, 2006।

7. पी.एन.मोदी, द्रव यांत्रिकी मशीनों सहित द्रवचालित और द्रव यांत्रिकी, राजसंस पब्लिकेशन्स प्रा. लिमिटेड, 2014 ।

5 द्रव मशीनें – जल टरबाइन (Fluid Machines – Water

यूनिट विशिष्टता (Unit Specifics)

इस यूनिट के माध्यम से हमने निम्नलिखित पहलुओं पर चर्चा की है:

- *जल टरबाइन के कार्य सिद्धांतऔर उनके वर्गीकरण*
- *विभिन्न जल टरबाइनों के विभिन्न घटक*
- *विभिन्न पद और वेग त्रिकोण*
- *जल टरबाइनों की प्रदर्शन विशेषताएँ*
- *जल टरबाइनों का संचालन*
- *समानता नियम और विशिष्ट गति*
- *विभिन्न स्थल स्थितियों के लिए जल टरबाइनों का चयन*

अधिक जिज्ञासा और रचनात्मकता उत्पन्न करने के साथ साथ समस्या समाधान क्षमता में सुधार के लिए विषयों के व्यावहारिक अनुप्रयोगों पर चर्चा की जाती है।

बड़ी संख्या(number) में बहु विकल्पीय प्रश्नों के साथ साथ लघु और दीर्घ उत्तरीय प्रकार के प्रश्न उपलब्ध कराये गए हैं। इन्हें ब्लूम के वर्गीकरण के निचले और उच्च क्रम का उपयोग करके दो श्रेणियों में चिह्नित किया गया हैं। अभ्यास के लिए, अध्याय में कई संख्यात्मक समस्याओं के माध्यम से गृह कार्य, संदर्भो की एक सूची और महत्वपूर्ण साहित्य के सुझाव दिए गए हैं। यह ध्यान रखना महत्वपूर्ण है कि अनुभागों में विभिन्न क्यूआर कोड जोड़े गए हैं। रुचि(interest) के विषयों पर अतिरिक्त जानकारी प्राप्त करने के लिए इन्हें स्कैन किया जा सकता हैं।

संबंधित प्रयोग के बाद, सामग्री के आधार पर, "अधिक जानें" अनुभाग(section) है। इस अनुभाग को सावधानीपूर्वक अभिकल्पित किया गया है ताकि इस भाग में प्रदान की गई पूरक जानकारी पुस्तक के उपयोगकर्ताओं के लिए लाभदायक हो। यह अनुभाग मुख्य रूप से प्रारंभिक गतिविधि, कुछ रोचक तथ्यों के उदाहरणों, सादृश्य(similarity), विषय के विकास का इतिहास, मुख्य अवलोकन और खोज पर ध्यान केंद्रित करने, संबंधित विषयों के विकास से हाल के समय तक की समय सीमा, विषय वस्तु के अनुप्रयोगों पर प्रकाश डालता है। हमारे दैनिक वास्तविक जीवन या /और विभिन्न पहलुओं पर औद्योगिक अनुप्रयोगों, पर्यावरणीय अध्ययन, स्थिरता, सामाजिक और नैतिक मुद्दों से संबंधित मामले का अध्ययन, जो भी लागू हो, और अंत में इकाई की जिज्ञासा और जिज्ञासा से संबंधित मुद्दों को जोड़ते हैं।

औचित्य (Rationale)

जल टर्बाइनों पर यह मूल(fundamental) इकाई छात्रों को विभिन्न परिचालन स्थितियों में इनके क्षेत्र(field) में अनुप्रयोग के लिए कार्य सिद्धांत, विशेषताओं और जल टर्बाइनों के चयन के बारे में प्राथमिक विचार प्राप्त करने में मदद करती है। यह जल टर्बाइनों के कार्यात्मक सिद्धांत को समझने के लिए आवेग-संवेग समीकरण की व्याख्या करता है। जल टर्बाइन के आउटपुट(output) को निर्धारित करने की प्रक्रिया को समझने के लिए विभिन्न जल टरबाइन के विभिन्न घटकों और उनके वेग त्रिकोणों की व्याख्या करता है। दी गई परिस्थितियों में जल टरबाइन के व्यवहार को समझने के लिए, विशेषता वक्रों की चर्चा की गई है। है। जल टर्बाइनों के संचालन को इकाई में समाविष्ट किया गया है। जल टरबाइन चयन को सुविधाजनक बनाने के लिए विशिष्ट गति और समानता नियम पर चर्चा की गई है । जल टर्बाइनों का चरणबद्ध चयन भी दिया गया है। द्रव मशीनों के तहत जल टर्बाइन एक महत्वपूर्ण इकाई है जो मुख्य रूप से स्थितिज और गतिज ऊर्जा के रूप में उपलब्ध जल ऊर्जा से बिजली उत्पादन से जुड़ी है। इससे उन्नत पाठ्यक्रमों और उद्योगों में छात्रों द्वारा इन मशीनों के अध्ययन के सुविधा के लिए जल टर्बाइनों के कार्य सिद्धांत, निर्माण, विशेषताओं और चयन के सिद्धांत को समझना संभव हो जाता है।

आवश्यक-शर्तें (Pre-Requisites)

विज्ञान: द्रव पदार्थों के गुण विशेषकर जल का घनत्व, विशिष्ट गुरुत्व, श्यानता, प्रवाह वेग आदि। (वर्ग XII)

भौतिकी: ऊर्जा रूपांतरण(conversion) प्रक्रम का मूल तत्व जैसे द्रव्यमान (निरंतरता समीकरण) और ऊर्जा (बर्नौली समीकरण) का संरक्षण (वर्ग XII)

गणितः सदिश(vector) विश्लेषण जैसे वेग और बल आरेख (वर्ग XII)

यूनिट आउटकम (Unit Outcomes)

इस यूनिट के परिणामों की सूची इस प्रकार है:

U5-O1: जल टर्बाइनों के कार्य सिद्धांत और वर्गीकरण का वर्णन करना।

U5-O2: वेग त्रिकोण बनाये और पेल्टन, फ्रांसिस और कपलान टर्बाइनों के प्रदर्शन का मूल्यांकन करें।

U5-O3: ड्राफ्ट ट्यूब और गवर्नरों के कार्य को परिभाषित करना।

U5-O4: विभिन्न जल टर्बाइनों के प्रदर्शन विशेषताओं का वर्णन करना।

U5-O5: जल टर्बाइनों के चयन प्रक्रिया का वर्णन करना और जल टर्बाइनों से संबंधित समस्याओं का समाधान करना।

यूनिट- 5 परिणाम	पाठ्यक्रम के परिणामों के साथ अपेक्षित मानचित्रण *(1- दुर्बल सहसंबंध; 2-मध्यम सहसंबंध; 3-मजबूत सहसंबंध)*					
	CO-1	**CO-2**	**CO-3**	**CO-4**	**CO-5**	**CO-6**
U5-O1	3	3	2	-	3	1
U5-O2	2	1	-	-	2	2
U5-O3	2	-	3	2	2	1
U5-O4	-	2	2	3	1	-
U5-O5	3	1	3	2	-	2

5.1 जल टरबाइन (Water Turbine)

बिजली उत्पादन के लिए जल की उपलब्ध ऊर्जा को निकालने के लिए एक प्राइम मूवर की आवश्यकता होती है जो ऊर्जा के एक प्रकार की ऊर्जा को दूसरे में परिवर्तित करने के लिए उपयोग किया जाने वाला एक उपकरण है। यहां, जल (हाइड्रो) टरबाइन एक प्राइम(prime) मूवर (mover) है जो जल में उपलब्ध स्थितिज ऊर्जा को यांत्रिक ऊर्जा में परिवर्तित करता है। इसके अतिरिक्त, टरबाइन द्वारा विकसित यांत्रिक शक्ति का उपयोग एक जल शक्ति स्टेशन में बिजली उत्पन्न करने के लिए अल्टरनेटरों(alternators) को चलाने के लिए किया जाता है।

5.2 जल टरबाइनों का वर्गीकरण (Classification of Water Turbines)

जल में ऊर्जा मुख्य रूप से स्थितिज ऊर्जा के रूप में उपलब्ध होती है, जिसका अनुमान जल के शीर्ष (ऊंचाई) और निर्वहन (प्रति इकाई समय में आयतन) मुख्य मापित मापदंडो से लगाया जाता है। इन मापदंडो के परिणाम के अनुसार, जल टर्बाइनों को निम्नलिखित मानदंडों के आधार पर वर्गीकृत किया जाता है;

A.शीर्ष और जल की मात्रा (निर्वहन) के आधार पर

(i) आवेग(impulse) टरबाइन

पेल्टन(Pelton) टरबाईन: उच्च शीर्ष और निम्न निर्वहन(discharge)

(ii) प्रतिक्रिया(reaction) टरबाइन

a.फ्रांसिस(Francis) टरबाईन: मध्यम शीर्ष और मध्यम निर्वहन

b.कपलान(Kaplan) टरबाईन: कम शीर्ष और उच्च निर्वहन

SCAN ME

For better understanding water turbine classification

B. रनर के ऊपर जल की क्रिया(action) के आधार पर

(i) आवेग टरबाइन (पेल्टन टरबाइन)

(ii) प्रतिक्रिया टरबाइन

a. फ्रांसिस टरबाइन

b.अक्षीय प्रवाह टरबाइन (प्रोपेलर(propeller) और कपलान)

रनर पर जल की क्रिया के आधार पर जल टरबाइनों वर्गीकरण जैसा कि चित्र 5.1.में दिखाया गया है।

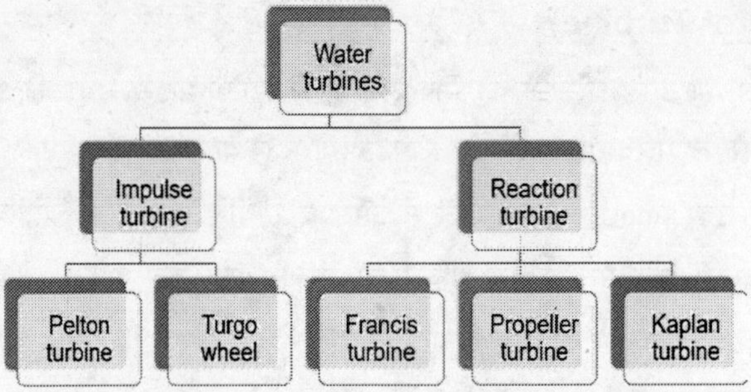

चित्र 5.1: ब्लेड पर जल संचलन की शक्ति के आधार पर जल टरबाइन का वर्गीकरण

C. रनर(runner) के ऊपर जल प्रवाह की दिशा के आधार पर

(i) स्पर्शीय(tangential) प्रवाह टरबाइन (पेल्टन टरबाइन)

(ii) त्रिज्य(radial) प्रवाह टरबाइन (पुरानी फ़्रांसिस टरबाइन)

(iii) मिश्रित(mixed) प्रवाह टरबाइन (आधुनिक फ़्रांसिस टरबाइन)

(iv) अक्षीय(axial) प्रवाह टरबाइन (कपलान टरबाइन)

रनर के ऊपर जल प्रवाह की दिशा के आधार पर जल टर्बाइनों का वर्गीकरण भी चित्र 5.2.में दिया गया है।

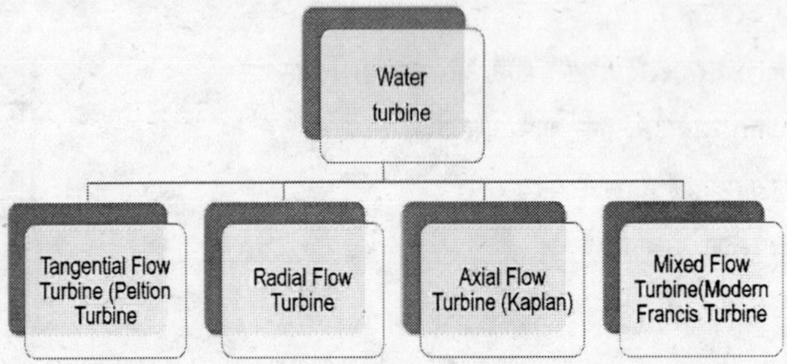

चित्र 5.2: रनर में जल प्रवाह दिशा के अनुसार जल टरबाइन का वर्गीकरण

D. शाफ्ट अभिविन्यास(orientation) पर आधारित

(i) ऊर्ध्वाधर (पेल्टन, फ्रांसिस और कपलान)

(ii) क्षैतिज(horizontal) (पेल्टन, फ्रांसिस और कपलान)

E. विशिष्ट गति (N_s) के आधार पर

(i) N_s = 12-35 (एकल जेट पेल्टन टरबाइन)

(ii) N_s = 80- 400 (फ्रांसिस टरबाइन)

(iii) N_s = 340-1000 (कपलान टरबाइन)

5.3 जल टर्बाइनों का कार्य सिद्धांत (Working Principle of Water Turbines)

जल टरबाइन आवेग(impulse) संवेग(momentum) समीकरण के आधार पर काम करता है जिसमें दो महत्वपूर्ण पदसमाविष्ट हैं, (i) स्थिर दबाव और (ii) गतिशील बल। स्थैतिक दबाव का अर्थ है कोई द्रव गति(motion) नहीं है जबकि गतिशील बल में सदा संवेग का परिवर्तन शामिल होता है। मूल रूप से, न्यूटन के गति के दूसरे नियम का उपयोग आवेग-संवेग समीकरण व्युत्पत्ति(derivation) के लिए किया जाता है जो बताता है कि "संवेग के परिवर्तन की दर अनुप्रयुक्त बल के समानुपातिक(proportional) होती है और बल की दिशा में होती है"।

एक पिंड का संवेग उसके द्रव्यमान और वेग का गुणनफल होता है।

यदि v वेग वाले जल का द्रव्यमान m हो तो एक समय dt के दौरान वेग dv में परिवर्तन होता है।

इसलिए यह है,

$$\text{संवेग में परिवर्तन} = m.dv \tag{5.1}$$

$$\text{संवेग परिवर्तन की दर} = m.\frac{dv}{dt} \tag{5.2}$$

न्यूटन के दूसरे नियम के अनुसार

गतिशील बल = संवेग परिवर्तन की दर

$$F = m.\frac{dv}{dt} \tag{5.3}$$

$$F.dt = m.dv \tag{5.4}$$

इस प्रकार, यह दिखाया गया है कि आवेगी बल पिंड के कुल संवेग परिवर्तन के बराबर होता है।

आवेग- संवेग समीकरण पर आधारित कुछ व्यावहारिक उदाहरणों पर निम्नानुसार चर्चा की जा सकती है:

केस (case) I: एक स्थिर समतल प्लेट पर जल जेट द्वारा लगाया गया बल

एक नोजल से जल जेट पर विचार करें जो वेग(v) के साथ एक समतल प्लेट पर टकराता है जिसे जल जेट के लिए स्थिर और लंबवत रखा जाता है जैसा कि चित्र 5.3.में दिखाया गया है।

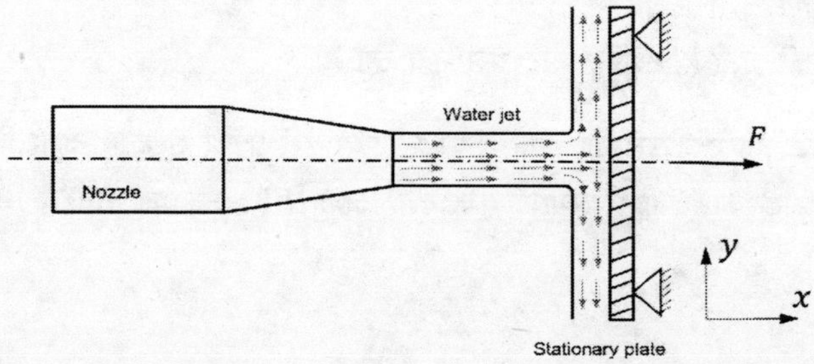

चित्र 5.3: स्थिर समतल प्लेट पर जल जेट द्वारा लगाए गए बल का योजनाबद्ध आरेख

मान लीजिए प्लेट पर गिरने वाले पानी की मात्रा Q m^3/s है और जल का द्रव्यमान, m समीकरण (5.5) के रूप में में व्यक्त किया जाता है।

$$m = \rho Q \tag{5.5}$$

जहाँ, ρ जल का घनत्व है।

यदि द्रव को प्लेट द्वारा इतना विक्षेपित किया जाता है कि यह प्लेट के लिए सामान्य वेग v को खो देता है, तब

गतिशील बल = संवेग परिवर्तन/सेकंड

= (प्लेट पर टकराने वाला द्रव्यमान/सेकंड)×(प्लेट के सामान्य वेग में परिवर्तन)

$$F = \rho Q\,.(v-0)$$

$$F = \rho Q\,.\,v \tag{5.6}$$

निरंतरता समीकरण इस प्रकार लिखा जाता है,

$$Q = a\,.\,v \tag{5.7}$$

जहाँ, a जेट का तिर्यक अनुभागीय क्षेत्रफल है।

फिर एक स्थिर समतल प्लेट पर जल जेट द्वारा लगाए गए गतिशील बल को निम्न प्रकार से लिखा जा सकता है –

$$F = \rho\, a\, v^2 \tag{5.8}$$

केस (case) II: झुकी हुई स्थिर प्लेट पर लगाया गया बल

चित्र 5.4 में दर्शाए अनुसार स्थिर रखी गई झुकी हुई प्लेट पर वेग (v) से टकराने वाले नोज़ल से जल जेट पर विचार करें।

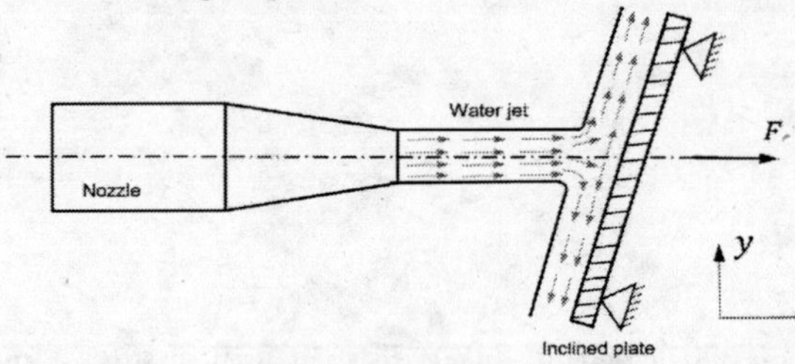

चित्र 5.4: झुकी हुई स्थिर प्लेट पर जल जेट द्वारा लगाए गए बल का योजनाबद्ध आरेख

$$F = \rho\, Q\, v \sin\theta \tag{5.9}$$

$$F = \rho\, a\, v^2 \sin\theta \tag{5.10}$$

जेट की दिशा में इस बल का घटक(component) F है

$$F_x = F \sin\theta = \rho\, a\, v^2 \sin^2\theta \tag{5.11}$$

इन मामलों में कोई काम नहीं होता है क्योंकि प्लेट चल नहीं रही है।

उदाहरण 5.1 45 mm व्यास का एक जल जेट एक स्थिर प्लेट से इस प्रकार से टकराता है कि प्लेट और जेट के बीच का कोण(angle) 25^0 होता है। जेटों की दिशा में लगाया गया बल 1500 N है। जल का निर्वहन निर्धारित करें।

समाधान

दिए आंकड़ें:

जेट का व्यास,d = 0.045 m

क्षेत्रफल, $a = \frac{\pi}{4}(0.045)^2 = 0.00159\ m^2$

कोण, $\theta = 25^0$

जेट की दिशा में बल,

हम जानते हैं कि जेट की दिशा में बल समीकरण द्वारा दिया जाता है:

$$F_x = \rho a v^2 \sin^2\theta$$

$$1500 = 1000 \times 0.00159 \times v^2 \times \sin^2 25^\circ$$

$$= 0.1065\ v^2$$

$v = 72.677$ m/s

निर्वहन दिया जाता हैं

Q = क्षेत्रफल × वेग

= 0.00159 × 72.677

= 0.1155 m^3/s

= 115.5 litres/s

केस (case) III: समतल प्लेट को गतिमान करने पर लगाया गया बल

चित्र 5.5 में दर्शाए अनुसार एक नोज़ल से पानी का जेट v वेग से एक गतिमान समतल प्लेट पर वेग u से टकराता है।

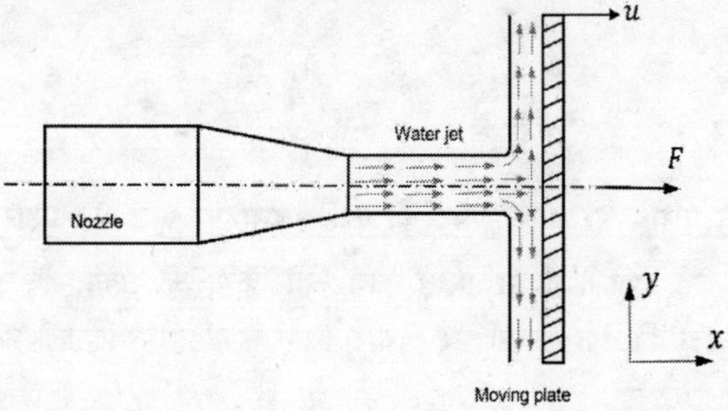

चित्र 5.5: गतिमान समतल प्लेट पर जल जेट द्वारा लगाए गए बल का योजनाबद्ध आरेख

प्लेट को एक वेग u के साथ जेट के समान दिशा में चलने दीजिए। जैसा जल जेट प्लेट के संपर्क में आयेगा, यह उसी दिशा में प्लेट u के वेग को प्राप्त करेगा और वेग में परिवर्तन (v-u) के रूप में होगा। जल की इसी मात्रा के रूप में होगा।
यानी

$$Q = a\,(v-u) \quad (5.12)$$

इसलिए, बल समीकरण (5.13) द्वारा व्यक्त किया जाएगा।

$$F = \rho\, Q(v-u) \quad (5.13)$$

$$F = \rho\, a\,(v-u)(v-u)$$

$$F = \rho\, a\,(v-u)^2 \quad (5.14)$$

प्लेट द्वारा किए गए कार्यको निम्नलिखित समीकरण (5.15) में व्यक्त किया जाएगा।

$$W = \rho.\ a(v-u)^2.\mathrm{u} \quad (5.15)$$

उदाहरण 5.2 जब 5 cm व्यास है और 10 m/s के वेग से जल का एक जेट 90^0 के कोण पर एक समतल प्लेट से टकराता है। प्लेट 3 m/sec के वेग से गति कर रही है, ज्ञात कीजिए

(क) प्लेट पर कार्य करने वाला बल

(ख) प्लेट द्वारा किया गया कार्य

समाधान

दिए गए आंकडें:

जेट व्यास, d = 5 cm

जल वेग, V = 10 m/sec

प्लेट का वेग, u = 3 m/sec

(a) प्लेट पर लगने वाला बल

आवेग-संवेग समीकरण के अनुसार

बल, F = संवेग परिवर्तन की दर

= द्रव्यमान × वेग परिवर्तन

$= \rho A(v-u)((v-u)-0)$

$= 1000 \times \frac{\pi}{4} \times (0.05)2 \times (10\text{-}3)2$

= 785.4 N. **उत्तर**

(b) प्लेट द्वारा किया गया कार्य

किया कार्य, W = बल × प्लेट का वेग

$= F \times u$

= 785.4 × 3

= 2356.2 W. **उत्तर**

केस (case) IV: एक पहिए की परिधि पर चपटी प्लेट की एक श्रृंखला पर जल जेट प्रहार

जैसा कि केस III में चर्चा की गई प्रणाली द्वारा सतत कार्य नहीं किया जा सकता है, इसलिए चित्र 5.6 में दिखाये गए अनुसार पहिये पर चढ़ाए गए प्लेटों की एक श्रृंखला पर विचार करके व्यावहारिक प्रणाली प्राप्त की जा सकती है।

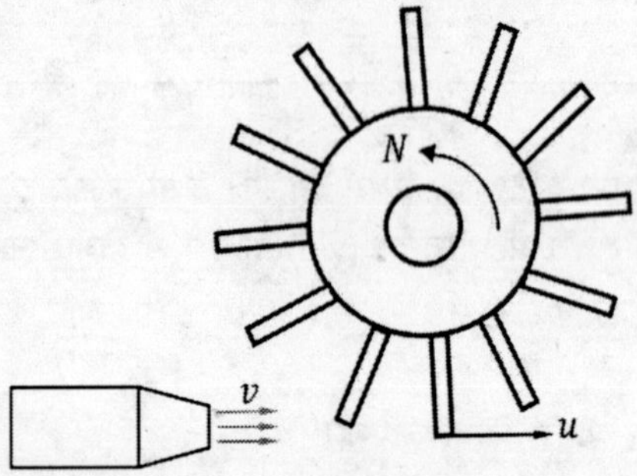

चित्र 5.6: एक पहिए की परिधि पर चपटी प्लेट की एक श्रृंखला पर जल जेट प्रहार

उपरोक्त मामलों पर चर्चा की गई अवधारणा के आधार पर, किया गया निरंतर कार्य समीकरण 5.16 द्वारा व्यक्त किया जाएगा।

$$W = F.u = \rho\, a\, v\, (v-u)u \tag{5.16}$$

इस प्रकार की प्रणाली की कार्यक्षमता पर चर्चा की जा सकती है:

जेट की गतिज उर्जा के रूप में इनपुट $= \frac{1}{2}\rho a v v^2$

किसी प्रणाली की कार्यक्षमता प्रणाली द्वारा किए गए कार्य और गतिज ऊर्जा पर आधारित होती है। इसे इस रूप में व्यक्त किया जा सकता है:

$$\eta = \frac{2\,\rho\, a\, v(v-u)u}{\rho\, a\, v\, v^2} \tag{5.17}$$

$$\eta = \frac{2\,(v-u)u}{v^2} \tag{5.18}$$

अधिकतम कार्यक्षमता के लिए η_{max} , $\frac{d\eta}{du} = 0$

$$\frac{d}{du}\left(\frac{2\,(v-u)\,u}{v^2}\right) = v - 2u \tag{5.19}$$

$$u = v/2$$

इस मान को समीकरण (5.18) में प्रतिस्थापित करने पर, हमें मिलता है –

$$\eta_{max} = \frac{2\left(v-\frac{v}{2}\right).\frac{v}{2}}{v^2} \tag{5.20}$$

$$\eta_{max} = \frac{2\,\frac{v^2}{2} - \frac{v^2}{2}}{v^2}$$

$$\eta_{max} = 1 - \frac{1}{2}$$

$$\eta_{max} = 0.5 = 50\% \tag{5.21}$$

उपर्युक्त विचारों से यह स्पष्ट है कि इस प्रकार की प्रणाली की अधिकतम कार्यक्षमता 50% तक हो सकती है।

केस (case) V: वक्रित स्थिर प्लेट पर जल जेट प्रहार

जल जेट एक वक्रित प्लेट पर α_1 के कोण पर टकराता है और यह α_2 के कोण तक विक्षेपित हो जाता है, दोनों कोणों को x-अक्ष दिशा (चित्र 5.7) के संबंध में मापा जाता है। आइए v_1 और v_2 क्रमशः प्रवेशिका और निर्गम पर जेट के वेग है। वेग v_1 तब तक वेग v_2 के बराबर होता है जब तक प्लेट पर कोई घर्षण नहीं होता है।

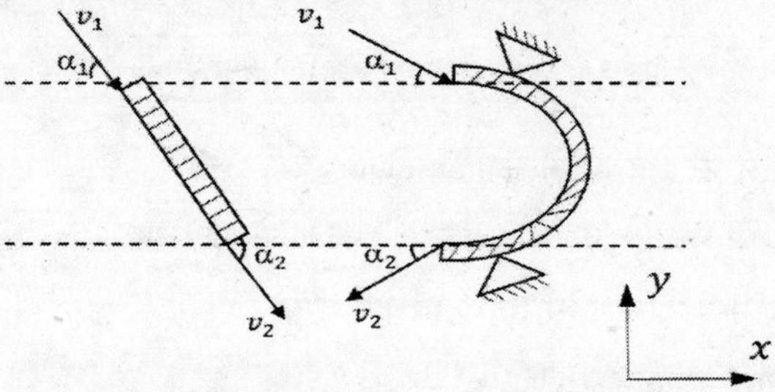

चित्र 5.7: वक्रित स्थिर प्लेट पर जल जेट प्रहार का योजनाबद्ध आरेख

x-दिशा में प्रवेशिका(inlet) पर जेट का वेग = $v_1 \cos\alpha_1$

x-दिशा में निर्गम(outlet) पर जेट का वेग = $v_2 \cos\alpha_2$

प्लेट पर जेट द्वारा x दिशा में लगाए गए बल को आवेग-संवेग समीकरण लागू करके निर्धारित किया जा सकता है

$$(\sum F_x)t = m \sum v_x \tag{5.22}$$

या $F_x = \frac{m}{t}$ (x दिशा में वेग में परिवर्तन)

$$F_x = \rho Q\,(v_1 \cos\alpha_1 - v_2 \cos\alpha_2) \tag{5.23}$$

जहां, $Q = av_1$

$$\therefore \quad F_x = \rho a\, v_1\,(v_1 \cos\alpha_1 - v_2 \cos\alpha_2) \tag{5.24}$$

केस (case) VI: गतिमान वक्रित प्लेट पर जल जेट प्रहार

जैसा कि V के मामले में ऊपर चर्चा की गई है, वक्रित प्लेट पर जल जेट द्वारा लगाये गये बल, को समझना सरल है। हालाँकि, जब एक घुमावदार प्लेट प्रणाली में उपयोगी कार्य करने के लिए चलती है, तो जब हम विभिन्न वेग घटकों पर विचार करते हैं तो चीजें जटिल हो जाती हैं।

किसी गतिशील वक्रता प्लेट पर संवेग में परिवर्तन प्राप्त करने के लिए, वेग में परिणामी(resultant) परिवर्तन को निर्धारित करने के लिए वेग के विभिन्न घटकों पर विचार किया जाना चाहिए। परिणामी वेग प्राप्त करने के लिए को वक्रित प्लेट के प्रवेशिका और निर्गम पर वेग त्रिकोण आरेखित करके विभिन्न वेग घटकों को प्रबंधित किया जा सकता है, जिसकी चर्चा निम्न प्रकार की जाती है:

एक चलती हुई वक्रता प्लेट पर प्रवेशिका और निर्गम पर विभिन्न वेग के घटकों को चित्र 5.8 में दिखाए गया हैं।

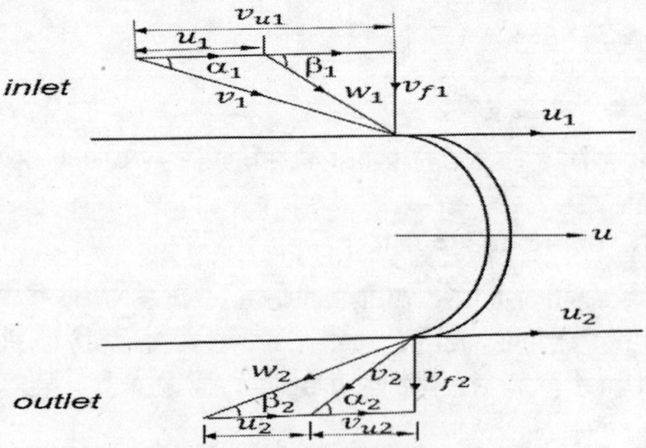

चित्र 5.8: रनर के प्रवेशिका और निर्गम पर वेग त्रिकोण

v_1 और v_2 = प्रवेशिका और निर्गम पर जेट के निरपेक्ष(absolute) वेग,

α_1 और α_2 = प्रवेशिका और निर्गम पर जेट के कोण क्रमशः x-दिशा से मापे गए

u_1 और u_2 = प्रवेशिका और निर्गम पर क्रमशः परिधीय/परिधीय वेग,

w_1और w_2 = प्रवेशिका और निर्गम पर सापेक्ष(relative) वेग,

β_1 और β_2 = विपरीत दिशा x में सापेक्ष वेग के कोण ,

v_{u1} और v_{u2} = क्रमशः प्रवेशिका और निर्गम पर घूर्णन वेग,

v_{f1}और v_{f1} = क्रमशः प्रवेशिका और निर्गम पर प्रवाह(flow)वेग,

बल निम्न द्वारा दिया जाता है -

$$F = \rho Q(v_1 \cos\alpha_1 - v_2 \cos\alpha_2) \tag{5.25}$$

$$F = \rho a(v_1 - u)(v_1 \cos\alpha_1 - v_2 \cos\alpha_2)$$

प्रति सेकंड प्रहार करने वाले जल के प्रति इकाई भार(weight) पर किया गया कार्य निम्नलिखित द्वारा दिया जाता है:

$$W = \frac{1}{g}(v_{u1} - v_{u2})u \tag{5.26}$$

ρ = 1000 kg/m^3

g = 9.81 m/s^2

∴ जेट की कार्यक्षमता, $\eta = \frac{\text{आउटपुट}}{\text{इनपुट}}$ (5.27)

$$\eta = \frac{(v_{u1} - v_{u2})\frac{u}{g}}{\frac{v_1^2}{2g}}$$

$$\eta = \frac{2u(v_{u1} - v_{u2})}{v_1^2} \quad (5.28)$$

उदाहरण 5.3 जल का एक जेट 30 m/s के वेग से एक बाल्टी के रूप(form) में वक्रित वेन(vane) में प्रवेश करता है। वैन्स को 1 m के औसत व्यास वाले पहिये पर मापा जाता है। पहिया 300 rpm पर घूमता है। वेन नोक क्रमशः प्रवेशिका और निर्गम के पहिया स्पर्शरेखा के साथ 15^0 और 30^0 का कोण(angle) बनाते हैं। प्रति kg जेट द्वारा लगाए गए बल को ज्ञात करें। स्पर्शीय(tangential) दिशा में जल, किए गए कार्य/kg जल और द्रवचालित कार्यक्षमता । यह मानते हुए कि कोई अन्य हानि नहीं है।

समाधान

दिए आंकडें:

जेट वेग, v = 30 m/s

औसत व्यास, D = 1 m

गति, N = 300 r.p.m

स्पर्शीय गति, $u = \frac{\pi DN}{60}$

$$u = \frac{\pi \times 1 \times 300}{60}$$

$$= 15.70 \text{ m/s}$$

$$F_x = \rho Q\,(v_{u_1} - v_{u_2})$$

$$= 29.23 - 3.55 = 25.65 \text{ N/kg}$$

किया गया कार्य / kg,

$$= F_x \times u$$

$$= 25.65 \times 15.70$$

$$= 402.70 \text{ J/kg.}$$ **उत्तर.**

कार्यक्षमता,

$$\eta = \frac{\frac{\text{किया गया कार्य}}{\text{kg}} \text{जल का}}{\text{इनपुट शक्ति}}$$

$$= \frac{402.70}{\frac{30^2}{2}}$$

$$= \frac{402.70}{450}$$

$\eta = 87.5\%$. **उत्तर**

5.4 शीर्ष और कार्यक्षमताएँ(Heads and Efficiencies)

5.4.1 शीर्ष (Head)

एक पनबिजली संयंत्र का शीर्ष पूरी तरह से प्राकृतिक परिस्थितियों पर निर्भर करता है। शीर्ष को इस रूप में चित्रित किया जाता है: सकल(gross) शीर्ष और शुद्ध या प्रभावी शीर्ष। सकल शीर्ष को अंतर्ग्रहण पर जल स्तर(में अंतर के रूप में परिभाषित किया जाता है, जिसे शीर्ष रेस(headrace) स्तर कहा जाता है, और निर्गम पर जल स्तर, जिसे टेलरेस(tailrace) स्तर कहा जाता है। इन दोनों स्तरों को एक साथ मापा जाता है। जल को नहरों और पेनस्टॉक(penstock) पाइपों के माध्यम से एक जल टरबाइन के प्रवेशिका तक ले जाया जाता है। जब जल इन नहरों, सुरंगों और पेन्स्टॉक के माध्यम से प्रवाहित होता है

तो हानि होती है और शीर्ष हानियाँ (घर्षण) को शुद्ध शीर्ष प्राप्त करने के लिए उपयोग किया जाता है। इस प्रकार, शुद्ध शीर्ष को समीकरण (5.29) में दिए गए व्यंजक द्वारा व्यक्त किया जा सकता है।

$$H_{\text{net}} = H_{\text{gross}} - h_l \tag{5.29}$$

जहाँ, $H_{\text{शुद्ध}}$ शुद्ध शीर्ष है।

$H_{\text{सकल}}$ सकल(gross) शीर्ष है।

h_l शीर्ष हानि(loss) है।

SCAN ME

For better understanding head and efficiency

5.4.2 कार्यक्षमता (Efficiency)

टरबाइनों के प्रदर्शन का पता लगाने के लिए, निम्नलिखित कार्यक्षमताएँ महत्वपूर्ण हैं:

(a) *द्रवचालित कार्यक्षमता(Hydraulic efficiency)*: यह रनर(runner) द्वारा विकसित शक्ति और जल द्वारा रनर को दी गई शक्ति का अनुपात है।

$$\eta_h = \frac{\text{रनर द्वारा उत्पादित शक्ति}}{\rho g Q H} \tag{5.30}$$

जहाँ, Q प्रति इकाई समय में टरबाइन के माध्यम से प्रवाहित होने वाले जल की मात्रा है, और H टरबाइन प्रवेशिका पर उपलब्ध शुद्ध शीर्ष है।

यह उस प्रभावशीलता का प्रतिनिधित्व करता है जिसके साथ द्रव से रनर में ऊर्जा स्थानांतरित की जाती है।

(b) *आयतनिक कार्यक्षमता(Volumetric efficiency)*: जब जल टरबाइन में प्रवेश करता है, तो इस बात की संभावना होती है कि कुछ जल बिना कार्य किये (अर्थात, रनर ब्लेड्स(blades) के ऊपर से बहे बिना) नीचे की ओर जा सकता है। तदनुसार, रनर के ऊपर से प्रवाहित होने वाले जल की मात्रा और टरबाइन को आपूर्ति किए गए जल की कुल मात्रा के अनुपात को आयतनिक कार्यक्षमता कहा जाता है और जैसा कि समीकरण (5.31) में दिया गया है।

$$\eta_v = \frac{Q - \Delta Q}{Q} \tag{5.31}$$

जहाँ, Q जल प्रवाह दर है और

ΔQ पानी रनर ब्लेड से नहीं गुजर रहा है।

(c) *यांत्रिक कार्यक्षमता(Mechanical efficiency)*: यांत्रिक हानियों के कारण शाफ्ट(shaft) पर उपलब्ध शक्ति हमेशा रनर द्वारा उत्पादित शक्ति से कम होती है। इस प्रकार यांत्रिक कार्यक्षमता को शाफ्ट पर उपलब्ध उपयोगी शक्ति और रनर द्वारा उत्पादित शक्ति के अनुपात के रूप में परिभाषित किया जाता है।

$$\eta_m = \frac{\text{शाफ़्ट पर उपलब्ध शक्ति}}{\text{रनर द्वारा उत्पादित शक्ति}} \tag{5.32}$$

(d) *समग्र कार्यक्षमता(Overall efficiency)* : इसे शाफ्ट पर उपलब्ध उपयोगी शक्ति और प्रवेशिका पर जल टरबाइन द्वारा आपूर्ति की गई शक्ति के अनुपात के रूप(form) में परिभाषित किया जाता है और उपरोक्त कार्यक्षमताओं (समीकरण 5.30-5.32) को गुणा करके प्राप्त किया जाता है और समीकरण 5.33 में दिए गए रूप में व्यक्त किया जा सकता है।

$$\eta_o = \frac{\text{शाफ़्ट पर उपलब्ध शक्ति}}{\rho g Q H}$$

$$\eta_o = \eta_h \times \eta_m \times \eta_v \tag{5.33}$$

विद्युत शक्ति का उत्पादन करने के लिए द्रवचालित टरबाइनों को सीधे विद्युत जनित्र से जोड़ा जाता है। संचरण में शक्ति की हानि(loss) होती है। युग्मन और जनित्र को भी कुछ हानि होती है। इसलिए, जनित्र शाफ्ट पर शक्ति उत्पादन रनर निर्गम(output) पर उपलब्ध शक्ति से थोड़ा कम होता है।

उदाहरण 5.4 दिए गए आंकड़ें के लिए 150 m शीर्ष और 0.5 m^3/s के रूप में निर्वहन के लिए पनबिजली संयंत्र की क्षमता को निर्धारित करें। समग्र कार्यक्षमता को 85% मान ले।

समाधान

पनबिजली के लिए शक्ति समीकरण,

$P = 9.81 \times$ निर्वहन $(Q) \times$ शीर्ष $(H) \times$ समग्र कार्यक्षमता (η_o)

$= 9.81 \times 150 \times 0.5 \times 0.85$

$= 625.38$ kW. **उत्तर.**

5.5 पेल्टन टरबाइन (Pelton Turbine)

पेल्टन टरबाइन एक आवेग(impulse) टरबाइन है, जो अनिवार्य रूप से हाइड्रो (जल) क्षमता का उपयोग करके एक नोजल से बाहर निकलने वाले जल के उच्च गति वाले जेट के रूप में दबाव ऊर्जा को गतिज ऊर्जा में परिवर्तित करता है। जल को उच्च गति वाला जेट रनर से टकराता है, अपनी अधिकांश ऊर्जा को बकेट(bucket) में स्थानांतरित करता है, और फिर न्यूनतम शेष ऊर्जा के साथ टेलरेस(tailrace) में गिरता है। इस प्रकार का टरबाइन खुले में चलती है, और आवरण जल के छींटे से बचाता है, जल को टेलरेस तक निर्देशित करता है, और सुरक्षा प्रदान करता है। पेल्टन टरबाइन अपने विशिष्ट घटकों (i) नोजल (ii) बकेटों के साथ रनर, और (iii) आवरण के साथ चित्र(5.9) में दिखाया गया हैं।

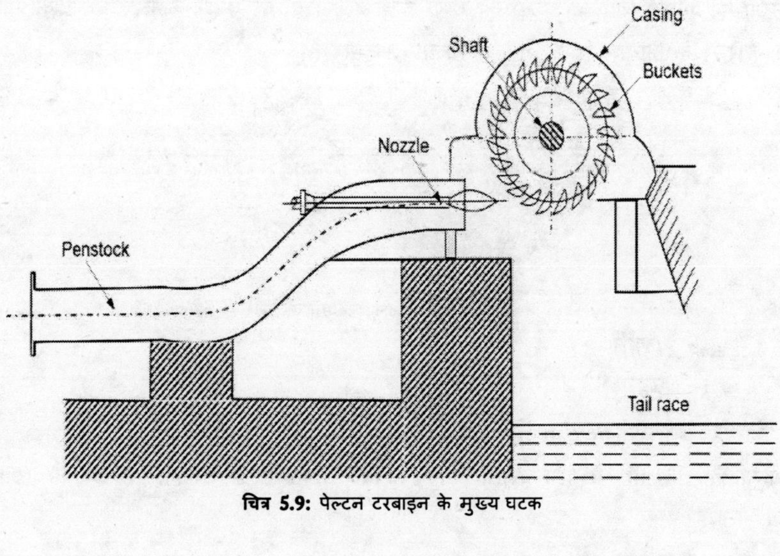

चित्र 5.9: पेल्टन टरबाइन के मुख्य घटक

ये टरबाइन उन स्थलों के लिए अधिक उपयुक्त हैं जहाँ बहु त उच्च शीर्ष और निम्न निर्वहन(discharge) उपलब्ध होते हैं और निम्नलिखित लाभ होते हैं:

(i) अवसाद अपरदन की अधिक सहनशीलता,

(ii) कार्य भागों तक आसान पहुंच,

(iii) शाफ्ट के आसपास दबाव सील की आवश्यकता नहीं होती है,

(iv) निर्माण और रखरखाव के लिए आसान,

(v) फ्रांसिस टरबाइन की तुलना में अपेक्षाकृत बेहतर आंशिक भार कार्यक्षमता,

(vi) शक्ति गृह भवनों के लिए कम स्थान की आवश्यकता होती है।

पेल्टन टरबाइन की मुख्य कमी यह है कि वे कम शीर्ष स्थलों के लिए उपयुक्त नहीं हैं क्योंकि किसी दी गई क्षमता के लिए संग्रहित किए जा सकने वाले जल की मात्रा की एक सीमा होती है । हालांकि, कुछ स्थानों पर जहां अधिक निर्वहन होता है, अधिक नोजल(nozzle) वाले मल्टी-जेट(multijet) पेल्टन टरबाइन का उपयोग किया जा सकता है ।

5.5.1 पेल्टन टरबाइन घटक (Pelton Turbine Components)

निम्नलिखित विशिष्ट पेल्टन टरबाइन के मूल घटक हैं;

(i) बकेटों(buckets) के साथ रनर

(ii) नोजल nozzle)

(iii) आवरण(Casing)

(iv) नियंत्रण(control) वाल्व(valves)

(v) शाफ्ट(Shaft) बियरिंग(bearing)

5.5.1.1 बकेटों के साथ रनर (Runner with buckets)

जेट की गतिज ऊर्जा को शाफ्ट (यांत्रिक ऊर्जा) की घूर्णी ऊर्जा में परिवर्तित करने के लिए बकेट के साथ रनर (चित्र 5.10) प्रदान किया जाता है।रनर के आयाम चित्र 5.11 में दिखाए अनुसार है।

चित्र 5.10: पेल्टन टरबाइन का रनर

$$v_{\text{जेट}} = K_v \sqrt{2gH} \tag{5.34}$$

$$u = K_u \sqrt{2gH} \tag{5.35}$$

K_u गति अनुपात और K_v वेग गुणांक(coefficient) है।

सिद्धांत और प्रयोग(experiment) से पता चलता है कि कार्यक्षमता सबसे अच्छी होती है जब पिच(pitch) वृत्त में जेट का वेग लगभग आधा होता है।

दूसरे शब्दों में. $u = \frac{1}{2} v_{\text{जेट}}$ (5.36)

रनर अभिकल्प के लिए, K_u प्रायः 0.46 के रूप में लिया जाता है।

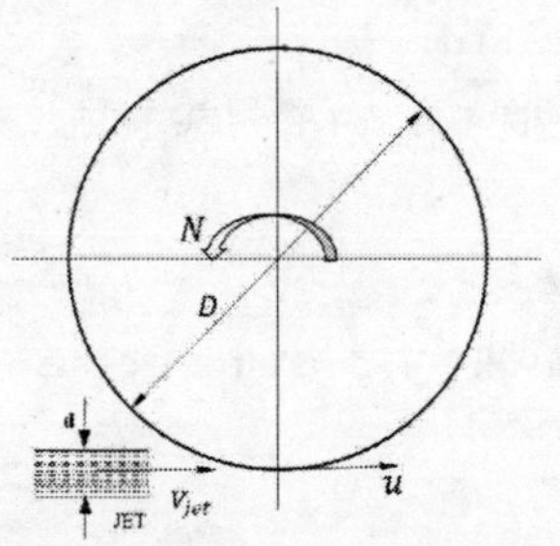

चित्र। 5.11: पेल्टन टरबाइन रनर का योजनाबद्ध आरेख

साथ ही $$u = \frac{\pi DN}{60} \quad (5.37)$$

जहाँ D = रनर का व्यास(diameter),

N = प्रति मिनट गति

समीकरण 5.35 और समीकरण 3.37,की तुलना करने पर, हमें मिलता है।

$$\frac{\pi DN}{60} = K_u \sqrt{2gH}$$

$$D = \frac{38.9\sqrt{H}}{N} \quad (5.38)$$

बकेटो की संख्या टायगुन(Taygun) संबंध द्वारा निर्धारित की जा सकती है, चित्र 5.12 में पेल्टन बकेट के योजनाबद्ध आरेख(diagram) दिखाया गया है।

$$Z = 0.5\,m + 15 \quad (5.39)$$

जेट अनुपात, $m = \frac{D_{\text{रनर}}}{d_{\text{जेट}}}$

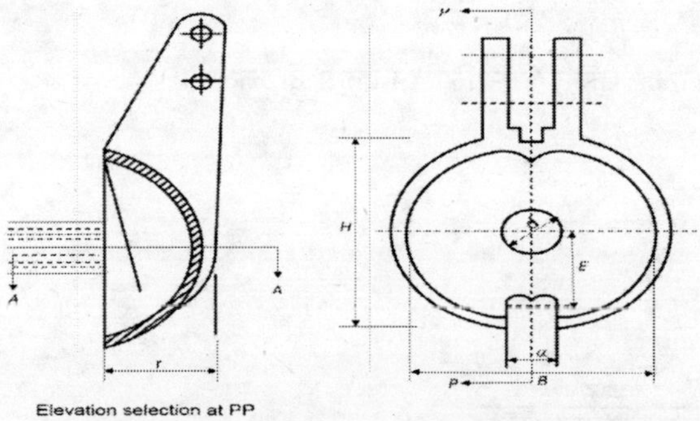

चित्र 5.12: पेल्टन बकेट का योजनाबद्ध आरेख

यह स्पष्ट रूप से समझा जाना चाहिए कि इन आयामों को कुछ तार्किक(logical) निष्कर्षों के आधार पर तय किया जाता है, लेकिन अब तक इन आयामों की गणना करने के लिए कोई गणितीय विधि मौजूद नहीं है। यह स्पष्ट है कि केवल आने और बाहर जाने वाले जेट को समायोजित करने के लिए बकेट(bucket) की न्यूनतम(minimum) चौड़ाई 2d (d जेट का व्यास है) होगी, लेकिन जेट को घूमने के लिए अक्षीय दूरी भी प्रदान की जानी चाहिए और इस दूरी को 0.4 - 0.6d के रूप में प्रत्येक ओर लिया जा सके।

इसलिए, बकेट(bucket) की चौड़ाई (B) 2.8 से 3.2d के बीच होनी चाहिए।

यानी. चौड़ाई $$B = (2.8 - 3.2)\,d$$

यह स्पष्ट है कि जेट हमेशा पहियें के केंद्र से समान त्रिज्य(radial) दूरी पर बकेट पर टकराता नहीं है।

इसलिए बकेट की ऊंचाई(height) $H = (2.2 - 2.8)\ d$

बकेट की गहराई की भूमिका जेट को वांछित कोण में घूमने की अनुमति देने के लिए पर्याप्त स्पर्शीय(tangential)निकासी प्रदान करना है।

गहराई(depth) $T = (0.6 - 0.9)\ d$

इसके अतिरिक्त, जल द्वारा किए गए कार्य और पेल्टन(Pelton) टरबाइन की कार्यक्षमता को चित्र 5.13 में दिखाए गये वेग त्रिकोण द्वारा समझाया गया है। .

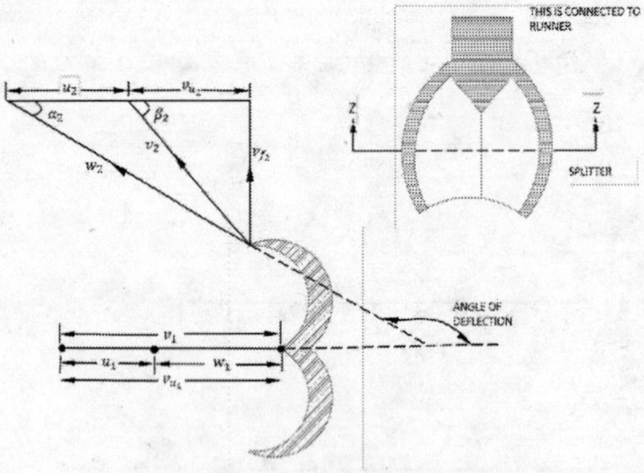

चित्र 5.13: पेल्टन टरबाइन का वेग त्रिकोण आरेख

बकेट (bucket) पर कार्य करने वाला बल = संवेग (momentum) में परिवर्तन

$$= mdv \quad (5.40)$$

$$= m(v_{u1} \pm v_{u2})$$

$$= m(v_1 + v_2 \cos\beta_2) \quad (5.41)$$

जेट द्वारा रनर(runner) को दी गई शक्ति निम्नलिखित द्वारा दी जाती है:

$$= m(v_1 + v_2 \cos\beta_2)\, u \quad (5.42)$$

जैसा कि $u = u_1 = u_2 = \frac{\pi DN}{60}$

जेट की गतिज उर्जा $= \frac{1}{2} m v_1^2$ (5.43)

$$= \frac{1}{2}(\rho a v_1) v_1^2$$

$$= \frac{1}{2}\rho a v_1^3 \quad (5.44)$$

द्रवचालित कार्यक्षमता (η_h) $= \frac{\text{आउटपुट शक्ति}}{\text{जेट की गतिज उर्जा प्रति सेकंड}}$ (5.43)

$$\eta_h = \frac{m(v_1 + v_2 \cos\beta_2)u}{\frac{1}{2} m v_1^2}$$

$$\eta_h = \frac{2(v_1 - u)[1 + \cos\beta_2]u}{v_1^2} \quad (5.46)$$

कार्यक्षमता अधिकतम होने के लिए,

$$\frac{d\eta_h}{du} = 0$$

$$\frac{d\eta_h}{du} = 2\left(\frac{1 + \cos\beta_2}{v_1^2}\right)\frac{d}{du}\{v_1 u - u^2\} = 0$$

$$u = v_1/2 \tag{5.47}$$

u के मान को समीकरण 5.46 में रखने पर ,

$$\eta_h = \frac{1+\cos\beta_2}{2} \tag{5.48}$$

5.5.1.2 नोजल (Nozzle)

उपलब्ध जल ऊर्जा को स्थितिज ऊर्जा के रूप में गतिज ऊर्जा में परिवर्तित करने के लिए नोजल प्रदान किया जाता है जैसा कि चित्र 5.14 में दिखाया गया है ।

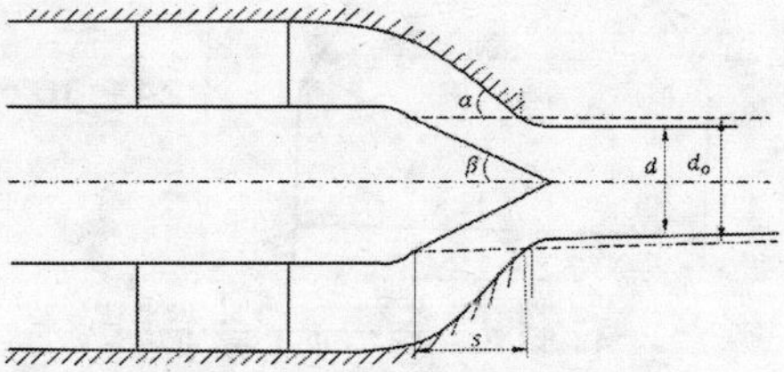

चित्र 5.14: पेल्टन टरबाइन के स्पीयर वाल्व के साथ नोजल

आवश्यक जल की मात्रा निम्न द्वारा दी जाती है,

$$Q = \frac{P}{9.81\, H\, \eta} \tag{5.49}$$

जहाँ,

P kW में आउटपुट(output) शक्ति है।

H जल स्तंभ(column) के मीटर में शीर्ष है।

η समग्र कार्यक्षमता है।

कुल निर्वहन(discharge) दिया जाता है

$$Q = \frac{\pi}{4} d^2 \times v_j \times n_j \tag{5.50}$$

जहाँ,

d जेट का व्यास(diameter) है

v_j जेट का वेग है

n_j जेटों की संख्या है

कुल निर्वहन की गणना की जाती है।

$$\frac{Q}{n_j} = \frac{\pi}{4} d^2 \times v_j \tag{5.51}$$

$$q = \frac{\pi}{4} d^2 \times v_j \qquad \left(q = \frac{Q}{n_j}\right)$$

साथ ही,

$$v_{jet} = K_v(\sqrt{2gH}) \tag{5.52}$$

K_v नोजल में हानियों के कारण होने वाला वेग गुणांक(coefficient) है।

$$q = \frac{\pi}{4} d_j^2 \times K_v(\sqrt{2gH})$$

$$d = \sqrt{\frac{4Q}{\pi n_j} \times \frac{1}{C_v\sqrt{2gH}}}$$

$$d = \frac{0.54\sqrt{\frac{Q}{n_j}}}{H^{\frac{1}{4}}} \tag{5.53}$$

5.5.1.3 आवरण (Casing)

यह कोई भी द्रवचालित कार्य नहीं करता है जो केवल जल के छींटे को रोकने के लिए आवश्यक है, ये टेलरेस को निर्देशित करता है, और एक दुर्घटना रोकथाम घटक के रूप में भी कार्य करता है। जेट व्यास (d) के संबंध में पेल्टन टरबाइन के लिए आवरण के विशिष्ट आयाम जैसा कि चित्र 5.15.में दिखाया गया है।

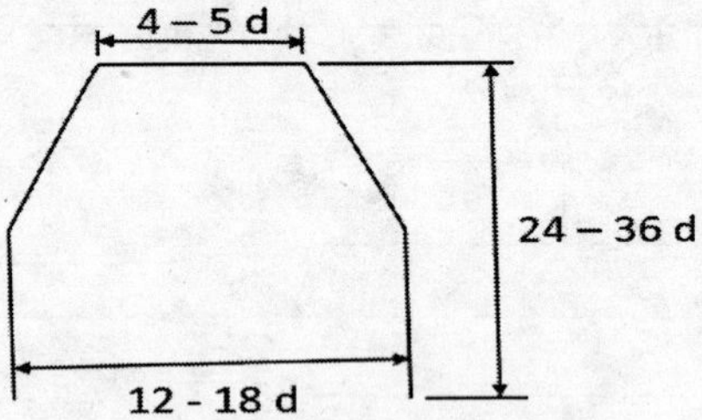

चित्र 5.15: पेल्टन टरबाइन का आवरण

5.5.1.4 नियंत्रण वाल्व (Control valves)

उन्हें आपातकालीन स्थितियों के दौरान प्रवाह को रोकने के लिए प्रदान किया जाता है।

5.1.5.5 शाफ्ट बियरिंग के साथ (Shaft with bearing)

शाफ्ट का उपयोग टरबाइन रनर से अंतिम उपयोगकर्ता (जनरेटर) तक शक्ति संचारित करने के लिए किया जाता है, जबकि शाफ्ट को सहायता प्रदान करने के लिए बियरिंग प्रदान की जाती है।

उदाहरण 5.5 किसी स्थान पर स्थापित पेल्टन टरबाइन 1000 kW का उत्पादन करता है। यह 350 के शीर्ष में काम करता है। वेग गुणांक(coefficient), गति अनुपात और समग्र कार्यक्षमता के उपयुक्त मानों को मानकर रनर का न्यूनतम(least) व्यास, जेटों की संख्या और प्रवाह दर ज्ञात करें।

समाधान

दिए गए आंकडें:

पेल्टन टरबाइन की क्षमता

शक्ति, $P = 1000$ kW

शुद्ध शीर्ष, $H = 350$ m

मानों को मानते हुए

वेग गुणांक, $K_v = 0.98$

गति अनुपात, $K_u = 0.46$

समग्र कार्यक्षमता, $\eta_o = 0.98$

$$u = 0.46 \times V_{\text{जेट}}$$

$$u = 0.46 \times 0.98 \times \sqrt{2gH}$$

$$\frac{\Pi DN}{60} = 0.46 \times 0.98 \times \sqrt{2 \times 9.81 \times 350}$$

$$DN = 713.45$$

माना गति, $N = 1500$ rpm

रनर का व्यास, $D = \frac{713.45}{N}$

$$= \frac{713.45}{1500}$$

$$D = 0.475 \text{ m.}$$ **उत्तर**

कार्यक्षमता $\eta = \frac{P}{\rho g Q H}$

शक्ति $P = \eta_o \rho g Q H$

$$1000 \times 10^3 = 0.9 \times 1000 \times 9.81 \times Q \times 350$$

प्रवाह दर, $Q = 0.326 \text{ m}^3/\text{sec.}$ **उत्तर**

जेटों की संख्या, n

$$Q = A \times V_{\text{जेट}} \times n$$

$$Q = \frac{\pi}{4} \times d_{\text{जेट}}^2 \times 0.98 \times \sqrt{2gH} \times n$$

$$0.326 = \frac{\pi}{4} \times d_{\text{जेट}}^2 \times 0.98 \times \sqrt{2 \times 9.81 \times 350} \times n$$

$d_{\text{जेट}}$ निकलने के लिए माना, $m = \frac{D}{d} = 10$

$$d = 0.0475\, m$$

$$0.326 = \frac{\pi}{4} \times 0.0475^2 \times 0.98 \times \sqrt{2 \times 9.81 \times 350} \times n$$

$$n = 2.4$$

निष्कर्ष: जेटो की संख्या 2-3 के भीतर होनी चाहिए।. **उत्तर**

उदाहरण 5.6 21 m/s की स्पर्शीय(tangential) वेग के साथ एक पेल्टन पहियें पर जल के जेट द्वारा रनर को दी गई शक्ति की गणना करें। इस टरबाइन का शुद्ध शीर्ष 52 m और जेट जल के माध्यम से निर्वहन 0.05 m³/s है। पार्श्व निकासी कोण(angle) 15^0 और C_v = 0.98 है।

समाधान

दिए गए आंकडें:

पहियें का स्पर्शीय वेग, $u = u_1 = u_2 = 21$ m/s

शुद्ध शीर्ष, $H = 152$ m

निर्वहन, $Q = 0.05$m/s

पार्श्व निकासी कोण, $\beta_1 = 15^0$

वेग गुणांक, $C_v = 0.98$

जेट का वेग, $v_1 = C_v \times \sqrt{2gH}$

$$= 0.98 \times \sqrt{2 \times 9.81 \times 52}$$

$$= 31.302\ m/s$$

प्रवेशिका त्रिकोण से, $v_{u_1} = v_1 = 31.302\, m/s$

$$w_1 = v_{u_1} - u_1$$

$$= 10.302\, m/s$$

निर्गम वेग त्रिकोण से, हमारे पास है

$$w_1 = w_2 = 10.302\, m/s$$

$$w_2 \cos \beta_1 = 10.302 \cos 15^\circ = 9.95\, m/s$$

$$v_{u_2} = u_2 - w_2 \cos \beta_1 = 21 - 9.95 = 11.05\ m/s$$

साथ ही β_2 एक अधि कोण है, रनर पर प्रति सेकंड किया गया कार्य,

$$= \rho a v_1 [v_{u_1} - v_{u_2}] \times u = \rho Q S [v_{u_1} - v_{u_2}] \times u$$

$$= 1000 \times .05 \times [31.302 - 11.05] = 1012.6\, Nm/s$$

∴ रनर को kW में दी गयी शक्ति = $\frac{\text{प्रति सेकंड किया गया कार्य}}{1000}$

$$= \frac{1012.6}{1000} = 1.012 \text{ kW. } \textbf{उत्तर}$$

उदाहरण 5.7 एक पेल्टन पहिये को 400 rpm पर 1000 kW विकसित करने के लिए अभिकल्पित किया जाना है। पहिये से 250 m स्तर पर एक जलाशय से 900 m लंबे पाइप के माध्यम से जल की आपूर्ति की जानी है। पाइप लाइन हानियाँ सकल(gross) शीर्ष का 5% है। घर्षण गुणांक 0.005 है। बकेट(bucket) की गति 0.46 जेट गति है और पहिये की कार्यक्षमता 85% है। पाइप लाइन व्यास, जेट व्यास और पहिये व्यास की गणना करें।

समाधान

दिए गए आंकडें:

पेल्टन टरबाइन की क्षमता

शक्ति, P = 1000 kW

गति, N = 400 rpm

सकल सिर, $H_g = 350$

घर्षण गुणांक f = 0.005

$$u = 0.46 \times V_{\text{जेट}}$$
$$L = 900\, m$$
$$h_L = 5\% \times H_g$$
$$h_L = 5\% \times 350$$
$$h_L = 12.5\, m$$

शुद्ध शीर्ष, $H = H_g - h_L$

$$H = 250 - 12.5$$
$$H = 237.5\, m$$
$$u = 0.46 \times V_{\text{जेट}}$$
$$\frac{\Pi DN}{60} = 0.46 \times \sqrt{2gH}$$
$$\frac{\Pi \times D \times 400}{60} = 0.46 \times \sqrt{2 \times 9.81 \times 237.5}$$
$$D = 1.469\, m$$

कार्यक्षमता $\eta = \frac{P}{\rho g Q H}$

$$0.85 = \frac{1000 \times 10^3}{1000 \times 9.81 \times Q \times 237.5}$$

कुल प्रवाह दर $Q = 0.5\, {m^3}/{s}$

$$Q = A \times V_{\text{जेट}} \times n_{\text{जेट}}$$
$$Q = \frac{\Pi}{4} \times d_{\text{जेट}}^2 \times 0.98 \times \sqrt{2gH} \times n_{\text{जेट}}$$

जेट अनुपात $m = \frac{D}{d_{\text{जेट}}} = 10$

$$d_{\text{जेट}} = \frac{1.469}{10}$$
$$d_{\text{जेट}} = 0.1469 \text{ m.}$$

घर्षण के कारण शीर्ष हानि, $h_L = \frac{4fLV^2}{2gD_p}$

$$Q = \frac{\Pi}{4} \times D_p^2 \times V$$

$$V = \frac{4Q}{\Pi D_p^2}$$

$$h_L = \frac{4fL \times 4^2 \times Q^2}{2g\Pi^2 D_p^5}$$

$$12.5 = \frac{4 \times 0.005 \times 900 \times 4^2 \times 0.5^2}{2 \times 9.81 \times \Pi^2 \times D_p^5}$$

$$D_p^5 = 0.0297$$

$D_p = 0.495$ m. **उत्तर**

5.6 फ्रांसिस टरबाइन(Francis Turbine)

फ्रांसिस टरबाइन मूल रूप से एक प्रतिक्रिया टरबाइन है जिसमें एक रनर दबावयुक्त जल को एक त्रिज्य(radial) रूप से अंदर की ओर खींचता है और इसे अक्षीय दिशा में निर्वहन करता है। जल धीरे-धीरे अपनी ऊर्जा छोड़ता है क्योंकि यह जल और रनर के बीच उत्पन्न प्रतिक्रिया के कारण रनर के प्रवेशिका से निर्गम(exit) तक प्रवाहित होता है। अन्य प्रतिक्रिया टर्बाइनों की तरह फ़्रांसिस टरबाइन एक बंद टरबाइन है जिसे परिवर्तनीय दबाव टरबाइन के रूप में भी जाना जाता है। जल का दबाव रनर के प्रवेश द्वार पर अधिकतम से लेकर बाहर निकलने पर न्यूनतम(minimum) तक लगातार बदलता रहता है। फ्रांसिस टरबाइन के मूल घटक चित्र 5.16. में दिखाए गए हैं।

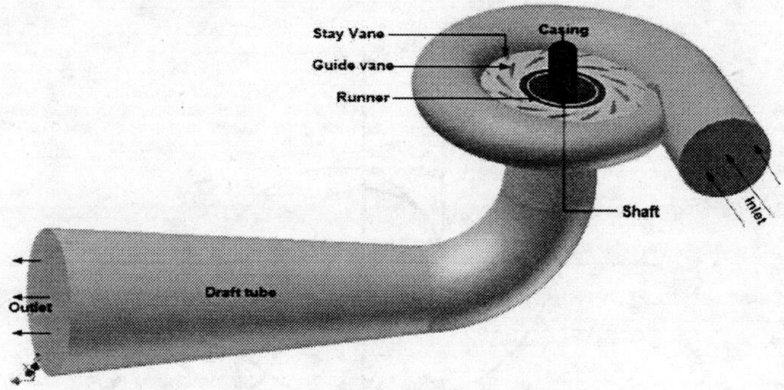

चित्र 5.16: फ़्रांसिस टरबाइन के मूल घटक

5.6.1 फ़्रांसिस टरबाइन के मूल घटक(Basic Components of Francis Turbine)

नीचे एक विशिष्ट फ्रांसिस टरबाइन के मुख्य घटक दिए गए हैं।

(i) सर्पिल(spiral) आवरण

(ii) गाइड(guide) वेन्स(vanes)

(iii) रनर(runner)

(iv) ड्राफ्ट(draft) नलिका

5.6.1.1 सर्पिल आवरण(Spiral Casing)

क्योंकि फ्रांसिस टरबाइन एक बंद टरबाइन है जिसके लिए उचित आवरण की आवश्यकता होती है, इसलिए एक सर्पिल आवरण (वॉल्यूट आवरण) प्रदान किया जाता है। सर्पिल आवरण का योजनाबद्ध आरेख चित्र 5.17. में दिखाया गया है। सर्पिल आवरण का कार्य टरबाइन में प्रदान किए गए गाइड वेन्स के माध्यम से रनर के चारों ओर स्थिर वेग के साथ जल का वितरण करना है।

दिए गए शीर्ष (H) और निर्वहन (Q) के लिए, वॉल्यूट(volute) आवरण के मूल अभिकल्प(design) का वर्णन इस प्रकार किया गया है:

आवरण के प्रवेश द्वार पर प्रति सेकंड प्रवाहित होने वाले जल की मात्रा को इस रूप में व्यक्त किया जा सकता है:

$$Q = \frac{\pi}{4} d_i^2 v \qquad (5.54)$$

जहाँ, v स्पाउटिंग(spouting) वेग है जो निम्न प्रकार व्यक्त किया जाता है:

$$v = \sqrt{2gH} \qquad (5.55)$$

और d_i सर्पिल(spiral)/वोल्यूट आवरण का प्रवेशिका व्यास(diameter) है जिसे पेन्स्टॉक(penstock) (प्रवेशिका पाइप) के व्यास(diameter) के लगभग बराबर रखा जाता है और निम्नलिखित समीकरण 5.56. द्वारा निर्धारित किया जाता है।

$$d_i = \sqrt{\frac{4Q}{\pi v_i}} \qquad (5.56)$$

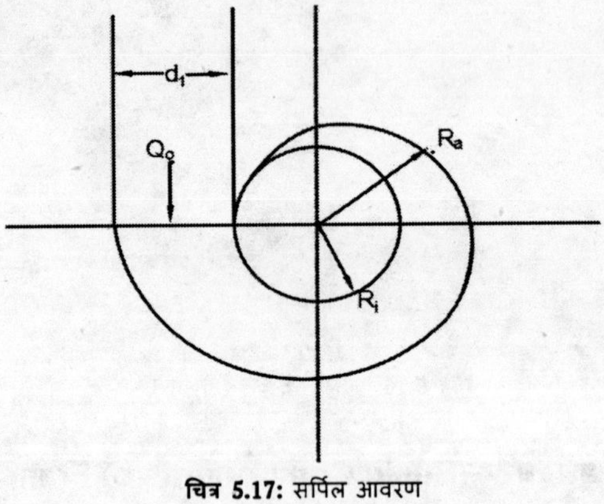

चित्र 5.17: सर्पिल आवरण

चित्र 5.17 में दिखाए गए अनुसार अन्य आयाम निम्नानुसार निर्धारित किए गए हैं

$$R_a = R_i + \frac{\theta}{2\pi} d_i \qquad (5.57)$$

$$Q_\theta = Q\,\frac{\theta}{2\pi} \qquad (5.58)$$

जहाँ, R_i आंतरिक वृत्त त्रिज्या है,

R_a वॉल्यूट(volute) त्रिज्या है,

Q_θ आवरण के विभिन्न अनुभाग(section) पर निर्वहन है।

प्रायः उच्च शीर्ष के लिए पूर्ण सर्पिल(spiral) और कम शीर्ष के लिए अर्ध सर्पिल की सिफारिश की जाती है।

5.6.1.2 गाइड वेन्स (Guide Vanes)

फ्रांसिस टर्बाइनों में गाइड वेन्स का उपयोग आवरण से रनर तक जल को निर्देशित करने के लिए किया जाता है। गाइड वेन में हाइड्रोफोइल प्रोफाइल(hydrofoil profile) होती है जैसा कि चित्र 5.18. में दिखाया गया है। गाइड वेन्स(guide vanes) की संख्या रनर के चारों ओर रिम से जुड़ी होती है और टरबाइन को जल की आवश्यकता के अनुसार गवर्नर द्वारा समायोजित किया जा सकता है। गाइड वेन्स का अन्य कार्य स्थितिज ऊर्जा को आंशिक रूप से गतिज ऊर्जा में परिवर्तित करना है। विभिन्न स्थितियों में दो गाइड वेन्स के बीच प्रवाह क्षेत्रफल चित्र 5.18. में दिखाया गया है।

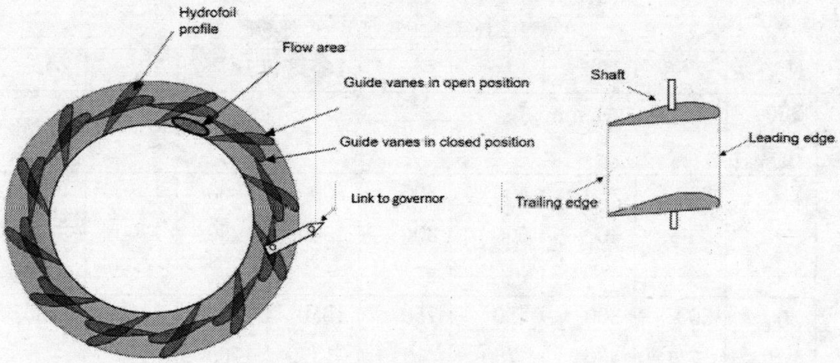

चित्र 5.18: गाइड वेन्स

गाइड वेन्स के मूल अभिकल्प(design) का वर्णन इस प्रकार किया गया है:

मान लें कि U_o व्यास (D_o) के अनुरूप काल्पनिक परिधीय वेग है, जिसे दो विपरीत गाइड वैन के अनुगामी किनारे के बीच की दूरी से मापा जाता है जिसे समीकरण 5.59. द्वारा व्यक्त किया जा सकता है।

$$U_o = \frac{\pi D_o N}{60} \tag{5.59}$$

$$U_o = K_{Uo}\sqrt{2gH} \tag{5.60}$$

जहाँ, N घूर्णन गति है

K_{Uo} गति अनुपात है (0.7 से 1.34 की सीमा में) जो गाइड वेन्स के अभिकल्प के लिए विचार किया जाता है,

H शीर्ष है।

इसके अतिरिक्त, D_0 को निम्नलिखित व्यंजक का उपयोग करके निर्धारित किया जा सकता है जैसा कि समीकरण 5.61में दिया गया है।

$$D_o = \frac{60K_{Uo}\sqrt{2gH}}{\pi N} \tag{5.61}$$

तदनुसार, गाइड वेन की लंबाई (L) समीकरण 5.62 द्वारा निर्धारित की जाती है।

$$L = 0.3\ D_o \tag{5.62}$$

गाइड वेन B_0 की चौड़ाई(width) फ्रांसिस रनर की चौड़ाई के बराबर होगी।

इसके अतिरिक्त, गाइड वेन्स (Z) की संख्या टरबाइन के रनर व्यास और विशिष्ट गति पर निर्भर करती है जो 8 से 24 तक भिन्न होती है।

व्यवहार में गाइड वेनों की संख्या तालिका 5.1 से चुनी जा सकती है।

5.6.1.3 फ्रांसिस रनर(Francis Runner)

फ्रांसिस टरबाइन मिश्रित प्रवाह प्रतिक्रिया टरबाइन है जिसमें जल रनर के माध्यम से त्रिज्य रूप से प्रवेश करता है और शाफ्ट के समानांतर जल को अक्षीय दिशा में छोड़ देता है। इसमें दो डिस्क(disc) के बीच फिक्स्ड(fixed) रनर वेन्स की संख्या होती है। एक डिस्क शाफ्ट से जुड़ी होती है जबकि दूसरी डिस्क खुलती है ताकि जल ड्राफ्ट नलिका में प्रवाहित हो सके जैसा कि चित्र 5.19 में दिखाया गया है। .

तालिका 5.1: गाइड वेन्स की संख्या का चयन

N_s	Z =8	10	12	14	16	18	20	24
200 तक	D_0 का मान mm में							
250 तक	250 तक	250 400	400 600	600 800	800 1000	1000 1250	1250 1700	1700 से अधिक
200 से अधिक	300 तक	300 450	450 750	750 1050	1050 1350	1350 1700	1700 2100	2100 से अधिक

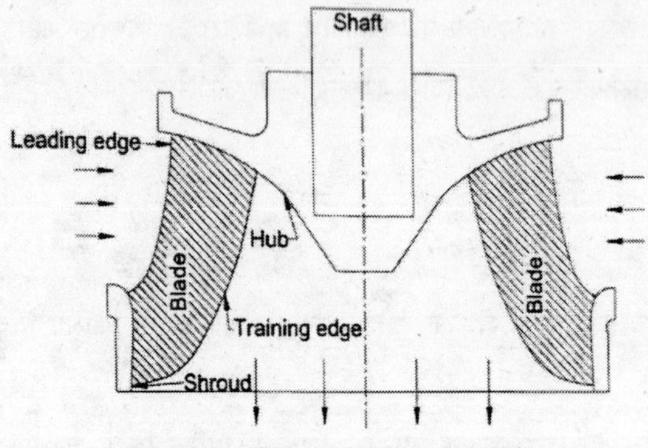

चित्र 5.19: फ्रांसिस रनर का योजनाबद्ध आरेख

चूंकि, फ्रांसिस टर्बाइने व्यवहार में शीर्ष और निर्वहन की एक विस्तृत श्रृंखला को कवर(cover) करते है इसलिए फ्रांसिस टर्बाइनों को विशिष्ट गति के आधार पर धीमी, मध्यम और तेज के रूप में वर्गीकृत किया जाता है।

फ्रांसिस रनर को निम्न प्रकार वर्गीकृत किया जाता है:

(i) तेज रनर उच्च शीर्ष और कम निर्वहन के लिए उपयुक्त है जिसमें बड़ा व्यास और रनर की कम चौड़ाई है ,

(ii) मध्यम शीर्ष और मध्यम निर्वहन के लिए उपयुक्त मध्यम रनर व्यास और चौड़ाई तदनुसार, और

(iii) कम शीर्ष और उच्च निर्वहन के लिए उपयुक्त धीमी गति वाले रनर जिसमें छोटे व्यास और बड़ी चौड़ाई होती है।

विभिन्न रनरो के लिए वेग त्रिकोण चित्र 5.20 में दिखाए गए हैं।

फ्रांसिस रनर को अभिकल्प(design) करने के लिए निम्नलिखित आनुपातिक अनुपातों पर विचार किया जाता है

(i) रनर की चौड़ाई B और रनर के व्यास D_0 का अनुपात 0.10 से 0.45 तक होता है।

(ii) प्रवाह के वेग v_f का अनुपात स्पाउटिंग(spouting) वेग के लिए जिसे प्रवाह अनुपात (समीकरण 5.63) के रूप में जाना जाता है और इसकी सीमा 0.15 से 0.30 तक होती है।

$$\psi = \frac{v_f}{\sqrt{2gH}} \tag{5.63}$$

(iii) गति अनुपात K_u को रनर के परिधीय वेग और स्पाउटिंग वेग (समीकरण 5.64) के अनुपात के रूप में परिभाषित किया जाता है इसकी सीमा 0.60 से 0.90 तक भिन्न होती है।

$$K_u = \frac{u}{\sqrt{2gH}} \tag{5.64}$$

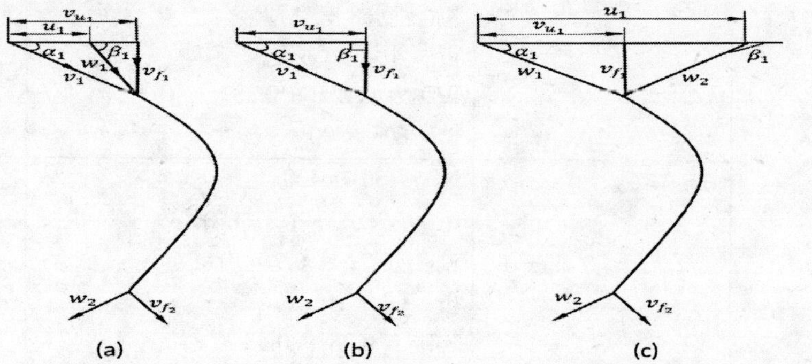

चित्र 5.20: प्रत्येक रनर के लिए वेग त्रिकोण आरेख (a) गति (b) मध्यम (c) तेज

उपरोक्त कार्य अनुपातों का उपयोग करके रनर आकारो को निम्नलिखित चरणों द्वारा निर्धारित किया जा सकता है:

चरण 1: दिए गए शीर्ष (H) और टरबाइन (P) की क्षमता के लिए विशिष्ट गति निर्धारित करें, साथ ही रनर के प्रकार का चयन करने और विभिन्न मापदंडों (B/D_o ,ψ,और K_u)के मानों को गति (N) मान लें और तदनुसार तदनुसार तालिका 5.2 से निर्धारित करें।

चरण 2: समीकरण 5.65. में दिए गए अभिव्यक्ति का उपयोग करके K_u के मान का चयन करके दिए गए शीर्ष (H) और इसकी गति (N) पर विचार करके रनर व्यास और रनर वेनों की संख्या को निर्धारित करें।

$$K_u \sqrt{2gH} = \frac{\pi D_o N}{60} \tag{5.65}$$

$$D_o = \frac{60}{\pi N} K_u \sqrt{2gH} \tag{5.66}$$

रनर आंतरिक व्यास $D_i = D_o/2$

रनर वेनों की संख्या $Z_1 = Z + 1$

चरण 3: रनर की चौड़ाई एक निश्चित प्रवाह दर पर विचार करके निर्धारित की जाती है जो तिर्यक् अनुभागीय क्षेत्रफल (चौड़ाई × परिधीय क्षेत्र) और प्रवाह वेग के उत्पाद के रूप में व्यक्त किया जाता है:

$$Q = \pi D_o B v_f \tag{5.67}$$

यदि ब्लेड की मोटाई के कारण अवरोध प्रभाव लिया जाता है, तो

$$Q = (\pi D_o - Z_1 t) B v_f \tag{5.68}$$

जहाँ, (Z_1) रनर वेनों की संख्या है, (B) रनर की चौड़ाई है और (t) वेन की मोटाई है।

तालिका 5.2: विभिन्न फ्रांसिस रनरो के लिए विभिन्न मापदंड़ो के मान।

रनर का प्रकार	मान
धीमा रनर	N_s = 60 से 120 α_1 = 15^0 से 25^0 K_{u1} = 0.62 से 0.68 β_1 = 90^0 से 120^0 B/D_o = 0.03 से 0.04
मध्यम रनर	N_s = 120 से 180 α_1 = 25^0 से $321/2^0$ K_{u1} = 0.68 से 0.72 β_1 = 90^0 B/D_o = 0.125 से 0.25 β_1 = 60^0 से 90^0
तेज़ रनर	N_s = 180 से 400 α_1 = $32(1/2)^0$ से $37(1/2)^0$ K_{u1} = 0.72 से 0.9 β_1 = 60 + 90^0 B/D_o = 0.25 से 0.45 α_2 = 90^0 निर्गम वेग त्रिकोण के लिए

5.6.1.4 ड्राफ्ट नलिका (Draft Tube)

प्रतिक्रिया टरबाइन में जो मूल रूप से बंद टरबाइन है और टरबाइन में सकल (gross) शीर्ष को उर्ध्वप्रवाह और अनुप्रवाह जल स्तरों के बीच अंतर के रूप में विचार किया जाता है। ड्राफ्ट नलिका शीर्ष को खोए बिना टरबाइन को किसी भी स्तर पर स्थापित करने की सुविधा प्रदान करती है। इसके अतिरिक्त, यह रनर के बाहर निकलने पर अपशिष्ट के रूप में जाने वाली गतिज ऊर्जा को पुनर्प्राप्त करने के लिए एक उर्जा अभिवर्धक के रूप में भी कार्य करता है।

ड्राफ्ट नलिका के कार्य सिद्धांत पर चर्चा करने के लिए चित्र 5.21 को संदर्भित किया जा सकता है जहाँ आवश्यक मापदंड दिखाए गए हैं।

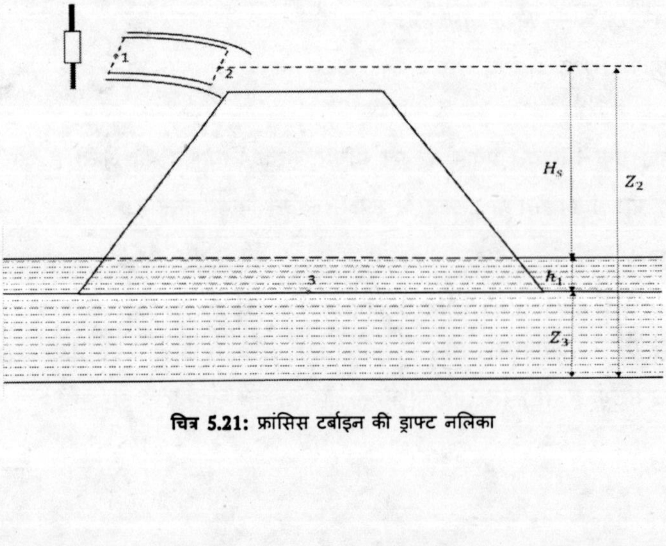

चित्र 5.21: फ्रांसिस टर्बाइन की ड्राफ्ट नलिका

विभिन्न स्थानों को रनर प्रवेश (1),रनर केंद्र (2) और ड्राफ्ट नलिका निर्गम(exit) (3) के रूप में दर्शाया गया है। स्थानों 2 और 3 के बीच बर्नौली समीकरण लागू करने से हम प्राप्त करते हैं

$$\frac{p_2}{\gamma}+\frac{v_2^2}{2g}+z_2=\frac{p_3}{\gamma}+\frac{v_3^2}{2g}+z_3+h_f \tag{5.69}$$

जहाँ P_2, P_3 और V_2, V_3 क्रमशः बिंदु 2 और 3 पर दबाव और वेग हैं और h_f ड्राफ्ट नलिका में शीर्ष की हानि है।

अब,

$$\frac{p_2}{\gamma}=\frac{p_3}{\gamma}-(z_2-z_3)-\left(\frac{v_2^2-v_3^2}{2g}\right)+h_f \tag{5.70}$$

जहां, $\frac{p_3}{\gamma}=\frac{p_a}{\gamma}+h_1$

इसलिए,

$$\frac{p_2}{\gamma}=\frac{p_a}{\gamma}+h_1-(z_2-z_3)-\left(\frac{v_2^2-v_3^2}{2g}\right)+h_f \tag{5.71}$$

चूंकि $(Z_2 - Z_3 - h_1) = H_s$, टेलरेस(tailrace) स्तर से ऊपर रनर निकास की ऊंचाई, इस प्रकार

$$\frac{p_2}{\gamma}=\frac{p_a}{\gamma}-\left[H_s+\frac{v_2^2-v_3^2}{2g}\right]+h_f \tag{5.72}$$

जहाँ,

रनर निर्गम पर दबाव चूषण(suction) दबाव होता है जो वायुमंडलीय दबाव से कम होता है,

H_s को स्थिर चूषण शीर्ष के रूप में जाना जाता है,

$\left[\frac{v_2^2-v_3^2}{2g}\right]$ को गतिशील चूषण शीर्ष के रूप में जाना जाता है,

ज्यामितीय रूप से, h_f को व्यक्त कर सकते है $h_f=k\left[\frac{v_2^2-v_3^2}{2g}\right]$,

h_f ड्राफ्ट नलिका में घर्षण के कारण शीर्ष हानि है और

k ड्राफ्ट नलिका में घर्षण हानि गुणांक(coefficient) है।

तब,

$$\frac{p_2}{\gamma}=\frac{p_a}{\gamma}-\left[H_s+(1-k)\frac{v_2^2-v_3^2}{2g}\right] \tag{5.73}$$

ड्राफ्ट नलिका की कार्यक्षमता को इस प्रकार से परिभाषित किया जाता है:

$$\eta_d=\frac{\text{दबाव शीर्ष की वास्तविक पुनः प्राप्ति}}{\text{ड्राफ्ट नलिका के प्रवेश द्वार पर वेग शीर्ष}}$$

दबाव शीर्ष की वास्तविक पुनः प्राप्ति

$$\left[\frac{v_2^2-v_3^2}{2g}\right]-h_f=(1-k)\left[\frac{v_2^2-v_3^2}{2g}\right]$$

$$\eta_d=\frac{\left[\frac{v_2^2-v_3^2}{2g}\right]-h_f}{\frac{v_2^2}{2g}} \tag{5.74}$$

<u>ड्राफ्ट नलिकाओं के प्रकार (Types of draft tubes)</u>

तीन विभिन्न प्रकार की ड्राफ्ट नलिका उपलब्ध हैं जैसा कि चित्र 5.22 में दिखाया गया है।

(i) सीधी अपसारी नलिका (Straight divergent Tube)

(ii) मूडी फैलाव नलिका (Moody's spreading Tube)

(iii) कोहनी प्रकार ड्राफ्ट नलिका (Elbow type draft tube)

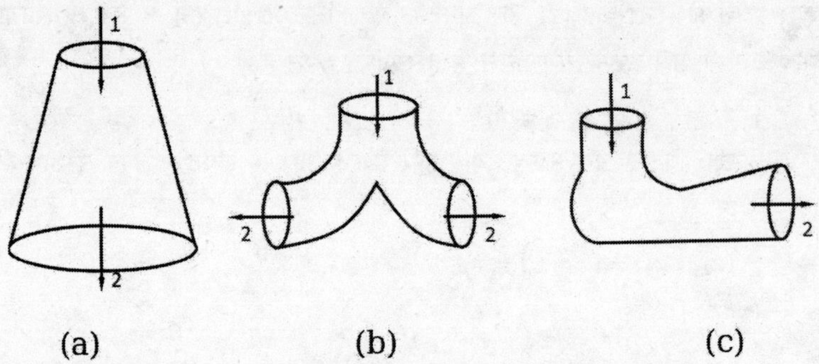

चित्र 5.22: ड्राफ्ट नलिका के प्रकार (a) सीधे अपसारी (b) मूडी का फैलाव नलिका (ग) एक वृत्तकार प्रवेशिका और एक आयताकार निर्गम अनुभाग के साथ कोहनी प्रकार

इन तीन ड्राफ्ट नलिकाओं में, सीधे अपसारी और मूडीज ड्राफ्ट नलिका को सबसे कार्यक्षम माना जाता है।

उदाहरण 5.8 निम्नलिखित आँकड़ों की सहायता से फ्रांसिस टर्बाइन रनर को अभिकल्पित कीजिए। शुद्ध शीर्ष H = 70 m, गति N = 760 rpm, निर्गम(output) शक्ति P = 320 kW, द्रवचालित कार्यक्षमता ($_h$) = 95%, समग्र कार्यक्षमता ($_o$) = 87%, प्रवाह अनुपात = 0.1, चौड़ाई अनुपात = 0.1, आंतरिक व्यास (1/2) बाहरी व्यास है। यह भी मान ले कि रनर के परिधीय क्षेत्रफल का 5% वेन्स की मोटाई द्वारा लिया जाता है। प्रवाह वेग पूरे समय स्थिर रहता है और प्रवाह बाहर निकलने पर त्रिज्य(radial) होता है।

समाधान

दिए गए आंकडें:

$H = 70$ m,

$N = 760$ r.p.m

$P = 320$ kW

$\eta_h = 95\%$

$\eta_o = 87\%$

$\psi = 0.16$

$\frac{B}{D_0} = 0.1$

$\frac{D_i}{D_0} = 0.5$

कार्यक्षमता निम्न द्वारा दी जाती है

$$\eta_o = \frac{P}{\rho g Q H}$$

$$0.87 = \frac{320 \times 10^3}{9810 \times Q \times 70}$$

निर्वहन, $Q = 0.535$ m^3/sec

प्रवाह वेग निम्न द्वारा दिया जाता है:

$$v_f = \psi\sqrt{2gH}$$
$$= 0.16\sqrt{2 \times 9.81 \times 70} = 5.9 \text{ m/sec}$$

निर्वहन को इस रूप में भी व्यक्त किया जा सकता है:

$$Q = (k\pi n D^2)\, v_f$$

$$0.535 = 0.95 \times \pi \times 0.1 \times D^2 \times 5.9$$

रनर का बाहरी व्यास, $D_o = 551.35$ mm

चौड़ाई अनुपात $= \frac{B}{D_0} = \frac{B}{551.35}$

B = 55.135 mm

स्पर्शीय वेग, $u_1 = \frac{\pi D_0 N}{60}$

$$= \frac{\pi \times 0.55 \times 760}{60} = 21.93 \text{ m/sec}$$

द्रवचालित कार्यक्षमता, $\eta_h = \frac{v_{u_1} u_1}{gH}$

$$0.9 = \frac{v_{u_1} \times 21.93}{9.81 \times 70}$$

$$v_{u_1} = 29.75 \text{ m/sec}$$

प्रवेशिका वेग त्रिकोण से,

$$\tan \alpha_1 = \frac{v_{f_1}}{v_{u_1}} = \frac{5.9}{29.75} = 0.1983$$

$$\alpha_1 = 11.216°$$

$$\tan \beta_1 = \frac{v_{f_1}}{v_{u_1} - u_1} = \frac{5.9}{29.75 - 21.93} = 0.754$$

$$\beta_1 = 37.03°$$

अब, $D_i = \frac{D_o}{2} = 275.68$ mm

$\frac{u_1}{D_i} = \frac{u_2}{D_0}$; $u_2 = 10.963$ m/sec

निर्गम वेग त्रिकोण से,

$$\tan \alpha_2 = \frac{v_f}{u_2} = \frac{5.9}{10.963} = 0.538$$

$$\alpha_2 = 28.28°$$

उदाहरण 5.9 150 kW शक्ति का उत्पादन करने के लिए 77% की समग्र कार्यक्षमता वाली एक फ्रांसिस टरबाइन की आवश्यकता होती है। यह 7 m के शीर्ष के नीचे काम कर रहा है। परिधीय वेग $0.3\sqrt{2gH}$ और प्रवेशिका पर प्रवाह का त्रिज्य(radial) वेग $0.9\sqrt{2gH}$ है। पहिया 160 rpm पर चलता है और टरबाइन में द्रवचालित हानियाँ उपलब्ध ऊर्जा का 20% हैं। त्रिज्य निर्वहन मानते हुए निर्धारित करें:

(a) गाइड ब्लेड कोण(angle)

(b) प्रवेशिका पर पहिया वेन कोण

(c) प्रवेशिका पर पहिये का व्यास

समाधान

दिए गए आंकड़ें:

समग्र कार्यक्षमता, $\eta_o = 77\% = 0.77$

उत्पादित शक्ति, $S.P = 150$ kW

शीर्ष $H = 7$ m

परिधीय वेग, $u = 0.3\sqrt{2gH} = 3.516$ m/sec

प्रवेशिका पर प्रवाह वेग, $v_f = 0.9\sqrt{2gH} = 10.55$ m/sec

गति $N = 160$ r.p.m.

द्रवचालित हानियाँ = 20% उपलब्ध ऊर्जा का

द्रवचालित कार्यक्षमता के रूप में,

$$\eta_h = \frac{H - 0.2\,H}{H} = \frac{0.8\,H}{H}$$

$$0.8 = \frac{V_u\,u}{gH}$$

घूर्ण वेग , $v_u = 15.62$ m/s

(a) प्रवेशिका त्रिकोण से गाइड ब्लेड कोण (α),

$$\tan \alpha_1 = \frac{v_f}{v_u} = \frac{10.55}{15.62} = 0.675$$

$\alpha_1 = 34.02.$ **उत्तर**

(b) प्रवेशिका पर पहिया वेन कोण

$$\tan \alpha_2 = \frac{v_f}{v_u - u} = \frac{10.55}{15.62 - 3.516} = 0.8716$$

$\alpha_2 = 41.075.$ **उत्तर**

(c) प्रवेशिका पर व्यास (D)

$$u = \frac{\pi DN}{60}$$

$$D = \frac{60 \times u}{\pi \times N}$$

$$= \frac{60 \times 3.516}{\pi \times 160} = 0.419 \text{ m.}$$ **उत्तर**

5.7 कपलान टरबाइन (Kaplan Turbine)

कपलान टरबाईन भी प्रतिक्रिया प्रकार और अक्षीय प्रवाह टरबाईन हैं जिसमें जल रनर के माध्यम से विशुद्ध रूप से अक्षीय दिशा में प्रवाहित होता है अर्थात,निर्गम से प्रवेशिका तक शाफ्ट के समानांतर। ये टरबाईन निम्न शीर्ष और उच्च शीर्ष पर उपयुक्त हैं। अक्षीय प्रवाह टरबाईनों के मूल घटक फ्रांसिस टरबाइन के समान होते हैं, जहाँ गाइड वेन्स और रनर वेन्स सामान्यतः विकेट के द्वार कहे जाते हैं और रनर ब्लेड कहा जाता है (चित्र 5.23)।

अक्षीय प्रवाह टरबाइन को समायोजित विकेट द्वार होते है और इसमें क्रमशः कपलान या प्रोपेलर टरबाइन के रूप में समायोज्य ब्लेड हो सकते हैं या नहीं भी हो सकते हैं।यदि स्थान पर निर्वहन भिन्नता नहीं है तो स्थिर रनर ब्लेड वाले प्रोपेलर टर्बाइन की सिफारिश की जाती है ।

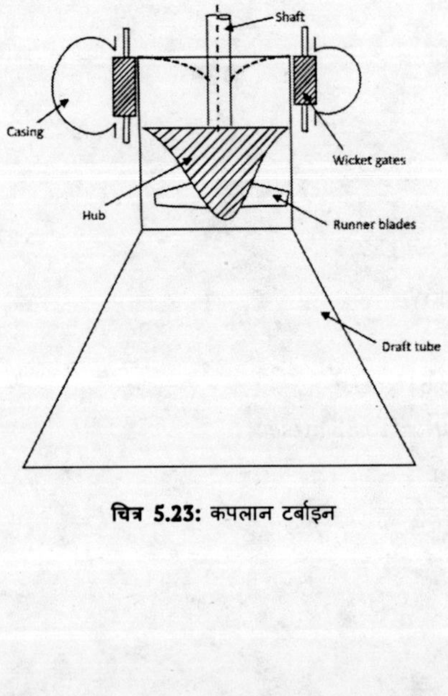

चित्र 5.23: कपलान टर्बाइन

हालांकि, समायोज्य ब्लेड वाले कपलान टरबाइन की सिफारिश उस स्थान के लिए की जानी चाहिए जहां स्थान पर निर्वहन भिन्नता अधिक होती है। स्थान की स्थितियों के आधार पर शाफ्ट का अभिविन्यास(orientation) ऊर्ध्वाधर या क्षैतिज(horizontal) हो सकता है। कपलान टर्बाइनों को उनके आकार के आधार पर विभिन्न श्रेणियों में वर्गीकृत किया गया है, जिनकी चर्चा निम्नलिखित उपअनुभाग में की जाती है।

5.7.1 कपलान टरबाइन के प्रकार (Types of Kaplan Turbine)

5.7.1.1 नलिकाकार टरबाइन (Tubular Turbine)

क्योंकि कपलान टरबाईन अक्षीय प्रवाह हैं जिसमें जल जनरेटर(generator) को चलाने वाले शाफ्ट के समानांतर बहता है, इसलिए जनरेटर को जल से बचाना आवश्यक है। तदनुसार, रनर को नलिकाओं में रखा जाता है, इसलिए टरबाइन को नलिकाकार टरबाइन के रूप में नामित किया जाता है और जनरेटर को नलिका के बाहर रखा जाता है। इस विन्यास में सबसे लोकप्रिय टरबाइन S-प्रकार नलिकाकार टरबाइन है जहाँ नलिका का आकार 'S' है जैसा कि चित्र 5.24 में दिखाया गया है।

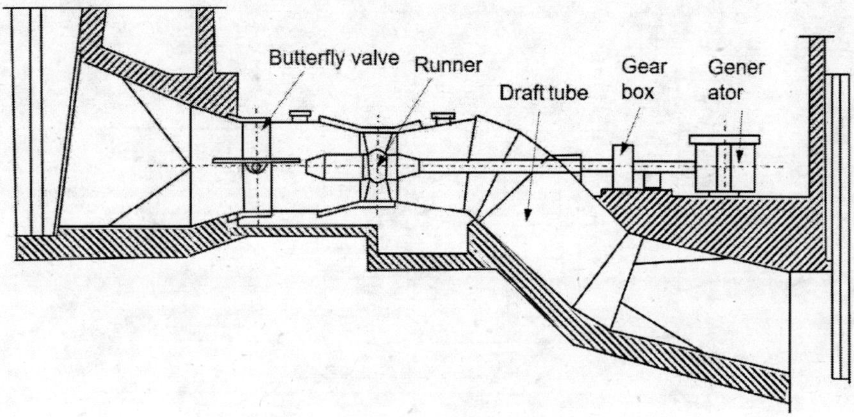

चित्र 5.24: S-प्रकार का नलिका टरबाइन

5.7.1.2 बल्ब टरबाइन (Bulb Turbine)

आजकल बल्ब टरबाइन को निम्न शीर्ष स्थान के लिए सबसे कुशल टरबाइन माना जाता है। बल्ब अंदर एक टरबाइन जनरेटर होता है, जो गियरबॉक्स के माध्यम से रनर से जुड़ा होता है। जैसा कि चित्र 5.25 में दिखाया गया है, बल्ब इकाई क्षैतिज(horizontal) रूप से पूरी प्रकार से जल मार्ग में डुबोया जाता है ।

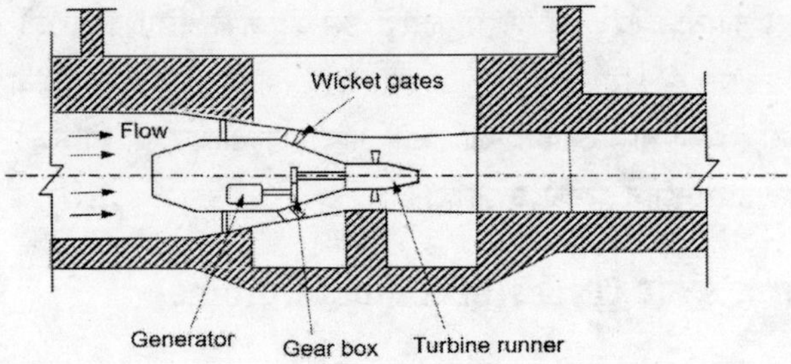

चित्र 5.25: बल्ब टरबाइन

5.7.1.3 रिम या स्ट्रैफ्लो टरबाइन(Rim or Straflo Turbine)

रिम टरबाइन एक बल्ब टरबाइन की तरह दिखता है, लेकिन एक अलग आल्टरनेटर(alternator) की आवश्यकता नहीं होती है। आल्टरनेटर रोटर(rotor) टरबाइन रनर ब्लेड की परिधि पर लगा होता है और स्टेटर(stator) नलिका की आंतरिक सतह से जुड़ा होता है जैसा कि चित्र 5.26 में दिखाया गया है। हालांकि, इस टरबाइन के व्यावसायीकरण के लिए अनुसंधान(research) अभी भी जारी है।

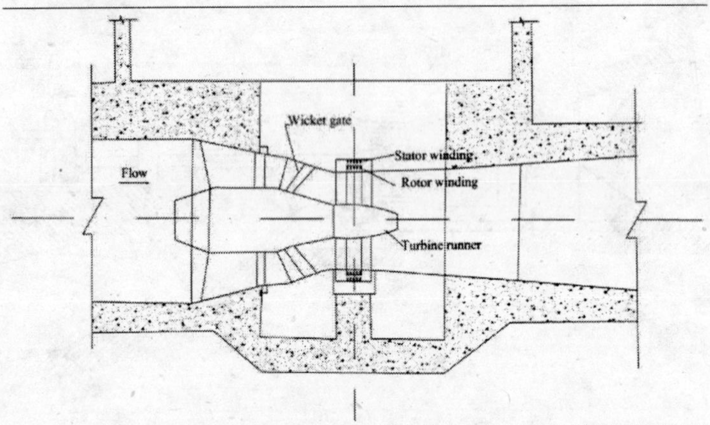

चित्र 5.26: स्ट्रैफ्लो टरबाइन

5.7.2 कपलान टरबाइन के मूल घटक (Basic Components of Kaplan Turbine)

आपेक्षिक कपलान टरबाइन के मूल घटक निम्नलिखित हैं:

(i) ब्लेड के साथ रनर

(ii) विकेट द्वार

(iii) ड्राफ्ट नलिका

(iv) आवरण

5.7.2.1 ब्लेड के साथ रनर (Runner with Blades)

कपलान टरबाइन के रनर में टरबाईन शाफ्ट से जुड़े हब(hub) के साथ कई ब्लेड(blade) होते हैं। आंशिक भार कार्यक्षमता को बनाए रखने के लिए रनर पर जल प्रवाह परिवर्तन के अनुसार ब्लेड को समायोजित किया जा सकता है।

शीर्ष (H) और निर्वहन (Q) के आधार पर, कपलान(Kaplan) रनर का अभिकल्प(design) फ्रांसिस(Francis) रनर अभिकल्प के समान चरणों का अनुसरण करता है जैसा कि अनुभाग 5.6.1.3 में चर्चा की गई है। कपलान रनर के निम्नलिखित कार्य अनुपात नीचे दिया गया माना जाता है:

(i) रनर के हब व्यास D_h से रनर व्यास D_r का अनुपात 0.3 से 0.65 तक होता है।

(ii) प्रवाह अनुपात, ψ सीमा 0.35 से 0.60 तक होती है।

$$\psi = \frac{v_f}{\sqrt{2gH}} \tag{5.75}$$

(iii) गति अनुपात, K_u सीमा 0.90 से 3.0 तक भिन्न होता है।

$$K_u = \frac{u}{\sqrt{2gH}} \tag{5.76}$$

उपरोक्त कार्य अनुपात का उपयोग करके रनर के आकार को नीचे दिए गए निम्नलिखित चरणों द्वारा निर्धारित किया जा सकता है;

चरण 1: टरबाइन गति (N) के अनुसार विभिन्न मापदंड़ो (D_h/D_r ,ψ,और K_u) के लिए मानों का चयन करके, एक निश्चित शीर्ष (H) के लिए विशिष्ट गति और टरबाइन क्षमता(P) को निर्धारित किया जाता है।

चरण 2: रनर का व्यास निम्नलिखित चरणों द्वारा निर्धारित किया जाता है -

निर्वहन, $Q = \frac{\pi}{4}(D_r^2 - D_h^2)v_f$ (5.77)

$$\frac{4Q}{\pi v_f} = D_r^2\left[1 - \left(\frac{D_h}{D_r}\right)^2\right]$$

$$D_r^2 = \frac{4Q}{\pi v_f[1 - k^2]}$$

जहां, $k = \frac{D_h}{D_r}$

$$D_r^2 = \frac{4Q}{\pi\psi\sqrt{2gH}[1 - k^2]}$$

$$D_r = \frac{0.536}{H^{1/4}}\sqrt{\frac{Q}{(1-k^2)\psi}} \tag{5.78}$$

विशिष्ट गति के अनुसार D_h/D_r, ψ, और K_u के मानों का चयन तालिका 5.3 से किया जा सकता है।

तालिका: 5.3: कपलान(Kaplan) रनर के अभिकल्प के लिए विभिन्न मापदंड़ो के मान

विशिष्ट गति	**400**	**600**	**800**	**1000**
हब से रनर व्यास अनुपात, D_h/D_r	0.3-0.35	0.35-0.45	0.45 0.55	0.55-0.65
प्रवाह अनुपात,	0.35-0.38	0.38-0.42	0.42-0.52	0.52-0.60
गति अनुपात, K_u	0.90-0.95	0.95 1.0	1.0-2.0	2.0-3.0

कपलान टर्बाइन के मामले में, विशिष्ट गति के आधार पर ब्लेड का रनर 3 से 8 तक भिन्न होता है।

इसके अतिरिक्त, जल द्वारा किए गए कार्य और कपलान रनर की कार्यक्षमता को चित्र 5.27 में दिखाए गए वेग त्रिकोण के साथ समझाया गया है। .

प्रति सेकंड जल द्वारा किया गया कार्य

$$W = m(v_{u1} + v_{u2})u$$

$$= \rho Q(v_{u1} + v_{u2})u \tag{5.79}$$

अक्षीय टर्बाइन के लिए ($u = u_1 = u_2$)

कार्यक्षमता निम्न द्वारा दी जाती है -

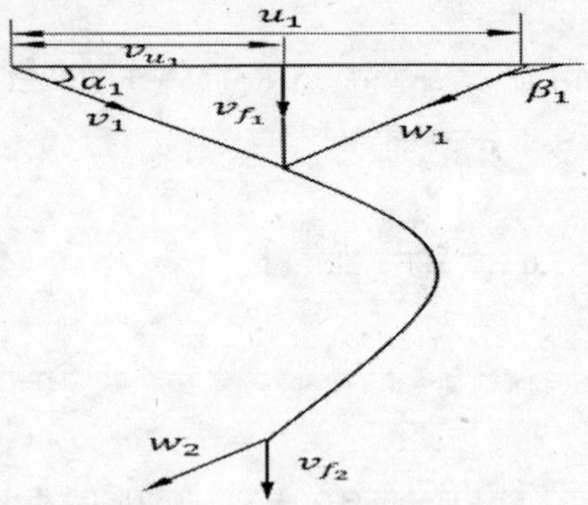

चित्र 5.27: कपलान टरबाइन के लिए वेग त्रिकोण

$$\eta = \frac{P_{\text{आउटपुट}}}{P_{\text{इनपुट}}}$$

$$\eta = \frac{\rho Q(v_{u1} + v_{u2})u}{\rho g Q H}$$

$$\eta = \frac{(v_{u1}+v_{u2})u}{gH} \tag{5.80}$$

5.7.2.2 विकेट द्वार (Wicket Gates)

भार परिवर्तनों के अनुसार प्रवाह को नियंत्रित करने और टरबाइन को स्थिर गति से संचालित करने के लिए विकेट द्वार प्रदान किए जाते हैं। निम्नलिखित समीकरण 5.81 का उपयोग करके विकेट द्वार के व्यास की गणना की जा सकती है।

$$D_o = D_r \times K_{u1} \tag{5.81}$$

जहाँ, K_{u1} दी गई तालिका 5.4 से विचार किया गया गति अनुपात है।

तालिका 5.4: विकेट द्वार के अभिकल्प के लिए गति अनुपात का चयन

N_s	400	600	800	1000
K_{u1}	1.12	1.06	1.01	1

तदनुसार, विकेट द्वार (B) की चौड़ाई समीकरण 5.82 द्वारा निर्धारित की जाती है।

$$B = 0.4\, D_r \tag{5.82}$$

इसके अतिरिक्त, विकेट द्वारों (Z) की संख्या विकेट व्यास पर निर्भर करती है जो 8 से 24 तक भिन्न होती है। व्यवहार में, विकेट द्वारों की संख्या तालिका 5.5 से चुनी जा सकती है।

तालिका 5.5: गाइड वेन्स की संख्या का चयन

D_o(mm में)	300 तक	300- 450	450 750	750- 1200	1200- 1600	1600- 2200	2200- 4000	7400
Z	8	10	12	14	16	18	20	24

5.7.2.3 ड्राफ्ट नलिका (Draft Tube)

ड्राफ्ट नलिका का अभिकल्प और सिद्धांत समान है जैसा कि फ्रांसिस टरबाइन अनुभाग में चर्चा की गई है।

उदाहरण 5.10 एक कपलान टरबाइन 88% की समग्र कार्यक्षमता के साथ 20m के शीर्ष में 50000 kW का उत्पादन करता है। गति अनुपात के मान को 1.5, प्रवाह अनुपात को 0.45 और हब व्यास को बाहरी व्यास का 0.4 गुना मानते हुए टरबाइन व्यास और गति की गणना करें।

समाधान

दिए गए आंकडें:

शक्ति, P = 50000 kW

शीर्ष, H = 20 m

समग्र कार्यक्षमता, η_o = 88%

गति अनुपात, K_u = 1.5

प्रवाह अनुपात, ψ = 0.45

हब(Hub) व्यास, $D_h = 0.4D_r$

कार्यक्षमता इसके द्वारा दी जाती है

$$\eta_o = \frac{P}{\rho g Q H}$$

$$0.88 = \frac{50\,000 \times 10^3}{1000 \times 9.81 \times Q \times 20}$$

$$Q = 289 \text{ m}^3/\text{sec}$$

$$Q = \frac{\pi}{4}\left(D_r^{\,2} - D_h^{\,2}\right)\psi\sqrt{2gH}$$

$$289 = \frac{\pi}{4} \times D_r^{\,2}(1 - 0.4^2) \times 0.4 \times \sqrt{2 \times 9.81 \times 20}$$

टरबाइन व्यास

$D_r = 7.43$ m **उत्तर**

परिधीय गति दी जाती है

$$u = K_u\sqrt{2gH}$$

$$u = 1.5 \times \sqrt{2 \times 9.81 \times 20}$$

$$= 29.71 \text{ m/sec.}$$

$$u = \frac{\pi D N}{60}$$

$$29.71 = \frac{\pi \times 7.43 \times N}{60}$$

गति,

N = 73.63 r.p.m. **उत्तर**

उदाहरण 5.11 10 मीटर के शीर्ष के नीचे काम करने वाले कपलान टरबाइन का हब(hub) व्यास रनर के व्यास का 0.40 गुना है। टरबाइन 120 rpm पर चल रहा है। यदि निर्गम पर रनर के चरम किनारे का वेन कोण(angle) 15^0 है और प्रवाह अनुपात 0.55 है, तो गणना करें कि

(i) रनर व्यास

(ii) हब व्यास

(iii) निर्वहन

निर्गम पर घूर्ण का वेग शून्य के रूप में दिया गया है।

समाधान

(i) रनर व्यास

$$\psi = \frac{v_{f_1}}{\sqrt{2gH}}$$

$$0.55 = \frac{v_{f_1}}{\sqrt{2 \times 9.81 \times 10}}$$

$$v_{f_1} = 7.703 \text{ m/sec}$$

निर्गम वेग त्रिकोण से, $v_{u_2} = 0$

$$\tan\beta_2 = \frac{v_{f_2}}{u_2} = \frac{v_{f_1}}{u_1}$$

$$\tan 15^0 = \frac{7.703}{u_1}$$

$$u_1 = u_2 = 28.74 \text{ m/sec}$$

$$u_1 = \frac{\pi D_r N}{60}$$

$$28.74 = \frac{\pi \times D_r \times 120}{60}$$

$$D_r = 4.574 \text{ m.}$$ **उत्तर**

(ii) हब(hub) व्यास

$$D_h = 0.4\, D_r$$

$$D_h = 1.829 \text{ m.}$$ **उत्तर**

(iii) निर्वहन

$$Q = \frac{\pi}{4}\,(D_r{}^2 - D_h{}^2)\psi\sqrt{2gH}$$

$$Q = \frac{\pi}{4} \times 4.574^2(1 - 0.4^2) \times 0.55 \times \sqrt{2 \times 9.81 \times 10}$$

$$Q = 106.33 \text{ m}^3\text{/sec}$$

5.8 समानता नियम(Similarity law)

समानता नियम कहता है कि दो मशीनों को समान कहा जा सकता है यदि वे ज्यामितीय, गतिकीय और गतिशील रूप से समान हैं। व्यावहारिक रूप से जल टर्बाइनों के प्रोटोटाइप का प्रयोगशाला में परीक्षण करना संभव नहीं है। प्रोटोटाइप की कार्यक्षमता का अनुमान प्रोटोटाइप के समान कम आकार की मशीन(machine) (मॉडल(model)) की कार्यक्षमता के आधार पर लगाया जाता है जिसका परीक्षण करना प्रयोगशाला में संभव है। निम्नलिखित अनुभाग में समानता नियम पर चर्चा की गई है;

5.8.1 ज्यामितीय समानता(Geometrical Similarity)

दो मशीनों को ज्यामितीय रूप से समान कहा जाता है यदि दो घटकों के भौतिक(physical) विमाओं का अनुपात समान है। एक फ्रांसिस टरबाइन के मामले में, रनर की चौड़ाई और रनर के बाहरी व्यास के अनुपात को ज्यामितीय समानता दिखाने के लिए माना जाता है जो इस प्रकार है:

$$\left(\frac{B}{D_1}\right)_m = \left(\frac{B}{D_1}\right)_p \qquad (5.86)$$

जहाँ,

m मॉडल(model) के लिए है और p प्रोटोटाइप के लिए है।

B रनर की चौड़ाई है और

D_1 बाहरी रनर व्यास है

इसी प्रकार, पेल्टन टरबाइन की ज्यामितीय समानता को रनर व्यास से जेट व्यास के अनुपात और कपलान टरबाइन के लिए हब व्यास से रनर व्यास के अनुपात द्वारा व्यक्त किया जाएगा।

5.8.2 गतिकीय समानता (Kinematic Similarity)

गतिक समानता के अनुसार एक मशीन(machine) के दो वेग घटकों का अनुपात दूसरी मशीन के समान होना चाहिए। फ्रांसिस टरबाइन के मामले में,प्रवाह वेग से परिधीय वेग के अनुपात को गतिक समानता दिखाने के लिए निम्नानुसार माना जाता है

$$\left(\frac{v_f}{u}\right)_m = \left(\frac{v_f}{u}\right)_p \quad (5.87)$$

इसी प्रकार, पेल्टन(Pelton) टरबाइन की गतिक समानता को जेट वेग के परिधीय वेग के अनुपात और कपलान(Kaplan) टरबाइन के लिए प्रवाह वेग के अनुपात से परिधीय वेग के अनुपात द्वारा व्यक्त किया जाएगा।

निम्नलिखित चरणों पर विचार करके विभिन्न टर्बाइनों की गतिक समानता ज्ञात मापदंडो के संदर्भ में व्यक्त किया जा सकता है:

पेल्टन टरबाइन के लिए

$$Q = \frac{\pi}{4} d^2 v \quad (5.88)$$

जेट अनुपात, $M = \frac{D}{d}$, $d^2 = \frac{D^2}{M^2}$

$$Q = \frac{\pi}{4} \cdot \frac{D^2}{M^2} v$$

$$Q \propto D^2 v$$

$$v \propto \frac{Q}{D^2}$$

$$U = \frac{\pi D N}{60} \quad (5.89)$$

$$U \propto ND$$

$$\frac{Q_m}{N_m D_m^3} = \frac{Q_p}{N_p D_p^3} = \text{नियतांक} \quad (5.90)$$

जहाँ, D व्यास है।

d जेट व्यास है।

Q निर्वहन है और

N प्रति मिनट घूर्णन है (rpm)

फ्रांसिस टरबाइन के लिए

$$Q = \pi D B v \quad (5.91)$$

$$\frac{B}{D} = k, B = kD$$

$$Q = \pi k D^2 v \quad (5.92)$$

$$Q \propto D^2 v \quad (5.93)$$

$$\frac{Q_m}{N_m D_m^3} = \frac{Q_p}{N_p D_p^3} = \text{नियतांक} \tag{5.94}$$

कपलान टरबाइन के लिए

$$Q = \frac{\pi}{4}(D^2 - d^2)v \qquad (k = \frac{d}{D}) \tag{5.95}$$

$$Q = \frac{\pi}{4} D^2(1 - k^2)v$$

$$Q \propto D^2 v$$

$$\frac{Q_m}{N_m D_m^3} = \frac{Q_p}{N_p D_p^3} = \text{नियतांक} \tag{5.96}$$

ऊपर दिए गए व्यंजकों से यह देखा जा सकता है कि गतिक समानता की स्थिति सभी प्रकार के टर्बाइनों के लिए समान होती है।

5.8.3 गतिशील समानता(Dynamic Similarity)

गतिशील समानता के अनुसार एक मशीन(machine) में दो अलग-अलग स्थानों पर बलों का अनुपात दूसरी मशीन के समान होता है। ज्ञात मापदंडों के संदर्भ में गतिशील समानता निम्न प्रकार प्राप्त की जा सकती है:

गतिशील बल, F

$$F \propto \rho u^2 A$$

$$F \propto \rho D^2 N^2 L^2 \tag{5.97}$$

स्थैतिक बल, f

$$f \propto pA$$

$$f \propto QHL^2 \tag{5.98}$$

समीकरण (5.98) को लेकर समीकरण (5.97) द्वारा विभाजित करने पर हमें मिलता है –

$$\frac{H}{D^2 N^2} = \text{नियतांक} \tag{5.99}$$

$$\frac{H_m}{D_m^2 N_m^2} = \frac{H_p}{D_p^2 N_p^2} = \text{नियतांक} \tag{5.100}$$

5.8.4 विशिष्ट गति(Specific Speed)

विशिष्ट गति को टरबाइन की गति के रूप में परिभाषित किया जा सकता है ताकि जल की इकाई शीर्ष के तहत इकाई शक्ति विकसित की जा सके। इसे समानता नियम पर विचार करके प्राप्त किया जा सकता है।

गतिक समानता नियम से,

$$\frac{Q}{D^3 N} = \text{नियतांक} \tag{5.101}$$

गतिशील समानता नियम से,

$$\frac{H}{D^2 N^2} = \text{नियतांक} \tag{5.102}$$

समीकरण 5.101 का वर्ग करने पर, हमें मिलता है

$$\frac{Q^2}{D^6 N^2} = \text{नियतांक} \tag{5.103}$$

(समीकरण 5.102)^3, हम प्राप्त करते है

$$\frac{H^3}{D^6 N^6} = \text{नियतांक} \tag{5.104}$$

समीकरण 5.101 द्वारा समीकरण 5.104 को विभाजित करने पर, हम प्राप्त करते हैं

$$\frac{Q^2}{D^6N^2} \times \frac{D^6N^6}{H^3} = \text{नियतांक} \quad (5.105)$$

$$\frac{Q^2N^4}{H^3} = \text{नियतांक}$$

$$\frac{N\sqrt{Q}}{H^{3/4}} = \text{नियतांक} \quad (5.106)$$

$$Q \propto \frac{P}{H} \quad (5.107)$$

Q के मान को समीकरण 5.106 प्रतिस्थापित करने पर, हमें मिलता है।

$$\text{विशिष्ट गति, } N_s = = \frac{N\sqrt{P}}{H^{5/4}} \quad (5.108)$$

उदाहरण 5.12 एक प्रोपेलर टरबाइन 4.5 m शीर्ष के नीचे 950 kW विकसित करता है। टरबाइन का एक ज्यामितीय रूप से समान मॉडल, 1m व्यास 100 rpm पर चलने पर 22 kW विकसित करता है 2 m शीर्ष के नीचे। वास्तविक टरबाइन की गति, व्यास और विशिष्ट गति का निर्धारण करें।

समाधान

दिए गए आंकडें:

मॉडल टरबाइन	वास्तविक टरबाइन
P_m = 22 kW	P_p = 950 kW
H_m = 2 m	H_p= 4.5 m
N_m = 100 r.p.m	N_p = ?
D_m = 1m	D_p = ?
	$(N_s)_p$ =?

गति, $(N_s)_p = (N_s)_m$

$$\frac{N_p\sqrt{P_p}}{{H_p}^{5/4}} = \frac{N_m\sqrt{P_m}}{{H_m}^{5/4}}$$

$$\frac{N_p\sqrt{950}}{4.5^{5/4}} = \frac{100\sqrt{22}}{2^{5/4}}$$

Np = 41.93 r.p.m. **उत्तर**

व्यास,

व्यास की गणना गतिशील समानता के आधार पर की जा सकती है।

$$\frac{H_m}{D_m^2 N_m^2} = \frac{H_p}{D_p^2 N_p^2}$$

$$\frac{2}{1^2 \times 100^2} = \frac{4.5}{D_p^2 \times 41.93^2}$$

$D_p = 3.57$ m. **उत्तर**

विशिष्ट गति,

$$(N_s)_p = \frac{N_p\sqrt{P_p}}{{H_p}^{5/4}}$$

$$= \frac{41.93 \times \sqrt{950}}{4.5^{5/4}}$$

= 197.183. **उत्तर**

5.9 यूनिट मात्राएं (Unit Quantities)

सामान्यतः, पांच चर मापदंड होते हैं-जल टर्बाइनों के प्रदर्शन का अध्ययन करते समय शीर्ष (H), निर्वहन (Q), गति (N), शक्ति (P), और कार्यक्षमता (P) को ध्यान में रखा जाता है। जल टर्बाइनों के प्रदर्शन पर चर्चा करने के लिए इकाई मात्रा के रूप में निर्वहन, गति और शक्ति मापदंडों का प्रतिनिधित्व अच्छा माना जाता है। इसलिए, इन मापदंडों को इकाई मात्राओं में परिवर्तित करने के लिए नीचे दिए गए चरणों का अनुसरण करना आवश्यक है:

यूनिट निर्वहन (Q_u):

क्योंकि निर्वहन रनर (D^2) के वर्ग और प्रवाह वेग (v_f) के आनुपातिक होता है, इसलिए यूनिट निर्वहन (Q_u) के रूप में व्यक्त किया जा सकता है।

$$\frac{Q_1}{Q_2} = \sqrt{\frac{H_1}{H_2}} \tag{5.109}$$

यदि H_1, एक है, तो यूनिट निर्वहन के लिए अंततः व्यक्त किया जाता है;

$$Q_u = \frac{Q}{\sqrt{H}} \tag{5.110}$$

यूनिट गति (N_u):

उपरोक्त चर्चा की गई अवधारणा के आधार पर, शीर्ष (H) और गति (N) के बीच के संबंध को इस रूप में व्यक्त किया जा सकता है;

$$\frac{H_1}{N_1^2} = \frac{H_2}{N_2^2} \tag{5.111}$$

यदि H_1, एक है, तो यूनिट गति के लिए अंततः व्यक्त किया जाता है;

$$N_u = \frac{N}{\sqrt{H}} \tag{5.112}$$

यूनिट शक्ति (P):

क्योंकि शक्ति निर्वहन (Q) और शीर्ष (H) के आनुपातिक होती है जैसा कि नीचे व्यक्त किया गया है;

$$P \propto H^{3/2} \tag{5.113}$$

$$\frac{P_1}{H_1^{3/2}} = \frac{P_2}{H_2^{3/2}} \tag{5.114}$$

यदि H_1, एक है, तो यूनिट शक्ति के लिए अंततः व्यक्त किया जाता है;

$$P_u = \frac{P}{H^{3/2}} \tag{5.115}$$

उदाहरण 5.13 200 rpm की गति से 6 m के शीर्ष पर काम कर रहें एक फ्रांसिस टरबाइन 1.6 m^3/s जल के प्रवाह दर पर 74 kW का उत्पादन किया है। रनर का व्यास 1.2 m है। यदि इस टरबाइन का शीर्ष को 17 m तक बढ़ा दिया जाए, तो इसकी नई गति, निर्वहन और शक्ति निर्धारित का निर्धारण करें।

समाधान

$$N_1 = \frac{N\sqrt{H_1}}{\sqrt{H}}$$

$$= \frac{200 \times \sqrt{17}}{6} = 137.43 \text{ r.p.m.}$$ **उत्तर**

$$Q_1 = \frac{Q_1\sqrt{H_1}}{\sqrt{H}}$$

$$= \frac{1.6 \times \sqrt{17}}{\sqrt{6}} = 2.693\ m^3/s \text{ उत्तर}$$

$$P_1 = \frac{P H_1^{3/2}}{H^{3/2}}$$

$$= \frac{74 \times 17^{3/2}}{6^{3/2}}$$

$$= 352.92 \text{ kW. उत्तर}$$

5.10 जल टर्बाइनों के लिए प्रदर्शन वक्र (Performance Curves for Water Turbines)

विभिन्न जल टर्बाइनों की विशेषताओं को जानने के लिए चर स्थितियों में उनके व्यवहार (प्रदर्शन) को जानना चाहिए। जल टरबाइन के प्रदर्शन का प्रतिनिधित्व करने वाले वक्रों को प्रदर्शन वक्रों के रूप में जाना जाता है। इन वक्रों को खींचने के लिए जिन मापदंडों पर विचार किया जाता है, वे हैं (i) शीर्ष (H), (ii) निर्वहन (Q), (iii), गति (N), (iv) शक्ति (P), (v) कार्यक्षमता (η) और (vi) प्रवाह नियंत्रण तंत्र (गेट खोलने) की स्थिति। पहले तीन मापदंडों (i से iii) को स्वतंत्र मापदंडों में माना जाता है। इसके अतिरिक्त, जैसा कि अनुभाग 5.9 में चर्चा की गई है कि यूनिट मात्राओं के संदर्भ में प्रदर्शन मापदंडों का प्रतिनिधित्व करना अपेक्षाकृत बेहतर है। तदनुसार, उपरोक्त मापदंडों के आधार पर जल टर्बाइनों की पूर्ण विशेषताओं को निम्नलिखित वक्रों के साथ प्रस्तुत किया गया है;

5.10.1 मुख्य विशेषता वक्र(Main Characteristic Curves)

इन वक्रों को खींचने के लिए शीर्ष (H) को स्थिर रखा जाता है और दूसरे मापदंड के संबंध में एक मापदंड की भिन्नता पर विचार किया जाता है। उदाहरण के लिए, चित्र 5.28.में विभिन्न जल टर्बाइनों के लिए गति (N) के आधार पर निर्वहन (Q), शक्ति (P) और कार्यक्षमता (η) में परिवर्तन दिखाता है।

यह चित्र में देखा जा सकता है कि पेल्टन टरबाइन द्वारा अवशोषित निर्वहन (Q) गति (N) के सम्बंध में स्थिर रहता है। जबकि फ्रांसिस टरबाइन के लिए, निर्वहन (Q) कम हो जाता है, लेकिन कपलान टरबाइन के लिये यह दिए गए मान पर द्वार(gate) खोलने के लिए बढ़ जाता है। किसी दिए गए गेट खोलने (G.O.) के लिए शक्ति (P) और कार्यक्षमता (η) से संबंधित गति (N) की प्रवृत्ति सभी जल टर्बाइनों के लिए समान रहती है।

मूल रूप से, ये वक्र जल टर्बाइनों के अभिकल्प(design) चरण के दौरान अभिकल्पकों के लिए उपयोगी होते हैं।

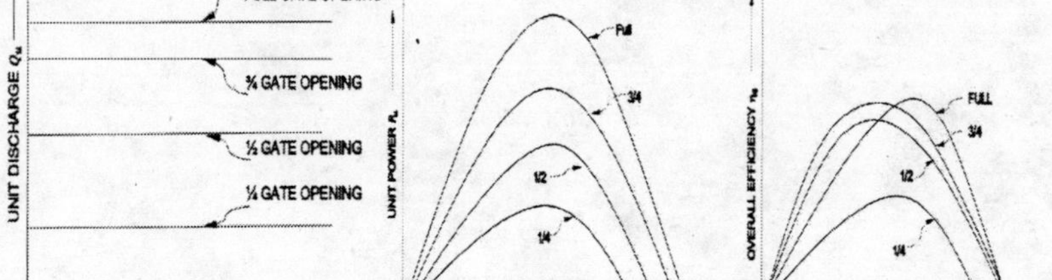

(a)

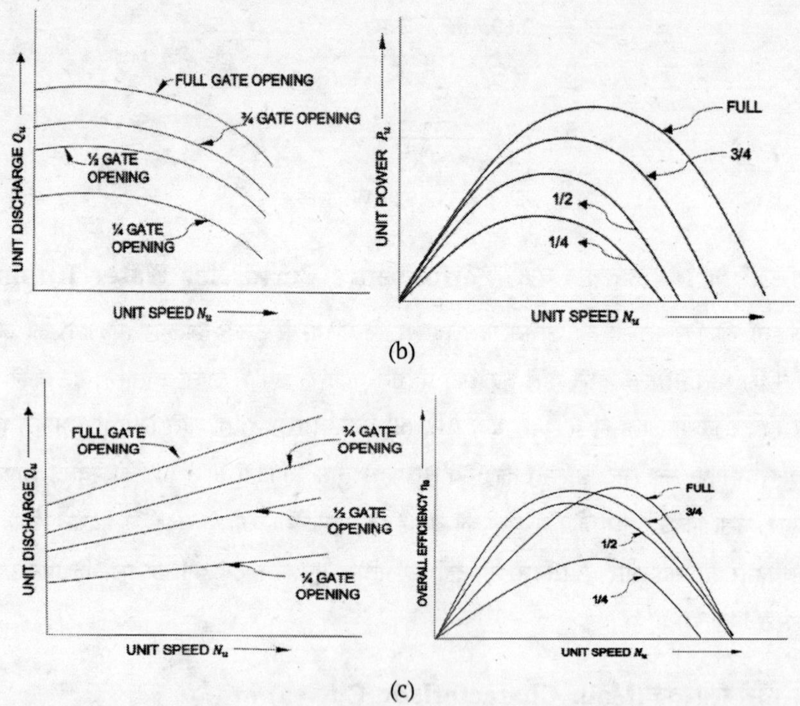

चित्र 5.28: (a) पेल्टन टरबाइन (b) फ्रांसिस टरबाइन (c) कपलान टरबाइन के लिए मुख्य विशेषताएं वक्र

5.10.2 परिचालन विशेषता वक्र (Operating Characteristic Curves)

परिचालन विशेषता वक्र जलविद्युत ऊर्जा संयंत्र डेवलपर्स(developers) या संचालकों के लिए उपयोगी होते हैं। एक कार्यशील जलविद्युत संयंत्र में, डेवलपर्स/संचालकों को विभिन्न जल टर्बाइन परिचालन स्थितियों के तहत जल प्रवाह में भिन्नता से संबंधित टरबाइन कार्यक्षमता का अवलोकन करने की आवश्यकता होती है। वास्तव में, जल टरबाइन प्रचालन स्थितियाँ जनरेटर(generator) को चलाने और जलविद्युत संयंत्र में विभिन्न भार स्थितियों में आवृत्ति को बनाए रखने के लिए टरबाइन को स्थिर गति से चलाने के लिए होती हैं। इसलिए, स्थिर गति बनाए रखने के लिए टरबाइन पर विभिन्न भारों के अनुरूप निर्वहन भिन्न होता है। इस अवधारणा के साथ, स्थिर गति के लिए परिचालन विशेषताओं को कार्यक्षमता (η) बनाम निर्वहन (Q) के बीच परिचालन वक्र दिए गए शीर्ष (H) के अनुरूप खीचें जाते है जैसा कि चित्र 5.29 में दिखाया गया है।

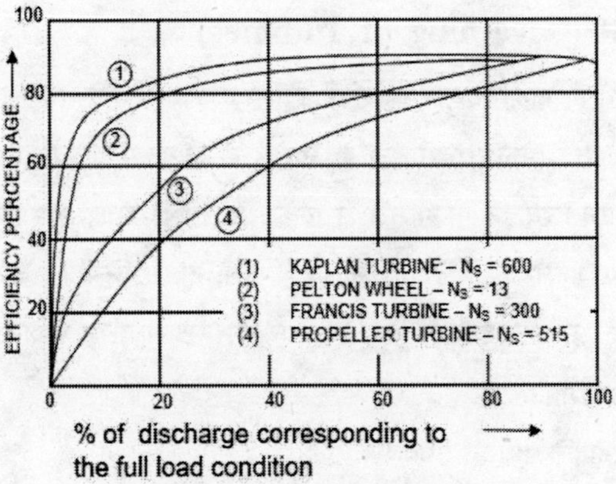

चित्र 5.29: परिचालन विशेषता वक्र

5.10.3 स्थिर कार्यक्षमता वक्र (Constant Efficiency Curves)

चित्र 5.30 में दर्शाए अनुसार स्थिर कार्यक्षमता वक्रों को पहाड़ी वक्र, सम-कार्यक्षमता या मस्केल(Muschel) वक्र के रूप में भी जाना जाता है। ये वक्र प्रायः वाणिज्यिक उद्देश्यों के लिए उपयोग किए जाते हैं क्योंकि कभी-कभी आपूर्तिकर्ता द्वारा दी गई गारंटीकृत कार्यक्षमता को वास्तविक क्षेत्र की स्थितियों के तहत जलविद्युत संयंत्र के डेवलपर्स द्वारा सत्यापित किया जा सकता है। शीर्ष और निर्वहन स्थितियाँ जिसके तहत आपूर्तिकर्ता द्वारा गारंटीकृत कार्यक्षमता हासिल की जा सकती है,टरबाइन स्थापना के बाद वास्तविक क्षेत्र की स्थितियों के तहत भिन्न हो सकती है। इन वक्रों का उपयोग वास्तविक क्षेत्र स्थितियों के तहत प्राप्त कार्यक्षमता को सत्यापित करने के लिए किया जा सकता है, जिन पर दोनों पक्षों अर्थात, डेवलपर(developer) और आपूर्तिकर्ता द्वारा सहमति व्यक्त की जानी होती है।

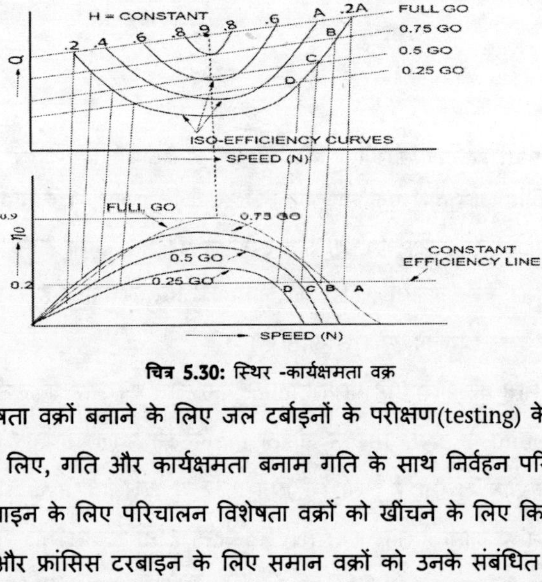

चित्र 5.30: स्थिर -कार्यक्षमता वक्र

मूल रूप से, ये वक्र मुख्य विशेषता वक्रों बनाने के लिए जल टर्बाइनों के परीक्षण(testing) के दौरान एकत्र किए गए आंकड़ो से उत्पन्न होते हैं। उदाहरण के लिए, गति और कार्यक्षमता बनाम गति के साथ निर्वहन परिवर्तन को खींचने के लिए प्राप्त आंकडें का उपयोग कपलान टरबाइन के लिए परिचालन विशेषता वक्रों को खींचने के लिए किया जाता है जैसा कि चित्र 5.28 (c) में दिखाया गया है।पेल्टन और फ्रांसिस टरबाइन के लिए समान वक्रों को उनके संबंधित मुख्य विशेषता वक्रों पर विचार करके खींचा जा सकता है जैसा कि चित्रों क्रमशः 5.28(a) और 5.28(b) में दिखाया गया है।

5.11 टरबाइनों का संचालन (Governing of Turbines)

जल टर्बाइनों के संचालन का अर्थ है, जलविद्युत संयंत्रों में विभिन्न भार स्थितियों में टर्बाइनों को स्थिर गति से चलाना है। पारंपरिक रूप से, प्रवाह नियंत्रण तंत्र (पेल्टन टरबाइन के मामले में नियंत्रण वाल्व(valve), फ्रांसिस टरबाइन के लिए गाइड वेन्स(guide vanes), और कपलान टरबाइन के मामले में विकेट (wicket) द्वार और रनर ब्लेड(runner blade)) को भिन्न निर्वहन को अलग करने के लिए गवर्नर (governor) नामक प्रणाली द्वारा नियंत्रित करके होता है।

चित्र 5.31. एक जलविद्युत संयंत्र में जल टर्बाइनों के लिए एक विशिष्ट संचालन प्रणाली का योजनाबद्ध आरेख दिखाता है। इसमें निम्नलिखित मुख्य घटक समाविष्ट हैं ;

(i) टरबाइन की गति / जनित्र आवृत्ति संवेदन उपकरण

(ii) सर्वो मोटर(servo motors)

(iii) दाबित तेल प्रणाली

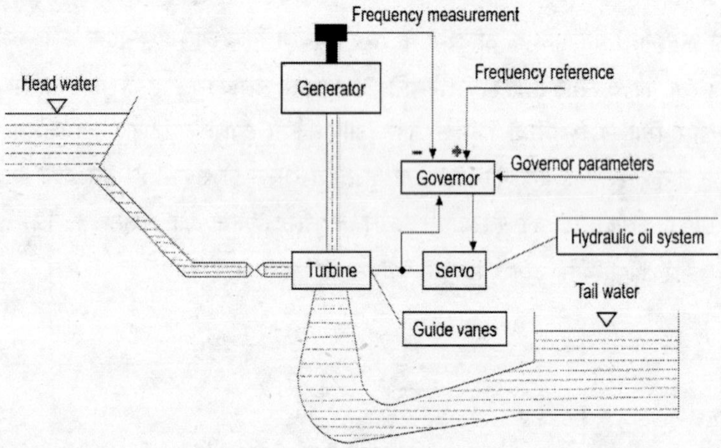

चित्र 5.31: जल टरबाईनों के लिए संचालन प्रणाली को दिखाने के लिए योजनाबद्ध आरेख

जलविद्युत संयंत्र में उपयोग किए जाने वाले एक साधारण तेल दबाव नियामक की कार्यप्रणाली को चित्र 5.32.में दिखाए गए योजनाबद्ध आरेख के संबंध में वर्णित किया गया है। जब टरबाइन पर भार बढ़ता है तो गति निर्धारित निर्वहन के अनुरूप कम हो जाती है, जिससे गवर्नर फ्लाईबॉल(flyballs) को नीचे की ओर ले जाता है (1) जिसके परिणामस्वरूप फ्लोटिंग लीवर(floating lever) (2) के दूसरे छोर को ऊपर ले जाता है।

लीवर(lever) के सिरे की यह नीचे की ओर गति पायलट(pilot) को नीचे की ओर धकेलती है जो दबावयुक्त तेल पाइप को सर्वो मोटर (3) के पिस्टन(piston) के ऊपरी सिरे से जोड़ेती है। पिस्टन प्रवाह नियंत्रण तंत्र से जुड़ा होता है जो तदनुसार पिस्टन रॉड(rod) की गति के साथ खुलता है जैसा कि चित्र 5.32 में खुले द्वारों(gates) को इंगित किया गया है। यदि मशीन(machine) पर भार कम हो जाता है और गति (N) बढ़ जाती है तो उत्क्रम मोड में समान प्रक्रम में किया जाता है। जैसा कि चित्र में दिखाया गया है, टरबाइन के निर्धारित भार और निर्धारित गति (N) के लिए द्वार(gate) खोलने (4) के संबंध में स्थिति लीवर को समायोजित करने के लिए एक तेल अवशोषक का उपयोग किया जाता है।

SCAN ME

For better understanding governing of turbine

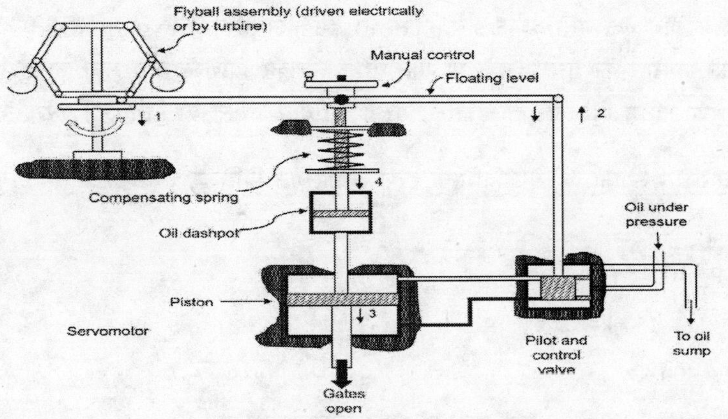

चित्र 5.32. तेल दबाव नियंत्रण प्रणाली

5.12 टर्बाइनों का चयन (Selection of Turbines)

एक अंगूठे नियम के रूप में, पेल्टन(Pelton) टर्बाइनों का उपयोग उच्च शीर्षों (मान लें H > 300 m) के लिए, किया जाता है, और कपलान(Kaplan) टरबाइन के एक या दूसरे संस्करण का उपयोग निम्न शीर्ष (H < 25 m) के लिए किया जाता है। इन दोनों टर्बाइनों के बीच अंतर में और एक तरफ पेल्टन और दूसरी तरफ कपलान के साथ ओवरलैपिंग(over lapping) में फ्रांसिस(Francis) टर्बाइनों का व्यापक रूप से उपयोग किया जाता है।

वैज्ञानिक रूप से, जल टर्बाइनों का चयन समीकरण 5.116. द्वारा व्यक्त विशिष्ट गति (N_s) के आधार पर किया जाता है।

$$\text{विशिष्ट गति } (Ns) = \frac{N\sqrt{P}}{H^{5/4}} \tag{5.116}$$

विशिष्ट गति को मीट्रिक(metric) यूनिट में मापा जाता है, जहाँ N, rpm में गति है, P, kW में टरबाइन क्षमता है और H, m में शीर्ष है। विभिन्न टर्बाइनों के लिए विशिष्ट गति की सीमा तालिका 5.6 में दी गई है।

तालिका 5.6: विभिन्न जल टर्बाइनों के लिए विशिष्ट गति की सीमा

टर्बाइनों के प्रकार	विशिष्ट गति (N_s)
पेल्टन	12–35 सिंगल जेट के लिए 35-85 मल्टी जेट के लिए
फ्रांसिस	80 – 400
प्रोपेलर और कपलान	340 – 1000

तालिका से देखा जा सकता है कि विशिष्ट गति का अधिकतम मान 1000 है। इसलिए 1000 से अधिक विशिष्ट गति वाले जल टरबाइन का निर्माण संभव नहीं है। यह सिफारिश की जाती है कि दिए गए आंकडें के लिए विशिष्ट गति की गणना करते समय इसका मान 1000 से कम होना चाहिए। किसी दिए गए जलविद्युत संयंत्र की क्षमता के लिए टर्बाइन की गति और इकाइयों की संख्या मानकर विशिष्ट गति के चयन के संबंध में कुछ लचीलापन है। यदि ओवरलैपिंग(over lapping) विशिष्ट गति सीमाओ के कारण किसी दिए गए स्थान के लिए दो अलग-अलग मशीनों के उपयुक्त होने की स्थिति में,

कम विशिष्ट ऊर्जा लागत के टरबाइन को चुना जाना चाहिए। यदि विशिष्ट गति को आवश्यक सीमा में बनाए रखने के लिए कम गति वाले टरबाइन का चयन किया जाता है, तो जनरेटर (generator) की उपलब्ध गति को समायोजित करने के लिए टरबाइन और जनरेटर के बीच एक गति वर्धक डाला जाता है। इसके अतिरिक्त, उच्च शक्ति, निम्न शीर्ष वाले जलविद्युत संयंत्र में,यदि कम गति जनरेटर का चयन करके या गति वर्धक लगाकर विशिष्ट गति मान को 1000 से कम रखना संभव नहीं है, तो अपनाया गया अंतिम विकल्प इकाइयों की संख्या की कुल क्षमता को विभाजित करना है।

उदाहरण 5.14 निम्नलिखित स्थानों के लिए विभिन्न शीर्षों के अंतर्गत विभिन्न क्षमताओं वाली उपयुक्त टर्बाइनों का चयन करें।

(i) H = 38 m पर P= 100 kW

(ii) H = 150 m पर P = 150 kW और

(iii) H = 3 m पर P= 400 kW

यदि संभव हो तो टर्बाइन को 1500 rpm वाले जनरेटर से जोड़ा जाना चाहिए।

समाधान

H = 38 m पर P= 100 kW

विशिष्ट गति,

$$N_s = \frac{1500\sqrt{100}}{38^{5/4}}$$

N_s = 158.9.

इसलिए, फ्रांसिस(Francis) टरबाइन उपयुक्त है। **उत्तर**

H = 150 m पर P= 150 kW

विशिष्ट गति,

$$N_s = \frac{1500\sqrt{150}}{150^{5/4}}$$

$N_s = 35$.

इसलिए, एकल जेट पेल्टन(Pelton) टरबाइन उपयुक्त है। **उत्तर**

H = 3 m पर P= 400 kW

विशिष्ट गति,

$$N_s = \frac{1500\sqrt{400}}{3^{5/4}}$$

$N_s = 7598$, जो 1000 की विशिष्ट गति सीमा से बहुत अधिक है।

ऐसे मामले में, एकमात्र विकल्प एक विशेष रूप से अभिकल्पित और यूनिटों की संख्या में तदनुसार वृद्धि के साथ कम गति से चलने वाला जनरेटर है, इस मामले में जनरेटर के लिए 4 यूनिटों के साथ 300 rpm का एक व्यावहारिक समाधान प्रस्तावित है। फिर, इन चयनित मापदंडों के लिए विशिष्ट गति निम्नानुसार निर्धारित किए जाते हैं:

$$N_s = \frac{300\sqrt{\frac{400}{4}}}{3^{5/4}}$$

$N_s = 760$

इसलिए, कपलान(Kaplan) टरबाइन उपयुक्त है। **उत्तर**

उदाहरण 5.15 12.8 m शीर्ष का उपयोग करके 67cumec की प्रवाह दर वाली नदी पर एक शक्ति संयंत्र बनाया जाना है। विद्युत कंपनी द्वारा गति 167 rpm निर्धारित की जाती है। टरबाइन की कार्यक्षमता 90% है। यह आगे देखा गया है कि 342 की विशिष्ट गति एक जल संयंत्र के लिए सर्वोत्तम होगी। टरबाइन का चयन किया जाना बाकी है। ज्ञात कीजिए (i) टर्बाइन का प्रकार (ii) आवश्यक टर्बाइनों की संख्या।

समाधान

दिए गए आंकड़ें

$Q = 67\ m^3/sec$, $H = 12.8\ m$, $N = 167\ rpm$, $\eta = 90\ \%$

जलविद्युत ऊर्जा संयंत्रों के लिए सर्वोत्तम(N_s) = 342

कार्यक्षमता, $\eta = \frac{P}{\rho g Q H}$

शक्ति, $P = \eta \times \rho g Q H$

$$P = 0.9 \times 10^3 \times 9.81 \times 67 \times 12.8$$

$$P = 7571.75\ kW$$

विशिष्ट गति, $N_s = \frac{N\sqrt{P}}{H^{5/4}}$

$$N_s = \frac{167\sqrt{7571.75}}{(12.8)^{5/4}}$$

$N_s = 600$ (342 के साथ मेल नही खाता)

अब, टर्बाइनों की संख्या चुनें = 2

$$N_s = \frac{167\sqrt{(7571.75)/2}}{(12.8)^{5/4}} = 424.2 \neq 342$$

अब, टर्बाइनों की संख्या चुनें = 3

$$N_s = \frac{167\sqrt{(7571.75)/3}}{(12.8)^{5/4}} = 346.5 \neq 342$$

(i) टरबाइन प्रकार = फ्रांसिस टरबाइन ($N_s = 80\ to\ 400$). **उत्तर**

(ii) टर्बाइनों की संख्या= 3 **उत्तर**

यूनिट सारांश (Unit Summary)

- ***जल टरबाईनों का कार्य नियम(Working principle of water turbines)***

  न्यूटन के दूसरे नियम के अनुसार

  गतिशील बल = संवेग परिवर्तन की दर

  $F = m.\frac{dv}{dt}$

  लगाया गया बल:

  स्थिर समतल प्लेट, , $F = \rho a v^2$

  झुकी हुई समतल प्लेट, $F_x = F\sin\theta$

  $= \rho a v^2 \sin^2\theta$

गतिमान समतल प्लेट, $F = \rho a(v-u)^2$

जेट द्वारा किया गया कार्य,

प्लेट पर, $F = \rho.a(v-u)^2.u$

समतल प्लेट की श्रृंखला, $W = F.u = \rho\, a\, v\,(v-u)u$

x दिशा में स्थिर वक्रित प्लेट पर:

$$F_x = \rho.a\,v_1\,(v_1\cos\alpha_1 - v_2\cos\alpha_2)$$

गतिमान वक्रित प्लेट पर;

$$W = \rho a(v_1-u)(v_1\cos\alpha_1 - v_2\cos\alpha_2)$$

- ***शीर्ष और कार्यक्षमता (Head and Efficiencies)***

शुद्ध शीर्ष, $H_{शुद्ध} = H_{सकल} - h_l$

द्रवचालित कार्यक्षमता, $\eta_h = \frac{\text{रनर द्वारा उत्पादित शक्ति}}{\rho g Q H}$

- ***पेल्टन टरबाइन(Pelton turbine)***

उच्च शीर्ष और कम निर्वहन के लिए उपयुक्त

रनर का व्यास, $D = \frac{38.9\sqrt{H}}{N}$

जेट वेग, $v_{जेट} = K_v\sqrt{2gH}$

रनर वेग, $u = \frac{\pi DN}{60}$

बकेट की चौड़ाई, $B = (2.8-3.2)d$

बकेट की ऊंचाई, $H = (2.2-2.8)d$

बकेट की गहराई, $T = (0.6-0.9)d$

बकेट की संख्या, $Z = 0.5\,m + 15$

जेट की गतिज उर्जा = $\frac{1}{2}\rho a v_1^3$

द्रवचालित कार्यक्षमता (η_h):

$$\eta_H = \frac{2(v_1-u)[1+\cos\varphi]u}{v_1^2}$$

अधिकतम कार्यक्षमता के लिए

$$u = v_1/2$$

n_j नोजल के माध्यम से जेट का निर्वहन:

$$q = \frac{\pi}{4}d_j^2 \times K_v(\sqrt{2gH}) \qquad \left(q = \frac{Q}{n_j}\right)$$

जेट का व्यास, $d = \frac{0.54\sqrt{\frac{Q}{n_j}}}{H^{\frac{1}{4}}}$

आवरण का अभिकल्प:

चौड़ाई = $(12-18)d$

ऊपरी आवरण पर चौड़ाई = $(4-5)d$

आवरण की ऊंचाई = $(2-3)D = (24-36)d$

- ***फ्रांसिस टरबाइन (Francis turbine)***

मध्यम शीर्ष और मध्यम निर्वहन के लिए उपयुक्त

स्प्राउटिंग वेग, $v = \sqrt{2gH}$

आवरण के विभिन्न खंडों पर निर्वहन

$$Q_\theta = Q\,\frac{\theta}{2\pi}$$

प्रवाह अनुपात, $\psi = \frac{v_f}{\sqrt{2gH}}$

गति अनुपात, $K_u = \frac{u}{\sqrt{2gH}}$

रनर निर्गम व्यास, $D_o = \frac{60}{\pi N} K_u \sqrt{2gH}$

रनर प्रवेशिका व्यास, $D_i = D_o/2$

रनर वेन की संख्या, $Z_1 = Z + 1$

रनर की चौड़ाई ब्लेड की मोटाई को ध्यान में रखते हुए

$Q = (\pi D - Z_1 t)Bv_f$

ड्राफ्ट नलिका की कार्यक्षमता

$$\eta_d = \frac{\left[\frac{v_2^2 - v_3^2}{2g}\right] - h_f}{\frac{v_2^2}{2g}}$$

ड्राफ्ट नलिका का अभिकल्प:

ड्राफ्ट नलिका के प्रवेशिका पर व्यास(D_{di}) = रनर के निर्गम पर व्यास (D_o)

अर्धशंकु कोण = 4 से 8°

ड्राफ्ट नलिका की लंबाई $L_D = D_2(5 - \frac{N_s}{200})$

ड्राफ्ट नलिका की गहराई $H = D_2(3.4 - \frac{N_s}{400})$

- ***कपलान टरबाइन (Kaplan turbine)***

कम शीर्ष और उच्च निर्वहन के लिए उपयुक्त

ड्राफ्ट नलिका की कार्यक्षमता $\eta_d = \frac{\left[\frac{v_2^2 - v_3^2}{2g}\right] - h_f}{\frac{v_2^2}{2g}}$

गति अनुपात, $K_u = \frac{u}{\sqrt{2gH}}$

प्रवाह अनुपात, $\psi = \frac{v_f}{\sqrt{2gH}}$

रनर का व्यास, $D_r^2 = \frac{4Q}{\pi v_f [1 - k^2]}$ जहां, $k = \frac{D_h}{D_r}$

कपलान टरबाइन की कार्यक्षमता

$$\eta = \frac{(v_{u1} + v_{u2})u}{gH}$$

विकेट द्वार का अभिकल्प:

व्यास, $D_o = D_r \times K_{u1}$

चौड़ाई, $B = 0.4\, D_r$

आवरण का अभिकल्प:

$$v = 0.05 - 0.01\sqrt{2gH}$$

$$Q = 2.5D \times h \times v$$

$$h = \frac{Q}{2.5D \times 0.075\sqrt{2gH}}$$

- ***समानता का नियम (Similarity Law)***

ज्यामितीय समानता, $\left(\frac{B}{D_1}\right)_m = \left(\frac{B}{D_1}\right)_p$ = नियतांक

गतिक समानता, $\left(\frac{v_f}{u}\right)_m = \left(\frac{v_f}{u}\right)_p$ = नियतांक

गतिशील समानता, $\frac{H_m}{D_m^2 N_m^2} = \frac{H_p}{D_p^2 N_p^2}$ = नियतांक

विशिष्ट गति, $\frac{N\sqrt{P}}{H^{5/4}}$

- ***यूनिट मात्राएँ (Unit Quantities)***

यूनिट निर्वहन, $Q_u = \frac{Q}{\sqrt{H}}$

यूनिट गति, $N_u = \frac{N}{\sqrt{H}}$

यूनिट शक्ति, $P_u = \frac{P}{H^{3/2}}$

- ***जल टरबाईनों के लिए प्रदर्शन वक्र(Performance curves for water turbines)***

मुख्य विशेषता वक्र:

शीर्ष (H) को स्थिर रखा जाता है और दूसरे मापदंड से संबंधित एक मापदंड के परिवर्तन पर विचार किया जाता है।

जल टर्बाइनों के अभिकल्प चरण के दौरान अभिकल्पकों के लिए उपयोगी।

परिचालन विशेषता वक्र :

टरबाइन के ऊपर विभिन्न भारों के अनुरूप निर्वहन को बदलकर गति को स्थिर बनाए रखता है।

यह जलविद्युत संयंत्र अभिकल्पकों या संचालकों को प्रवाह परिवर्तन से संबंधित विभिन्न परिचालन स्थितियों में टरबाइन कार्यक्षमता का अवलोकन करने में मदद करता है।

स्थिर कार्यक्षमता वक्र:

ये वक्र जल टर्बाइनों के परीक्षण के दौरान उत्पन्न आंकड़ों से तैयार किए गए हैं।

इन वक्रों का उपयोग वास्तविक स्थान स्थितियों के तहत प्राप्त दक्षता को सत्यापित किया जा सकता है।

- ***टरबाईन का चयन (Selection of turbines)***

टर्बाइनों के प्रकार	**विशिष्ट गति (N_s)**
पेल्टन	12–35 एकल जेट के लिए 35-85 मल्टी जेट के लिए
फ्रांसिस	80 – 400
प्रोपेलर और कपलान	340 – 1000

अभ्यास (Exercise)

बहु विकल्पीय प्रश्न (Multiple Choice Question)

5.1 जल टरबाइन रूपांतरण के लिए उपयोग किया जाने वाला प्रमुख चालक है

(a) विद्युत शक्ति को यांत्रिक शक्ति में (b) यांत्रिक शक्ति को विद्युत शक्ति में

(c) यांत्रिक शक्ति के लिए जलीय क्षमता। (d) (b) और (c)

5.2 जल टर्बाइनों का कार्य सिद्धांत आधारित है

(a) न्यूटन की गति का तीसरा नियम (b) आवेग-संवेग समीकरण

(c) बर्नौली समीकरण (d) (b) और (c)

5.3 एक साधारण टरबाइन के लिए अधिकतम संभव कार्यक्षमता जहाँ जेट एक पहिया के परिधि पर लगे हुए समतल प्लेटों से टकराता है।

(a) 30% (b) 90% (c) 50% (d) 75%

5.4 आवेग टरबाइन की अधिकतम कार्यक्षमता प्राप्त करने के लिए परिधीय वेग और जेट वेग का अनुपात है

(a) 0.25 (b) 1 (c) 0.5 (d) 0.75

5.5 पेल्टन टरबाइन में आवरण का कार्य है -

(a) स्थितिज उर्जा को गतिज ऊर्जा में परिवर्तित करना (b) पानी के छींटों को रोकने के लिए लिए (c) ऑपरेटर को सुरक्षित गार्ड प्रदान करने के लिए (d) (b) और (c)

5.6 फ्रांसिस टरबाइन के लिए गति अनुपात सीमा है:

(a) 0.46 से 0.60 (b) 0.60 से 0.90 (c) 0.90 से 2.0 (d) 2.0 से 5.0

5.7 प्रतिक्रिया टरबाइन के लिए प्रवाह अनुपात को निम्न प्रकार परिभाषित किया गया है:

(a) परिधीय वेग से जेट वेग (b) जेट वेग से परिधीय वेग

(c) प्रवाह वेग से स्पाउटिंग वेग (d) स्पाउटिंग वेग से प्रवाह वेग

5.8 ड्राफ्ट नलिका के कार्य हैं -

(a) टेलरेस जल स्तर से उच्च स्तर पर प्रतिक्रिया टरबाइन स्थापना की सुविधा के लिए

(b) टेलरेस जल स्तर से उच्च स्तर पर आवेग टरबाइन की स्थापना की सुविधा के लिए

(c) रनर के बाहर निकलने पर अपशिष्ट के रूप में जाने वाली ऊर्जा के लिए एक ऊर्जा पुनर्भरणकर्ता के रूप में कार्य करने के लिए

(d) (a) और (c)

5.9 कपलान टरबाइन में

(a) ब्लेड स्थिर होते हैं।

(b) विकेट के द्वार निश्चित हैं।

(c) ब्लेड स्थिर होते हैं और विकेट द्वार समायोज्य होते हैं।

(d) ब्लेड और विकेट द्वार दोनों समायोज्य होते हैं।

5.10 बल्ब टरबाइन में

(a) जनरेटर जल मार्ग के बाहर लगाया जाता है।

(b) टरबाइन और जनरेटर जल मार्ग के अंदर स्थित होते हैं।

(c) (a) और (b)

d) उपरोक्त में से कोई भी नहीं

5.11 आंशिक भार कार्यक्षमता के लिए अपेक्षाकृत अच्छा है।

(a) पेल्टन टरबाइन (b) फ्रांसिस टरबाइन (c) प्रणोदक टरबाइन (d) कपलान टरबाइन

5.12 उच्च शीर्ष और कम विसर्जन वाले जलविद्युत ऊर्जा संयंत्रों के लिए उपयुक्त टरबाईन हैं।

(a) कपलान टरबाइन (b) फ्रांसिस टरबाइन (c) पेल्टन टरबाइन (d) (a) और (b)

5.13 यदि प्रोटोटाइप जल टरबाइन को उसी मॉडल(model) के आधार पर अभिकल्पित किया जाता है और मॉडल की कार्यक्षमता 90% है, तो प्रोटोटाइप की कार्यक्षमता होगी।

(a) 85% (b) 75% (c) 90% (d) 60%

5.14 जल टरबाइन की विशिष्ट गति(N_s) निम्नलिखित द्वारा विनिर्दिष्ट की जाती है:

(a) $\frac{N\sqrt{P}}{H^{5/4}}$ (b) $\frac{N\sqrt{P}}{H^{3/2}}$ (c) $\frac{P\sqrt{N}}{H^{5/4}}$ (d) इनमें से कोई भी नहीं

5.15 दो जल टरबाईनों को यदि वे हैं तो समान कहा जा सकता है।

(a) ज्यामितीय समान (b) गतिक समान (c) गतिशील समान (d) उपरोक्त सभी

5.16 फ्रांसिस टरबाइन की विशिष्ट गति सीमा है

(a) 15-30 (b) 80-400 (c) 360-1000 (d) 1000 -1500

5.17 यूनिट शक्ति को इस प्रकार व्यक्त किया गया है:

(a) $P_u = \frac{P}{H}$ (b) $P_u = \frac{P}{H^{3/2}}$ (c) $P_u = \frac{P}{H^{1/2}}$ (d) $P_u = \frac{P}{H^{4/5}}$

5.18 परिचालन विशेषता वक्रों को इनके बीच खींचा जाता है।

(a) शक्ति बनाम गति (b) शीर्ष बनाम कार्यक्षमता

(c) निर्वहन बनाम कार्यक्षमता (d) उपरोक्त सभी

5.19 पारंपरिक जल विद्युत संयंत्रों में नियंत्रण के माध्यम से टर्बाइन की गति को स्थिर बनाये रखकर नियंत्रित किया जाता है

(a) भार (b) शीर्ष (c) निर्वहन (d) (b) और (c)

5.20 100 kW की क्षमता वाले जल विद्युत संयंत्र के लिए, 1m शीर्ष और 100 rpm गति के साथ उपयुक्त टरबाइन है।

(a) फ्रांसिस टरबाइन (b) कपलान टरबाइन (c) प्रणोदक टरबाइन (d) (b) और (c)

बहु विकल्प प्रश्नों के उत्तर (Answers of Multiple-Choice Questions)

5.1 (c), 5.2 (b), 5.3 (c), 5.4 (c), 5.5 (d), 5.6 (b), 5.7 (c), 5.8 (d), 5.9 (d), 5.10 (b), 5.11 (d), 5.12 (c), 5.13 (c), 5.14 (a), 5.15 (d), 5.16 (b), 5.17 (b), 5.18 (c), 5.19 (c), 5.20 (b)

लघु और दीर्घ उत्तरीय प्रश्न (Short and Long Answer Type Questions)

5.1 रनर पर जल के प्रवाह और दिशा के अनुसार जल टर्बाइनों को वर्गीकृत करें।

5.2 जल टर्बाइनों के मूल समीकरण की व्युत्पत्ति कीजिए।

5.3 जल टर्बाइन के कार्य सिद्धांत में भूमिका निभाने वाले बलों की चर्चा कीजिए।

5.4 विशिष्ट एकल जेट पेल्टन टर्बाइन के मुख्य घटकों के नाम लिखिए। सभी पेल्टन टर्बाइन के रनर का रेखाचित्र बनाएं और पेल्टन टर्बाइन बकेट के आकार की चर्चा तीन दृश्यों में रेखाचित्र की सहायता से करें।

5.5 'टर्बाइन के संचालन' शब्द को परिभाषित करें। स्वच्छ चित्र की सहायता से तेल दबाव गवर्नर की कार्यप्रणाली का वर्णन कीजिए।

5.6. जल टरबाईन की विशेषताएँ क्या हैं? जल टरबाईनों के विशिष्ट मामले के लिए मुख्य विशेषता वक्रों की मदद से 'सर्वोत्तम कार्यक्षमता वक्रों' को आरेखित करें? पेल्टन टर्बाइन और फ्रांसिस टर्बाइन के संबंध में कपलान टर्बाइन के लिए परिचालन विशेषताओं वक्रों पर चर्चा करें।

5.7 ड्राफ्ट नलिका केवल प्रतिक्रिया टर्बाइनों में क्यों फायदेमंद है और पेल्टन टर्बाइनों में नहीं? ड्राफ्ट नलिका दक्षता के लिए व्यंजक व्युत्पन्न कीजिए।

5.8 कपलान टर्बाइन के विभिन्न घटकों को उपयुक्त रेखाचित्र की सहायता से दर्शाइए।

5.9 जल टर्बाइनों के लिए समानता के नियम की चर्चा करें। जल टर्बाइन के लिए विशिष्ट गति को परिभाषित करें और दिखाएं कि समान परिस्थितियों में एक मॉडल और वास्तविक मशीन की विशिष्ट गति समान होनी चाहिए।

5.10 जल टरबाईनों में उपयोग किये जाने वाले शब्दों "शीर्ष और निर्वहन" और "निर्धारित शक्ति और कार्यक्षमता" को परिभाषित करें।

5.11 कपलान टर्बाइन के कार्य अनुपात पर चर्चा करें? ये फ्रांसिस टर्बाइन के कार्यकारी अनुपात से किस प्रकार भिन्न हैं?

5.12 पेल्टन टरबाइन आवरण का कार्य क्या है और द्रवचालित प्रदर्शन में इसके कार्य न होने का कारण बताएं?

5.13 सभी मुख्य घटकों को दिखाते हुए फ्रांसिस टर्बाइन के एक रेखाचित्र बनायें। ड्राफ्ट नलिका के कार्यों की विवेचना कीजिए तथा ड्राफ्ट नलिका की दक्षता के लिए व्यंजक लिखिए।

संख्यात्मक समस्याएँ (Numerical Problems)

5.14 वेग त्रिकोणों का उपयोग करते हुए 165° के विक्षेपण कोण और 15 m/s के वेग के साथ एक वक्रित वेन(vane) द्वारा विकसित शक्ति का निर्धारण करें जिसका है, जब जल का एक जेट 35 m/s के वेग से वक्रित वेन से टकराता है। 170 lps का निर्वहन माना जाता है।

5.15 निम्नलिखित आंकड़े का उपयोग करके निर्धारित करें (i) जेट संख्या (ii) जेट व्यास (iii) रनर व्यास (iv) बकेटों के आयाम और उनकी संख्या (v) पेल्टन टरबाइन के लिए विसर्जन।

पेल्टन पहिये को निम्नलिखित आंकड़े के लिए अभिकल्पित किया जाना है;

संयंत्र की क्षमता : 5 MW

शीर्ष : 250 m

टर्बाइन गति: 500 rpm

जेट अनुपात: 10

समग्र कार्यक्षमता : 0.85

5.16 60 m के शीर्ष वाले स्थान के लिए पेल्टन टरबाइन अभिकल्पित करें। टरबाइन को 200 rpm पर 100 kW शक्ति विकसित करनी है। 0.85 की समग्र कार्यक्षमता मानकर और आवश्यक पदों के लिए उपयुक्त मान मानें।

5.17 एक शक्ति हाउस 600 rpm की गति, 855 m के शीर्ष और 14500 kW की अधिकतम शक्ति के साथ पेल्टन टरबाइन से सुसज्जित है। जेट का न्यूनतम व्यास और पहिए का माध्य व्यास ज्ञात कीजिए। जेट अनुपात के मान को निर्धारित करें और सुझाव दें कि क्या यह सुरक्षित सीमा में है या नहीं? पेल्टन टरबाइन में बकेटों के आयाम और बकेटों की संख्या की भी जाँच करें। समग्र कार्यक्षमता को 85% मानें।

5.18 एक पेल्टन बकेट(bucket) पर प्रवाह के लिए वेग त्रिकोण बनाएं और उपयोग किए गए सभी पदों को परिभाषित करें। नोजल से जल एक जेट के रूप में अर्धगोलाकार कपों की एक श्रृंखला पर टकराता है और 180° से विक्षेपित होता है। यदि जल जेट का वेग 30 m/s है और कपों का वेग 12 m/s है, तो 7.5 cm के नोज़ल व्यास के साथ प्रति सेकंड जल द्वारा किया गया कार्य ज्ञात करें।

5.19 निम्नलिखित आंकड़ों के साथ पेल्टन टरबाइन अभिकल्पित करें;

जल का शीर्ष = 300 m   प्रवाह दर = 240 lps

टरबाइन की गति = 750 rpm

गणना के लिए आवश्यक स्थिरांकों और गुणांकों के मानों को मान लें।

5.20 70 m के शीर्ष पर 368.0 kW की शक्ति संयंत्र क्षमता वाला एक स्थान। फ्रांसिस टरबाइन से संबंधित निम्नलिखित मापदंड़ो को निर्धारित करें (i) रनर व्यास (ii) रनर चौड़ाई और (iii) विसर्जन। गणनाओं के लिए 750 rpm की टर्बाइन गति, 0.1 की चौड़ाई-व्यास अनुपात, 0.15 का प्रवाह अनुपात और 95% की कार्यक्षमता का उपयोग करें।

5.21 फ्रांसिस टर्बाइन के एक प्रोटोटाइप(prototype) के लिए गति और शक्ति का निर्धारण करें, यदि मॉडल का प्रोटोटाइप अनुपात 1:5 है। मॉडल की क्षमता 1.90 m के दिए गए शीर्ष के साथ 300 rpm की गति पर 3 kW है। प्रोटोटाइप की क्षमता और गति क्या होगी? गणना में प्रोटोटाइप के लिए शीर्ष 6 m मानते हु ए, मॉडल(model) और प्रोटोटाइप के लिए दक्षता 76% के समान है।

5.22 निम्नलिखित आंकड़े एक फ्रांसिस टर्बाइन के लिए दिए गए हैं। शुद्ध शीर्ष, H = 60 m; गति, N = 700 rpm; निर्गम शक्ति, P = 295 kW; समग्र कार्यक्षमता = 84%; प्रवाह अनुपात = 0.20; चौड़ाई अनुपात = 0.1; रनर का बाहरी व्यास = 2 × रनर का आंतरिक व्यास। रनर की मोटाई रनर के परिधीय क्षेत्रफल का 5% है। निर्धारित करें:

i) प्रवेशिका और निर्गम पर रनर का व्यास, और

ii) प्रवेशिका पर रनर की चौड़ाई।

5.23 एक फ्रांसिस टर्बाइन रनर को अभिकल्पित करें और निम्नलिखित आंकडें के साथ रनर की गति का पता लगायें: शुद्ध शीर्ष, H = 65m, निर्गम शक्ति, P = 325 kW, समग्र कार्यक्षमता, η_o = 86%, प्रवाह अनुपात,ψ = 0.14, चौड़ाई- रनर के व्यास का अनुपात, m = 0.11, रनर का आंतरिक व्यास बाहरी व्यास का 0.5 गुना और गति अनुपात k_u = 0.65 है।

5.24 एक कपलान टरबाइन 6 m के शीर्ष पर 5 MW विकसित करता है। इसका गति अनुपात 2 है और प्रवाह अनुपात 0.6 है और हब(hub) व्यास रनर के बाहरी व्यास का 0.35 गुना है। टरबाइन की कार्यक्षमता 0.90 है। रनर के व्यास, रनर की गति और उसकी विशिष्ट गति की भी गणना करें।

5.25 एक मॉडल के लिए अभिकल्प मापदंड 6 m के शीर्ष और कार्यक्षमता 90% होती है। 9.5 m के शीर्ष और 120 rpm के साथ 10.25 MW की क्षमता के लिए एक कपलान टरबाइन के अभिकल्प मापदंड की गणना करें। है। मॉडल को 1:10 के रूप में प्रोटोटाइप पैमाने पर विचार करें।

5.26 5.5 m के शीर्ष पर 8.5 MW को विकसित करने के लिए एक कपलान टरबाइन रनर अभिकल्प करें। मान लें, 2.1 की गति अनुपात, 0.65 का प्रवाह अनुपात, समग्र 90% की कार्यक्षमता और हब से रनर व्यास 1:3 के रूप में है। इसके अतिरिक्त, टरबाइन की गति और विशिष्ट गति का पता लगाएं।

5.27 एक प्रोपेलर टरबाइन 5.5 m के शीर्ष पर 800 kW विकसित करता है। 1 m व्यास वाला एक मॉडल टरबाइन 120 rpm पर 15 kW और 2 मीटर का शीर्ष विकसित करता है। वास्तविक टरबाइन की गति, व्यास और विशिष्ट गति निर्धारित करें।

अधिक जानें (Know More)

जल चक्की का इतिहास (History of Water Mill)

जल की ऊर्जा का उपयोग करने और इसे यांत्रिक ऊर्जा में परिवर्तित करने का विचार प्राचीन काल से मानव जाति को ज्ञात था। प्राचीन समय में, पहियों के माध्यम से जल को प्रवाहित करके यांत्रिक शक्ति उत्पन्न की जाती थी, ऐसे पहिये जिन्हें पानी के पहिये के रूप में जाना जाता है, चीन, भारत, मिस्र और बाद में यूरोप में उपयोग किये गये थे। पीसने के लिए पारंपरिक जल मिलों का उपयोग हिमालयी क्षेत्रों में व्यापक रूप से किया जाता है और लगभग 2.5 लाख पारंपरिक लकड़ी की जल मिलों का उपयोग अभी भी हिमालयी और उप-हिमालयी क्षेत्रों में किया जाता है। ये ऊर्ध्वाधर शाफ्ट लकड़ी की मिलें हैं जिनका उपयोग प्रायः केवल अनाज को पीसने के लिए किया जाता है और इन्हें 'घराट' कहा जाता है। ये घराट 2 से 5 m के शीर्ष पर काम करते हैं और 0.5 kW औसत की यांत्रिक शक्ति का उत्पादन करते हैं। समाज के विकास के लिए आवश्यक ऊर्जा की बढ़ती मांग को देखते हु ए विद्युत ऊर्जा के सर्वोत्तम स्वरूप पर विचार किया जा रहा है। तदनुसार, विद्युत उत्पादन के लिए जनरेटर प्राप्त करने के लिए इन जल मिलों को ज्ञात उन्नत उपकरणों में परिवर्तित किया गया है जिन्हें जल टर्बाइन कहा जाता है।

अनुप्रयोग (Application)

सभी नवीकरणीय ऊर्जा स्रोतों में से, जलशक्ति को जो विभिन्न स्थानों जैसे पहाड़ियों, मैदानों में नहरों में जल धाराओं में उपलब्ध सबसे अच्छा नवीकरणीय ऊर्जा स्रोतों में से एक माना जाता है। इस जल क्षमता को बिजली में बदलने के लिए एक जलविद्युत संयंत्र का निर्माण किया जाना चाहिए। एक विशिष्ट जलविद्युत संयंत्र में विभिन्न घटक होते हैं, जिसका हृदय जल टरबाइन माना जाता है। संभावित स्थलों के स्थान के आधार पर, विभिन्न प्रकार के टरबाइन का उपयोग किया जाता है, जो शीर्ष और निर्वहन की विभिन्न सीमा को कवर करते है।

जल टरबाइन प्रौद्योगिकी सभी प्रमुख मोटरों के बीच उच्चतम रूपांतरण कार्यक्षमता के साथ अच्छी प्रकार से परिपक्व प्रौद्योगिकी है। विश्व स्तर पर, सभी नवीकरणीय स्रोतों की तुलना में जल शक्ति बिजली उत्पादन में अधिकतम योगदान

करती है। हालाँकि टरबाइन दक्षता में सुधार की बहुत कम गुंजाइश है, टरबाइन संचालन और रखरखाव में चुनौतियाँ हैं। शोधकर्ता इस प्रकार की चुनौतियों को कम करने के लिए काम कर रहे हैं।

संदर्भ और सुझाए गए पाठ (References and Suggested Readings)

कुछ पुस्तकों की सूची नीचे दी गई है जिनका उपयोग विषय का आगे अध्ययन करने के लिए किया जा सकता है:

1. ई. मोसोनियाई, जल शक्ति विकास, वॉल्यूम I और II, नेम चंद और ब्रदर्स, 2009।

2. पी.एस. निगम, जलविद्युत अभियांत्रिकी की हैंडबुक, नेम चंद एंड ब्रदर्स, 2001।

2. जे. लाल, द्रवचालित मशीनें, तीसरा संस्करण (पुनर्मुद्रण), मेट्रोपॉलिटन बुक कंपनी प्राइवेट लिमिटेड, 2002। ।

4. राष्ट्रीय और अंतर्राष्ट्रीय मानक

5. जी. ब्राउन, हाइड्रो विद्युत अभियांत्रिकी अभ्यास, वॉल्यूम। द्वितीय, सीबीएस प्रकाशन, 1984।

आगे सीखने के लिए संदर्भ (References For Further Learning)

1. आर.जे. गार्डे और ए.जी. मिराजगाओकर, अभियांत्रिकी द्रव यांत्रिकी, साइटेक प्रकाशन, 2010।
2. स्ट्रीमर और वाइली, द्रव यांत्रिकी, टाटा मैकग्रा हिल, 9वां संस्करण।
3. के. सुब्रह्मण्यम, द्रव यांत्रिकी और द्रवचालित मशीनें, मैकग्रा हिल, 2018।
4. फ्रैंक व्हाइट, द्रव यांत्रिकी, मैक ग्रा हिल, 7वां संस्करण।
5. जे. गुथरी ब्राउन, जल-विद्युत अभियांत्रिकी अभ्यास, सीबीएस प्रकाशक और वितरक, दूसरा संस्करण।

CO और PO प्राप्ति तालिका (CO and PO Attainment Table)

इस पाठ्यक्रम के लिए पाठ्यक्रम परिणामों (CO) को पाठ्यक्रम के पूरा होने के बाद कार्यक्रम परिणामों (POs) के साथ मैप किया जा सकता है और अंतर का विश्लेषण (analysis) करने के लिए POs की प्राप्ति के लिए सहसंबंध (correlation) बनाया जा सकता है। PO की प्राप्ति में अंतर के उचित विश्लेषण के बाद अंतराल को दूर करने के लिए आवश्यक उपाय किए जा सकते हैं।

CO और PO प्राप्ति के लिए तालिका

पाठ्यक्रम के परिणाम	कार्यक्रम के परिणामों की प्राप्ति *(1- कमजोर सहसंबंध; 2- मध्यम सहसंबंध; 3- मजबूत सहसंबंध)*											
	PO-1	**PO-2**	**PO-3**	**PO-4**	**PO-5**	**PO-6**	**PO-7**	**PO-8**	**PO-9**	**PO-10**	**PO-11**	**PO-12**
CO-1												
CO-2												
CO-3												
CO-4												
CO-5												

उपरोक्त तालिका में भरे गए आंकडें का उपयोग अंतर विश्लेषण के लिए किया जा सकता है।

सूची (Index)

त्वरण, 81

निरपेक्ष वेग, 117

आसन्न परत, 5

अल्टरनेटर रोटर, 184

अल्टरनेटर, 155

वलयाकार,49

क्षेत्रफल स्केल अनुपात, 88

क्षेत्रफल, 114

असमान रूप से, 54

अक्षीय प्रवाह पंप, 114

अक्षीय प्रवाह टरबाइन, 155

पश्चगामी, 114

पश्चगामी झुकाव वाले ब्लेड, 114

बर्नौली का समीकरण, 17

ब्लेड पिच, 138

अवरोध प्रभाव, 177

सीमा परत की मोटाई, 54

सीमा परत, 54

बकेट, 165

बकिंघम का प्रमेय, 84

बल्ब टर्बाइन, 183

नहर, 163

केशिका, 98

आवरण, 114

कैविटेशन गुणांक, 114

कैविटेशन, 114

अपकेंद्री पंप, 114

अपकेंद्री टर्बाइन, 157

चैनल, 21

वृत्ताकार पाइप, 46

वृत्ताकार नलिकाएं, 49

परिधीय, 207

संकुचन गुणांक, 20

घर्षण गुणांक, 59

वेग गुणांक, 170

संपीड्यता, 9

संपीडक प्रतिबल, 10

संकेंद्रित, 49

नलिका, 45

द्रव्यमान संरक्षण, 12

स्थिर कार्यक्षमता वक्र, 131

निरंतरता समीकरण, 12

नियंत्रण वाल्व, 166

संक्षरण, 69

कोएट प्रवाह, 42

युग्मन, 164

क्रैंक, 114

महत्वपूर्ण गहराई, 37

महत्वपूर्ण प्रवाह, 37

तिर्यक अनुभागीय क्षेत्रफल, 157

वक्रित स्थिर प्लेट, 161

वक्रित सतहें, 49

सिलेंडर, 114

डार्सी वेस्बैक समीकरण, 57

वितरण पाइप, 114

वितरण वाल्व, 114

घनत्व, 3

व्युत्पन्न मात्राएँ, 80

व्यास, 134

डायाफ्राम पंप, 147

विभेदक यू-ट्यूब मैनोमीटर, 19

विमीय विश्लेषण, 79

विमीय रूप, 80

विमीय समरूपता, 80

विमीय चर, 85

विमाहीन मापदंड, 90

घर्षण हानि गुणांक, 180
विमायें,80
निर्वहन स्केल अनुपात, 101
निर्वहन, 19
विस्थापन मोटाई, 54
अभिसारी खंड, 18
दोहरी क्रिया, 142
ड्राफ्ट नलिका, 173
गतिशील बल, 158
गतिशील दबाव, 144
गतिशील समानता, 89
गतिशील चूषण शीर्ष, 179
गतिशील श्यानता, 6
गतिशील समान, 134
प्रत्यास्थ बल, 89
प्रत्यास्थता, 115
कोहनी प्रकार ड्राफ्ट नलिका, 179
विद्युत जनित्र, 164
विद्युत मोटर, 114
ऊंचाई, 17
ऊर्जा अभिवर्धक, 178
ऊर्जा मोटाई, 55
ऊर्जा, 111
समतुल्य रेत कण खुरदरापन, 62
यूलर मॉडल नियम, 95
व्यापक गुण, 3
समतल प्लेट, 159
फ्लोटिंग लीवर, 196
प्रवाह नियंत्रण तंत्र, 192
प्रवाह गुण, 85
प्रवाह अनुपात, 176
प्रवाह वेग, 58
द्रव गुण, 104
फ्लाई बॉल्स, 196
बल, 111
विमाहीन मात्रा, 59
फ्रांसिस टर्बाइन, 173
मुक्त प्रवाह, 93
घर्षण गुणांक, 46
घर्षण बल, 111
घर्षणी प्रतिरोध, 38
फ्राउड मॉडल नियम, 93
फ्राउड संख्या, 90
दवार खोलना, 196
जनित्र आवृत्ति संवेदन उपकरण, 200
ज्यामितीय गुण, 85
ज्यामितीय समानता, 88
ज्यामितीय रूप से समान, 191
टर्बाइनों का संचालन, 196
गवर्नर, 176
गुरुत्व बल, 37
सकल शीर्ष, 178
गाइड वेन्स, 174
हेगन-पोइसुले समीकरण, 48
शीर्ष हानियाँ, 57
शीर्ष रेस, 163
शीर्ष, 176
पहाड़ी वक्र, 195
हब व्यास, 189
हब से रनर व्यास अनुपात, 185
हब, 184
द्रवचालित कार्यक्षमता, 119
द्रवचालित शक्ति, 119
जलविद्युत संयंत्र, 197
जल टरबाइन, 197
हाइड्रोडायनामिक रूप से चिकनी, 61
हाइड्रोफोइल प्रोफाइल, 175
आदर्श द्रव , 3
इम्पेलर, 114
आवेग टर्बाइन, 165

आगे झुके हुए ब्लेड,115

अग्रिम स्ट्रोक, 142

झुका हुआ वलय, 51

झुकी हुई स्थिर प्लेट, 162

असंपीड्य , 3

जड़त्व बल, 40

आंतरिक नलिका, 50

सघन गुण, 3

अंतरआण्विक दूरी, 3

आंतरिक दबाव, 12

अश्यान द्रव, 111

स्थिर कार्यक्षमता वक्र, 195

जेट व्यास, 190

जेट वेग, 189

कपलान टरबाइन, 194

कार्मन प्रैंडटेल, 61

गतिक समानता, 189

गतिक श्यानता, 6

गतिकीय समान, 88

गतिज ऊर्जा, 55

गतिज शीर्ष, 17

लेमिनार प्रवाह, 37

संरक्षण का नियम, 12

लंबाई स्केल अनुपात, 102

लंबाई, 11

द्रव जेट, 11

मैक मॉडल नियम, 96

मैक संख्या, 90

मुख्य विशेषताएँ वक्र, 114

मेनोमेट्रिक शीर्ष,132

द्रव्यमान घनत्व, 3

द्रव्यमान, 3

गणितीय विधि, 170

पदार्थ,11

अधिकतम कार्यक्षमता, 115

आवेग-संवेग समीकरण, 17

आवेगी बल, 156

यांत्रिक हानियाँ, 114

यांत्रिक शक्ति, 115

मिश्रित प्रवाह प्रतिक्रिया टरबाइन, 175

मिश्रित प्रवाह टरबाइन, 156

मॉडल विश्लेषण, 93

मॉडल, 95

आधुनिक फ्रांसिस टरबाइन, 156

प्रत्यास्थता गुणांक, 9

संवेग समीकरण, 157

संवेग मोटाई, 55

संवेग, 111

मूडी का आरेख, 68

मूडी फैलाव नलिका, 180

गतिमान वक्रित प्लेट, 162

गतिमान समतल प्लेट, 159

गतिमान प्लेट, 44

मल्टी-जेट पेल्टन टरबाइन, 165

बहुचरणी पंप, 125

मशेल वक्र, 131

नकारात्मक विस्थापन पंप, 147

शुद्ध या प्रभावी शीर्ष, 163

शुद्ध सकारात्मक चूषण शीर्ष(NPSH), 133

न्यूटन का श्यानता नियम, 5

न्यूटन की गति का दूसरा नियम, 17

न्यूटोनियन द्रव, 7

गैर-फिसलन स्थितियाँ, 37

गैर विमीय मापदंड, 57

गैर-न्यूटोनियन द्रव, 7

नोजल, 159

तेल अवशोषक, 196

तेल दबाव नियामक, 196

परिचालन विशेषता वक्र, 131

छिद्र मीटर, 20

अधिकतम वेग, 39
औसत वेग, 39
यांत्रिक कार्यक्षमता, 119
आंशिक भार कार्यक्षमता, 165
पेल्टन टर्बाइन, 156
पेनस्टॉक, 165
पेनस्टॉक पाइप, 165
प्रदर्शन वक्र, 129
परिधीय वेग, 116
परिधि, 46
पायलट, 196
पाइप दीवार, 76
पिस्टन, 142
पिस्टन रॉड, 196
पिच वृत्त, 167
पिटोट नलिका, 21
पिटोट स्थिर नलिका, 32
पोइसुले प्रवाह, 39
सकारात्मक विस्थापन, 112
स्तिथिज ऊर्जा, 119
शक्ति, 37
शक्ति उत्पादन, 37
दबाव, 25
दबाव वात, 39
दबाव ऊर्जा, 113
दबाव बल, 11
दबाव प्रवणता, 40
दबाव शीर्ष, 17
दबाव सील, 165
दाबित तेल प्रणाली, 196
प्राथमिक मात्रायें, 80
प्राइम मूवर, 112
प्राइमिंग, 116
प्रक्षेपित क्षेत्रफल, 11
छिद्र प्लेट, 20
बाहरी नलिका, 49
समग्र कार्यक्षमता , 162
त्रिज्य प्रवाह टरबाइन, 156
त्रिज्य वेग, 182
त्रिज्या, 43
संवेग परिवर्तन की दर, 156
निर्धारित भार, 197
निर्धारित गति, 128
विशिष्ट ऊष्मा, 10
रेले की विधि, 80
प्रतिक्रिया टरबाइन, 175
वास्तविक द्रव, 53
प्रत्यगामी पंप, 142
सापेक्ष घनत्व, 75
सापेक्ष खुरदरापन, 59
सापेक्ष वेग, 117
दोहराए जाने वाले चर, 85
मंदता, 53
गति, 167
रेनॉल्ड्स मॉडल नियम, 93
रेनॉल्ड्स संख्या, 37
रिम या स्ट्रैफ्लो टरबाइन, 187
घूर्णन गति, 175
रोटोडायनामिक मशीन, 110
रोटोडायनामिक पंप, 113
खुरदुरा पाइप, 62
रनर, 114
रनर ब्लेड, 164
रनर व्यास, 177
बकेट के साथ रनर, 166
स्केल अनुपात, 89
द्वितीयक मात्रायें, 80
अवसाद अपरदन, 165

प्रोपेलर टरबाइन, 182
प्रोटोटाइप, 89
पम्प मोड, 141
त्रिज्य ब्लेड, 115
त्रिज्य प्रवाह, 137
अपरूपण बल, 46
अपरूपण विकृति, 6

समानता का नियम, 90
एकल क्रिया, 142
चिकना पाइप, 60
विशिष्ट ऊर्जा, 38
विशिष्ट गुरुत्व, 19
विशिष्ट गति, 134
विशिष्ट आयतन, 4
विशिष्ट भार, 40
गति अनुपात, 171
सर्पिल आवरण, 174
स्पाउटिंग वेग, 170
स्थिर शीर्ष, 137
स्थिर दबाव, 156
स्थिर चूषण शीर्ष, 178
स्टेटर, 186
स्थिर प्रवाह, 13
स्टेपानॉफ, 141
सीधी अपसारी नलिका, 180
धारा रेखा, 111
S-प्रकार का नलिकाकार टरबाइन, 183
उप महत्वपूर्ण प्रवाह, 37
चूषण पाइप, 134
चूषण दबाव, 178
चूषण वाल्व, 141
संप, 127
अति महत्वपूर्ण प्रवाह, 37

सर्वो मोटर, 196
शाफ़्ट बियरिंग, 166
शाफ़्ट शक्ति, 124
अपरूपण प्रवाह, 44
तापमान, 3
तन्य बल, 11
अपरूपण वेग, 49

कंठ, 18
समय, 18
टिप कोण, 116
संक्रमण क्षेत्र, 37
नलिकाकार टरबाइन, 183
टरबाइन मोड, 141
प्रक्षोभ बल, 111
प्रक्षुब्ध प्रवाह, 37
एकसमान प्रवाह, 37
इकाई निर्वहन, 134
इकाई शक्ति, 190
इकाई मात्राएँ, 191
इकाई गति, 192
उर्ध्वप्रवाह, 178
यू-ट्यूब मैनोमीटर, 19
वेन्स, 114
परिवर्तनीय दबाव टरबाइन, 173
वेग, 22
वेग घटक, 110
वेग वितरण, 45
प्रवाह का वेग, 21
घूर्ण का वेग, 188
वेग त्रिकोण, 117
वेना-कॉन्ट्रैक्टा, 21
श्यानता, 3
श्यान बल, 54

पृष्ठ तनाव, 3
टेलरेस, 165
स्पर्शीय प्रवाह, 156
स्पर्शीय प्रवाह टरबाइन, 156
स्पर्शीय वेग, 117
टायगुन संबंध, 167
जल टरबाइन, 155
वेबर मॉडल नियम, 93
वेबर संख्या, 91
विकेट द्वार, 186
किया गया कार्य, 116
विकेट व्यास, 186
आयतन, 80
आयतन स्केल अनुपात, 102
आयतनिक कार्यक्षमता, 119
आयतनिक विकृति, 9
वोल्यूट आवरण, 114
वोल्यूट त्रिज्या, 174
वीयर्स, 93
वेटेड परिमाप, 59
घूर्ण वेग, 183